U0323443

国家示范性高职院校建设项目成果
模具设计与制造专业领域

塑料模具设计与制作

郭新玲　董海东　编著

机械工业出版社

本书以塑料注射模具设计为重点，按模具专业毕业生三大主要就业岗位（车间工艺员、注射模具设计员和其他塑料成型工作岗位）来设计学习情境（任务），序化教学内容，构建以能力为本位，以行动为导向，工学结合、"教、学、做"合一的任务引领型课程体系。

　　全书共三大项目，包括 10 个学习情境，即 10 个学习性工作任务，在重点完成注射模具设计与制作的基础上，考虑学生可持续发展，也有选择地实施了压缩模具（或压注模具）、挤出模具、气动成型模具，以及塑料注射成型新工艺等相关学习任务。

　　本书主要面向高职高专院校模具设计与制造专业，也可用于高职高专机械类相关专业，同时还可作为职工大学及函授大学模具专业教材。

　　本书配有电子课件，凡使用本书作教材的教师可登录机械工业出版社教材服务网 http://www.cmpedu.com 注册后下载，咨询信箱：cmpedugaozhi@sina.com。咨询电话：010-88379375。

图书在版编目（CIP）数据

塑料模具设计与制作/郭新玲，董海东编著. —北京：机械工业出版社，2012.9

国家示范性高职院校建设项目成果. 模具设计与制造专业领域

ISBN 978-7-111-34629-6

Ⅰ.①塑… Ⅱ.①郭… ②董… Ⅲ.①塑料模具—设计—高等职业教育—教材 ②塑料模具—制作工艺—高等职业教育—教材 Ⅳ.①TQ320.5

中国版本图书馆 CIP 数据核字（2012）第 157801 号

机械工业出版社（北京市百万庄大街 22 号　邮政编码 100037）
策划编辑：王海峰　于奇慧　责任编辑：王海峰　于奇慧
版式设计：纪　敬　　　　责任校对：陈延翔
封面设计：路恩中　　　　责任印制：乔　宇
三河市国英印务有限公司印刷
2012 年 10 月第 1 版第 1 次印刷
184mm×260mm·15.25 印张·373 千字
0001—3000 册
标准书号：ISBN 978-7-111-34629-6
定价：30.00 元

前　　言

　　课程建设与改革是提高教学质量的核心，也是教学改革的重点和难点。为贯彻教育部教学改革的重要精神，同时也为了配合职业院校教学改革和教材建设，更好地为职业院校深化改革服务，陕西工业职业技术学院与行业、企业合作开发课程。根据技术领域和职业岗位（群）的任职要求，参照相关的职业资格标准，改革课程体系和教学内容，设计了模具设计与制造专业基于工学结合的人才培养方案，开发了以项目任务驱动和基于工作过程导向的课程体系，该课程体系包含"塑料模具设计与制作"、"冲压模具生产技术"、"模具制作与装配技术"三门核心课程及配套教材。

　　本套教材是国家示范性高职院校建设项目成果之一，是在"工学六融合"人才培养模式的不断实践和完善中探索形成的基于工作过程、工学结合、注重实用的特色教材，充分体现以学生学习为主，教师教学为辅的"教、学、做"一体化的教学模式和"项目导向"的教学方案设计，体现职业院校"以就业为导向"的办学宗旨。在教材的编写过程中，力求体现当前职业教育改革的成果，吸取近年来模具专业教学改革的经验。

　　本书在工厂调研和毕业生跟踪调查的基础上，基于模具专业毕业生主要工作岗位职业标准要求，分析凝练典型工作任务，构建学习领域。编写时采用"361"设计思路，"361"即通过3大项目，生产6个塑料件，培养1个核心能力（注射模具设计）。教材内容的组织与安排遵循学生职业能力培养的基本规律，循序渐进，以真实生产的塑料制品为载体，构建由单一到综合、由简单到复杂的学习性工作任务；并按照工作任务所需整合和序化教学内容，使理论与实践一体，使教学、实训一体，实训过程工作化，实训作品产品化。

　　"361"课程设计思路的总体框架见下表：

教学项目	学习情境（任务）		载　体	学习成果	备　注
注射成型工艺的编制（入门项目）	1. 有样品注射成型工艺的编制		导向筒	工艺卡	必选
	2. 有图样注射成型工艺的编制		支架或罩盖		必选
注射模具设计与制作（主导项目）	3. 二板式注射模具设计与制作（单或多型腔）		衣架或钥匙扣	实训产品	必选
	4. 三板式注射模具设计与制作（多或单型腔）		瓶盖或口杯		必选
	5. 侧抽芯机构注射模具设计与制作		瓶坯		必选
	6. 螺纹塑件注射模具设计与制作		瓶盖		必选
其他塑料模具设计（自主项目）	7.	压缩模具结构设计	框架	装配图	选修
		压注模具结构设计	罩壳		
	8. 挤出模具结构设计		塑料管		
	9. 中空吹塑模具结构设计		中空杯	实训产品	
	10.	无流道凝料注射模具结构分析	透明罩子	分析报告	
		双色注射模具结构分析	双色按键		

　　本书项目1、项目2中的任务2和任务4、项目3由陕西工业职业技术学院郭新玲编著，项目2中的任务1和任务3由陕西工业职业技术学院董海东编著。全书由郭新玲统稿。

　　本书在编写过程中得到了许多兄弟院校老师的支持和帮助，也得到了陕西群力电工有限责任公司工模具分公司潘晓析高级工程师、陕西华星工模具有限公司王建义总工程师和咸阳彩虹集团王峰高级工程师、陈向魁工程师等生产单位技术人员的支持和帮助，他们对教材内容及编写方式提出了许多宝贵的意见和建议，在此一并表示衷心的感谢。

　　本书为高职高专院校模具设计与制造专业教材，也可供从事模具设计与制造的工程技术人员使用和参考。

　　由于编者水平有限，时间仓促，错误和欠妥之处在所难免，恳请读者批评指正。

编　者

目　录

前言
项目1　注射成型工艺的编制 ················· 1
　任务1　有样品注射成型工艺的编制 ······· 1
　【知识准备】 ······························· 2
　　一、塑料概述 ····························· 2
　　二、塑料成型工艺特性 ················· 4
　　三、塑料注射成型工艺过程 ··········· 6
　　四、注射成型工艺参数 ················· 8
　【任务实施】 ····························· 10
　【完成学习工作页】 ················· 13
　【知识拓展】 ····························· 14
　　常用热塑性塑料的基本性能与用途 ··· 14
　【小贴士】 ······························· 15
　【教学评价】 ····························· 16
　任务2　有图样注射成型工艺的编制 ····· 17
　【知识准备】 ····························· 18
　　一、塑件的尺寸精度和表面质量 ········· 18
　　二、塑件的结构设计 ················· 19
　【任务实施】 ····························· 26
　【完成学习工作页】 ················· 29
　【知识拓展】 ····························· 30
　　常见热塑性塑料注射成型产生的缺陷及其
　　采取的对策 ····························· 30
　【小贴士】 ······························· 33
　【教学评价】 ····························· 36
　【学后感言】 ····························· 40
　【思考与练习】 ························· 40
项目2　注射模具设计与制作 ············· 41
　任务1　二板式注射模具设计与制作 ····· 42
　【知识准备】 ····························· 44
　　一、注射模具的结构组成 ··········· 44
　　二、注射模具的分类 ················· 46
　　三、注射机与模具 ····················· 46
　　四、二板式注射模具的典型结构 ··· 52
　　五、二板式注射模具设计 ··········· 52
　【任务实施】 ····························· 79
　【完成学习工作页】 ················· 86

　【知识拓展】 ····························· 87
　　一、侧浇口的变异形式 ················· 87
　　二、直浇口的变异形式 ················· 89
　【小贴士】 ······························· 89
　【教学评价】 ····························· 90
　任务2　三板式注射模具设计与制作 ····· 91
　【知识准备】 ····························· 93
　　一、三板式注射模具的典型结构 ··· 93
　　二、三板式注射模具设计 ··········· 95
　【任务实施】 ··························· 104
　【完成学习工作页】 ··············· 107
　【知识拓展】 ··························· 108
　　一、点浇口的变异形式 ··············· 108
　　二、护耳浇口 ··························· 109
　【小贴士】 ····························· 109
　【教学评价】 ··························· 109
　任务3　侧抽芯机构注射模具设计与制作 ··· 111
　【知识准备】 ··························· 112
　　一、侧抽芯机构注射模具的典型结构 ··· 112
　　二、抽芯距和抽芯力的计算 ········· 115
　　三、侧抽芯机构注射模具设计 ····· 115
　【任务实施】 ··························· 124
　【完成学习工作页】 ··············· 133
　【知识拓展】 ··························· 134
　　一、模具加热系统的设计 ··········· 134
　　二、先复位机构 ··················· 134
　【小贴士】 ····························· 136
　【教学评价】 ··························· 136
　任务4　螺纹塑件注射模具设计与制作 ····· 138
　【知识准备】 ··························· 138
　　一、推出系统的设计 ················· 138
　　二、螺纹塑件的脱模方式 ··········· 141
　【任务实施】 ··························· 144
　【完成学习工作页】 ··············· 154
　【知识拓展】 ··························· 155
　　一、二次（级）推出机构 ··········· 155
　　二、双推出机构 ··················· 157

【小贴士】 …………………………………… 158
【教学评价】 ………………………………… 158
【学后感言】 ………………………………… 162
【思考与练习】 ……………………………… 162
项目3　其他塑料模具设计 ……………… 166
任务1　压缩模具结构设计 ………………… 166
【知识准备】 ………………………………… 167
一、热固性塑料压缩成型工艺 …………… 167
二、热固性塑料压缩模具设计 …………… 169
【任务实施】 ………………………………… 181
【完成学习工作页】 ………………………… 185
【知识拓展】 ………………………………… 186
热固性塑料压注成型模具 ………………… 186
【小贴士】 …………………………………… 190
【教学评价】 ………………………………… 190
任务2　挤出模具结构设计 ………………… 191
【知识准备】 ………………………………… 192
一、挤出成型工艺 ………………………… 192
二、挤出模具设计 ………………………… 193
【任务实施】 ………………………………… 198
【完成学习工作页】 ………………………… 201
【知识拓展】 ………………………………… 201
一、吹塑薄膜挤出成型 …………………… 201
二、吹塑薄膜挤出成型机头结构形式 …… 202
【小贴士】 …………………………………… 203
【教学评价】 ………………………………… 203

任务3　中空吹塑模具结构设计 …………… 205
【知识准备】 ………………………………… 205
一、中空吹塑成型 ………………………… 205
二、中空吹塑成型模具设计 ……………… 208
【任务实施】 ………………………………… 210
【完成学习工作页】 ………………………… 212
【知识拓展】 ………………………………… 212
一、真空成型 ……………………………… 212
二、压缩空气成型 ………………………… 214
【小贴士】 …………………………………… 215
【教学评价】 ………………………………… 216
任务4　无流道凝料注射模具结构分析 …… 218
【知识准备】 ………………………………… 218
一、无流道凝料注射成型的特点 ………… 218
二、绝热流道注射模 ……………………… 219
三、加热流道注射模 ……………………… 221
【任务实施】 ………………………………… 223
【完成学习工作页】 ………………………… 226
【知识拓展】 ………………………………… 227
一、双色注射成型 ………………………… 227
二、气体辅助注射成型 …………………… 228
【小贴士】 …………………………………… 230
【教学评价】 ………………………………… 230
【学后感言】 ………………………………… 234
【思考与练习】 ……………………………… 234
参考文献 ………………………………… 235

项目 1　注射成型工艺的编制

本项目内容包含塑料的组成、类型、特点及性能；塑料制品（塑件）的结构设计；塑料注射成型工艺等内容。通过有样品和有图样两类产品注射成型工艺的分析，使学生能够根据塑件的使用要求，合理选择塑件材料，正确设计塑件结构，具备编制不同塑件注射成型工艺卡的能力。

【学习目标】

知识目标

1. 掌握塑料的组成、类型、特点和塑件的结构工艺性设计。
2. 理解注射成型工艺过程。
3. 了解常用塑料的主要性能和用途。

技能目标

1. 通过分析塑件的工艺性，会修改不合理的塑件结构。
2. 通过对塑件用途和使用要求的分析，能合理选择塑件的材料，能正确编制塑件注射成型工艺卡。

【工作任务】

任务1　有样品注射成型工艺的编制

给出塑件样品，根据塑件要求，合理选择塑件原料，确定注射成型工艺。

任务2　有图样注射成型工艺的编制

给出塑件图，通过分析能进行塑件结构设计，能编制注射成型工艺卡。

任务1　有样品注射成型工艺的编制

给出塑料制品的实物样品，通过分析该塑件的用途和使用要求，合理选择塑件原料，确定注射成型工艺，使学生具备绘制塑件图和编制工艺卡的能力。

如图1-1所示导向筒样品，为某双筒望远镜上的一个调节外观件，表面要求较高，不允许有飞边、凹陷、花纹、气泡等缺陷存在。要求选择该塑件的材料，并分析原材料的性能；编制该塑件的注射成型工艺卡。

图1-1　导向筒样品

【知识准备】

一、塑料概述

1. 塑料的定义及组成

塑料是一种以树脂为主体的高分子材料，在加热、加压等条件下具有可塑性，在常温下为柔韧的固体。由于树脂的相对分子质量很大，故又称为聚合物或高聚物。单纯的聚合物性能往往不能满足加工成型和实际使用的要求，因此根据需要，可适当地加入添加剂（增塑剂、增强剂、填料等）。即塑料是以合成树脂为主要成分，加入一定量的添加剂组成的在一定温度、压力下可塑制成具有一定结构形状，能在常温下保持其形状不变的材料。其主要成分有：

（1）合成树脂　　合成树脂是人们模仿天然树脂（来自植物或动物分泌的有机物质，如松香、虫胶等）的成分用化学方法人工制取得到的。它是塑料的基本成分，决定了塑料的基本性能，并将塑料中的其他成分粘合为一个整体，使其具有一定的物理力学性能。

（2）填充剂（又称填料）　　为了降低塑料的成本，改善加工性能和使用性能，在合成树脂中所加入的材料，称为填充剂，也称填料。填充剂可以改善塑料的硬度、刚度、冲击强度、电绝缘性、耐热性、成型收缩率等。常用的填充剂有木粉、石棉、玻璃纤维等。

（3）增塑剂　　为了增加塑料的柔韧性，改善流动性，在聚合物中加入液态或低熔点的固态有机化合物，即为增塑剂。增塑剂的加入会降低塑料的稳定性、介电性能和机械强度。因此在塑料中应尽可能地减少增塑剂的含量。大多数塑料一般不添加增塑剂，只有软质聚氯乙烯含有大量的增塑剂，其增塑剂的质量分数达80%以上。常用的增塑剂有甲酸酯类、磷酸酯类、邻苯二甲酸酯等。

（4）增强剂　　增强剂用于改善塑料制件的力学性能。但增强剂的使用会造成流动性下降，恶化成型加工性，降低模具的寿命，且流动充型时会带来纤维状填料的定向问题。

常用的增强剂有纤维类材料及其织物，如玻璃纤维、石棉纤维、亚麻、棉花、碳纤维等，其中玻璃纤维及其织物用得最多。

（5）稳定剂　　添加稳定剂的作用是提高塑料抵抗光、热、氧及霉菌等外界因素作用的能力，阻缓塑料在成型或使用过程中的变质。根据外界因素作用所引起的变质倾向与程度，稳定剂主要有热稳定剂、光稳定剂、抗氧化剂等几大种类。如热稳定剂有有机锡化合物等；光稳定剂有炭黑等。

（6）润滑剂　　润滑剂对塑料的表面起润滑作用，防止熔融的塑料在成型过程中粘附在成型设备或模具上；在塑料中添加润滑剂还可改进熔体的流动性能，同时也可以提高制品表面的光亮度。

（7）着色剂　　合成树脂的本色大多是白色半透明或无色透明的。在工业生产中常利用着色剂来增加塑料制品的色彩。对着色剂的要求是：耐热，耐光，性能稳定，不分解，不变色，不与其他成分发生不良化学反应，易扩散，着色力强，与树脂有良好的相溶性，不发生析出现象。常用的着色剂有有机颜料和矿物颜料两类。

（8）固化剂　在热固性塑料成型时，有时要加入一种可以使合成树脂完成交联反应而固化的物质，这类添加剂称为固化剂或交联剂。

2. 塑料的特点及用途

（1）塑料的优点

1）密度小，质量轻。塑料的密度一般在 $0.9 \sim 2.3 \text{g/cm}^3$ 范围内，约为铝的 1/2、铜的 1/6。这对于要求减轻自重的车辆、船舶和飞机有着特别重要的意义。由于质量轻，塑料特别适合制造轻的日用品和家用电器。

2）比强度高。塑料的强度和刚度虽然不如金属好，但塑料的密度小，所以其比强度（σ/ρ）和比刚度（E/ρ）相当高。如玻璃纤维增强塑料和碳纤维增强塑料的比强度和比刚度比钢材高。塑料的这一特点主要用于工程机械中负载较大的结构零件。

3）绝缘性能好，介电损耗低。大多数塑料都具有良好的绝缘性能以及很低的介电损耗。因此，塑料是现代电工行业和电器行业不可缺少的原材料。

4）化学稳定性高。多数塑料对酸、碱和许多化学药品都具有良好的耐蚀能力。俗称"塑料王"的聚四氟乙烯的化学稳定性最高，可耐"王水"等极强腐蚀性电解质的侵蚀，因此在化学工业中被广泛用来做各种管道、密封件和换热器等。

5）减振消声性能好。塑料具有良好的吸振、减振和消声性能。因此塑料可以用来制造高速运转的机械零件和汽车的保险杠、内装饰板等结构零件。

6）减摩、耐磨性能好。大多数塑料都具有优良的减摩、耐磨和自润滑特性，可在各种液体（水、油和腐蚀介质）、半干和干摩擦下有效地工作，可以制造塑料齿轮、轴承和密封圈等机械零件。

（2）塑料的缺点　塑料虽然具有以上诸多优点和用途，但与金属材料相比，还存在一些不足之处。例如，大部分塑料耐热性差，热膨胀系数大，易燃烧，容易在阳光、大气、压力和某些介质作用下老化，低温变脆等，且某些塑料还易溶于溶剂。这些缺点的存在，严重地影响了塑料应用范围的进一步扩大，使得塑料制品在许多领域还不能从根本上取代金属制品。

3. 塑料的分类

塑料的品种繁多，按其分子结构及成型特性可分为热塑性塑料和热固性塑料。

热塑性塑料为线型或带有支链线型结构的聚合物，在一定的温度下受热变软，成为可流动的熔体。在此状态下具有可塑性，可塑制成型制品，冷却后保持既得的形状；如再加热，又可变软而塑制成另一形状，如此可以反复进行。在这一过程中一般只是物理变化，其变化过程是可逆的。聚乙烯、聚丙烯、聚苯乙烯、聚氯乙烯、有机玻璃、聚甲醛、ABS、聚碳酸酯等塑料均属此类。

热固性塑料为体型网状结构的聚合物，在加热之初，因分子呈线型结构，具有可熔性和可塑性，可塑制成一定形状的制品，但当继续加热使温度达到一定程度后，分子呈现网状结构，树脂变成了不熔的体型结构，此时即使再加热到接近分解的温度，也不再软化。在这一变化过程中既发生物理变化，又发生化学变化，因而其变化过程是不可逆的。如酚醛塑料、氨基塑料、环氧塑料、脲甲醛、三聚氰胺甲醛等塑料均属此类。

线型、支链线型和体型（网状结构）的聚合物如图1-2所示。

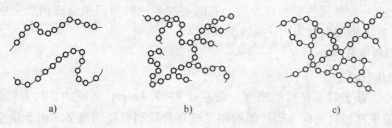

图 1 - 2　聚合物分子链结构示意图
a) 线型　b) 支链线型　c) 体型

二、塑料成型工艺特性

1. 收缩性

（1）收缩的形式　塑件从模具中取出冷却到室温后尺寸发生缩小变化的特性称为收缩性。收缩有以下几种形式：

1）线尺寸收缩。塑料的膨胀系数比钢大，塑件的冷却收缩比模具大，故塑件尺寸比模具型腔相应尺寸小。

2）方向性收缩。成型时，由于高分子取向使塑件呈现各向异性，即沿料流方向收缩大，强度高；与料流垂直方向则收缩小，强度低。另外，成型时由于塑件各部分材质的密度及填料分布不均，故收缩也不均匀。

3）后收缩。在成型过程中，受到各种成型因素的影响，塑件内存在残余应力，塑件脱模后，残余应力发生变化，使塑件发生再收缩。一般塑件脱模后要经过 24h，其尺寸才基本稳定。

4）处理后收缩。有时塑件按其性能和工艺要求，在成型后需要进行热处理，处理后也会导致塑件尺寸发生变化，这种处理后发生的变化，称为处理后收缩。

（2）影响收缩率的因素　衡量塑件收缩程度大小的参数称为收缩率。影响成型时收缩率波动的因素主要有以下几个方面：

1）塑料品种。各种塑料都具有各自的收缩，即使是同种塑料，由于其树脂的相对分子质量、填料及配方的不同，其收缩性也不同。一般来说，热塑性塑料的收缩率大于热固性塑料，结晶型塑料的收缩率大于非结晶型塑料；塑料中树脂的相对分子质量越高、树脂的含量越多，则该塑料的成型收缩率越大。

2）塑件结构。塑件的形状、尺寸、壁厚、有无嵌件、嵌件数量及其分布等都对塑料的成型收缩率以及塑件不同部位的收缩率产生较大的影响。如塑件形状复杂、壁薄、有嵌件、嵌件数量多且分布对称，则收缩率将降低。

3）模具结构。模具的型腔布局、分型面位置、浇注系统的设计、温度控制系统的布置等模具结构因素都会直接影响熔体在型腔内的流动状态、密度分布以及保压补缩等工艺过程，从而对塑料的成型收缩产生影响。如注射成型时，采用直接浇口或大截面浇口，则收缩小。

4）成型工艺。模塑成型的工艺条件，如压力、温度、时间等对塑料的收缩率也有很大的影响。成型压力越高，熔体被压实的程度越大，制品密度越高且制品脱模后的弹性恢复越大，从而成型收缩率越小。保压压力越高、保压时间越长，则收缩率越小，但收缩的方向性越突出。熔体温度对收缩率的影响是两个因素叠加的结果：一方面料温提高，则塑料的热收缩增大；另一方面，料温升高，熔体黏度降低，压力传递效果好，有利于型腔内熔体的压实，从而收缩率降低。一般对于黏度对温度不敏感的塑料，料温升高，其成型收缩率增大；对于黏度对温度敏感的塑料，料温升高，其成型收缩率降低。模具温度升高，成型收缩率增大。

2. 流动性

在塑料的模塑成型过程中，塑料熔体在一定的温度和压力下充填模具型腔的能力，称为塑料的流动性。

塑料的流动性主要取决于分子组成、相对分子质量大小及其结构。只有线型分子结构而没有或很少有交联结构的聚合物流动性好，而体型结构的高分子一般不产生流动。聚合物中加入填料会降低树脂的流动性；加入增塑剂、润滑剂可以提高流动性。

塑料流动性的好坏，直接影响塑件的结构设计、成型工艺与成型模具的设计。流动性过高，易导致溢料、流延、填充不实、塑件组织疏松、易粘模等。流动性偏低，则易造成填充不足、缺料、成型压力大、不易成型。

影响塑料流动性的因素主要有以下几方面：

（1）塑料的品种　塑料的品种不同，其流动性也不同。一般可将热塑性塑料的流动性分为三类：

1）流动性好。如尼龙、聚乙烯（PE）、聚苯乙烯（PS）、聚丙烯（PP）、醋酸纤维素（CA）等。

2）流动性中等。如ABS、有机玻璃（PMMA）、聚甲醛（POM）、聚氯醚等。

3）流动性差。如聚碳酸酯（PC）、硬聚氯乙烯（PVC）、聚苯醚（PPO）、聚砜（PSF）、氟塑料等。

（2）成型工艺

1）熔体温度。温度越高，则塑料熔体流动性越好。但不同塑料也各有差异，如聚苯乙烯、聚丙烯、ABS等塑料的流动性随料温的升高而显著地增加；而聚乙烯、聚甲醛的流动性受温度影响不大。

2）压力。注射压力增大，熔体所受的剪切作用增强，熔体流动的剪切应力与剪切速率增大，流动性增大。

（3）模具结构　浇注系统和模腔的几何形状、尺寸及其表壁的表面粗糙度，排气系统的设计，温度控制系统的设计等模具结构方面的因素，都将对熔体充模带来影响。凡是促使熔体温度降低、流动阻力增加的因素，都会使流动性降低。

3. 相容性

塑料的相容性是指两种或两种以上不同品种的塑料，在熔融状态下产生相分离现象的能力，也称为共混性。如果两种塑料不相容，则混熔时塑件会出现分层、脱皮等表面缺陷。不同塑料的相容性与其分子结构有一定关系，分子结构相似者较易相容，如聚乙烯、聚丙烯间的共混；分子结构不同时较难相容，如聚乙烯与聚苯乙烯间的共混。

4. 结晶性

聚合物的结晶是指某些线型聚合物熔体在冷凝过程中，树脂分子的排列由非晶态转变为晶态的过程，也就是出现聚合物的分子链结构按规则排列的过程。在成型过程中，根据塑料冷凝时是否具有结晶特性，可将塑料分为结晶型塑料与非结晶型塑料（无定型塑料）两种。结晶型塑料有聚乙烯（PE）、聚丙烯（PP）、聚四氟乙烯（PTFE）、尼龙（PA）等；非结晶型塑料有聚苯乙烯（PS）、ABS、有机玻璃（PMMA）、聚砜（PSF）、聚碳酸酯（PC）等。一般来讲，结晶型塑料是不透明或半透明的，而非结晶型塑料是透明的。但也有特殊情况，如 ABS 为非结晶型塑料，却不透明。

5. 热敏性

热敏性是指某些热稳定性差的热塑性塑料，在成型时由于料温高和受热时间过长而发生变色、降解、分解的特性，具有这种特性的塑料称为热敏性塑料，如硬聚氯乙烯、聚甲醛、聚三氟氯乙烯、尼龙等。

热敏性塑料分解的产物中，有的对人体、模具、设备有刺激、腐蚀甚至毒害作用；有的分解产物还会作为催化剂进一步促使该塑料的继续分解。为了改善热敏性塑料的成型特性，可在塑料中加入热稳定剂，合理地选择设备，严格控制成型工艺温度和周期，及时清理分解产物和滞料，模具型腔表面镀铬等。

6. 水敏性

水敏性是指高温下塑料对水降解的敏感性。典型水敏性塑料有聚碳酸酯、聚酰胺、聚甲基丙烯酸甲酯、聚砜和 ABS 等。另一类是既不吸湿也不易粘附水分的塑料，如聚乙烯、聚丙烯和聚甲醛等。凡是吸湿或粘附水分的塑料，当水分含量超过一定的限度时，则由于在成型过程中，水分在注射机的高温料筒中变成气体，会促使塑料高温水解，从而导致材料降解，成型后塑件出现气泡、银丝与斑纹等缺陷，因此，在成型前必须对它们进行干燥、去除水分，以保证成型加工的顺利进行。通常水分含量应控制在 0.4%（质量分数）以下。

三、塑料注射成型工艺过程

注射成型是在金属压铸法的基础上发展起来的一种成型方法，由于它与医用注射器工作原理基本相似，所以称它为注射成型。这种方法主要用来成型热塑性塑料，近来年，某些热固性塑料也可以采用此法成型。

1. 成型前的准备

为了确保注射成型过程的顺利进行并保证塑件质量，在成型前应作好以下准备工作：

（1）原材料的检验与预处理

1）原材料的检验。原材料的检验包括三个方面：一是所用原材料是否正确（品种、规格、牌号等）；二是外观检验（色泽、颗粒度及其均匀性、有无杂质等）；三是物理工艺性能检验（熔体流动性、收缩率等）。

2）原材料的预处理。若原料是粉料，则有时还需进行混炼、造粒；如果塑件有着色要求，则还要对原料进行染色；另外，为确保塑料在高温下不会因水分及其他易挥发的低分子化合物的存在而产生降解及斑纹、气泡等缺陷，还应在成型前对吸湿性塑料（如 PA、PC、PSU 等）和对水有粘附性的塑料（如 ABS 等）进行干燥处理。

（2）料筒的清洗　在生产过程中需要更换原料、调换颜色或发现塑料中有分解现象时，都应对注射机料筒进行清洗或拆换。螺杆式注射机料筒可直接换料清洗，通过连续对空注射，直至排尽筒内残料；对于柱塞式注射机料筒，因料筒内残料量大且有分流梭，清洗较为困难，必须拆卸清洗或更换专用料筒。

（3）加料 加料是指塑料原料由注射机料斗落入到料筒或加料室内的过程。通常小型注射机的加料装置是一个锥形料斗，直接与料筒相连，而对于大型注射机、精密注射机，在料斗与料筒之间还设计有计量器，在一定时间内定量地将塑料加到料筒中，以保证操作稳定，塑料塑化均匀，最终获得良好的制品。若加料过多，受热的时间过长，则容易引起物料的热降解，同时注射机功率损耗增多；加料过少，则料筒内缺少传压介质，型腔中塑料熔体压力降低，难以补塑，容易使塑件出现收缩、凹陷、空洞及机械强度低等缺陷。

2. 注射过程

塑料在注射机料筒内经过加热、塑化（指塑料在料筒内加热由固体颗粒转变成粘流态，并具有良好可塑性的全过程）达到流动状态后，由模具的浇注系统进入模具型腔，其过程可以分为充模、保压、倒流、冷却定型、脱模等几个阶段。

（1）充模 将塑化好的塑料熔体在柱塞或螺杆的推挤下，经注射机喷嘴及模具浇注系统而注入模具型腔并充满型腔，这一阶段称为充模。

（2）保压 保压是自熔体充满模具型腔起到柱塞或螺杆开始回退为止的这一阶段的施压过程。其目的除了防止模内熔体倒流外，更重要的是确保模内熔体冷却收缩时继续保持施压状态，以得到有效的熔料补充，确保所得制品形状完整而致密。

（3）倒流 如果在保压结束柱塞或螺杆开始后退时，浇口处熔料还未冻结，则会因型腔内压力高于流道内压力而发生腔内熔体的倒流现象。倒流将一直持续到浇口冻结或浇口两侧压力相等为止。如果在保压结束时浇口已冻结，则倒流现象不会出现。

（4）冷却定型 即浇口冻结后，通过冷却介质对模具的进一步冷却，使模内塑件的温度低于该塑料的热变形温度，达到工艺所要求的脱模温度。实际上冷却过程从塑料注入型腔起就开始了，它包括从充模完成、保压到脱模前的这一段时间。

（5）脱模 即当塑件在模内冷却到一定温度以后，在注射机开合模机构的作用下开启模具，并在模具推出机构作用下将塑件从模具中推出。

3. 塑件的后处理

塑件脱模后，通常还需进行适当的后处理，以消除塑件内存在的内应力，改善塑件的性能，提高塑件的尺寸稳定性。后处理的方法主要是指退火和调湿处理。

（1）退火处理 退火处理是将塑件放在定温的加热液体介质（如水、热矿物油、甘油、乙二醇等）或热空气循环箱中静置一段时间，然后缓慢冷却的过程。其目的是减小由于塑化不均或塑件在型腔中冷却不均而带来的塑件内应力。存在内应力的塑件在贮存和使用过程中常会发生力学性能下降、表面出现裂纹、甚至产生变形而开裂等现象。

退火温度应控制在塑件使用温度以上 $10 \sim 20℃$，或者控制在塑料的热变形温度以下 $10 \sim 20℃$。温度过高会使塑件发生翘曲或变形；温度过低又达不到目的。退火时间取决于塑料品种、介质温度、塑件的形状、尺寸及其成型条件等。退火处理后冷却速度不能太快，以避免重新产生内应力。退火后应使塑件缓冷至室温。

（2）调湿处理 调湿处理是指将刚脱模的塑件放在沸水或醋酸钾水溶液（其沸点为 $121℃$）中，在隔绝空气防止氧化的条件下，加快塑料的吸湿平衡，以尽快稳定塑件的颜色、性能及其形状、尺寸的处理过程。在调湿处理过程中，还可消除残余应力；适量的水分还可起到类似增塑的作用，从而改善塑件的柔韧性，使冲击强度和拉伸强度有所增加。

调湿处理的温度一般为 $100 \sim 120℃$，处理时间主要取决于塑件的壁厚。通常聚酰胺类塑件需进行调湿处理。

四、注射成型工艺参数

在注射成型工艺中，主要参数有温度、压力和成型周期。

1. 温度

在注射成型过程中，需要控制的温度主要有料筒温度、喷嘴温度和模具温度。前两种温度主要是影响塑料的塑化与流动，后一种温度主要影响塑料的流动与冷却定型。

（1）料筒温度 T_t　料筒温度是保证塑化质量的关键工艺参数之一。合理的料筒温度应保证塑料塑化良好，能顺利实现注射而又不引起塑料分解。确定料筒温度时应考虑的因素主要有塑料的热性能、塑料对温度的敏感性、注射机类型、塑件的壁厚及形状尺寸、模具结构等。

根据塑料的热性能，应将料筒温度控制在塑料的流动温度 T_f（或熔点温度 T_m）与热分解温度 T_d 之间。螺杆式注射机由于有螺杆转动的搅拌作用，传热效率高且有摩擦热产生，而柱塞式注射机仅靠料筒壁和分流梭表面向塑料传热，传热效率低，故前者应比后者的料筒温度低 $10 \sim 20\,^{\circ}\!C$。

对于热敏性塑料（如 PVC、POM 等），料筒温度过高，时间过长，塑料的热氧化降解量就会变大，因此，除严格控制料筒的最高温度外，同时还应严格控制塑料在料筒中的停留时间。

塑件结构复杂、壁薄、尺寸较大时，熔体注射的阻力大，冷却快，料筒温度宜取高些；相反，注射壁厚塑件时，料筒温度可降低些。

料筒温度的分布，一般是从料斗一侧至喷嘴逐步升高，对含湿度较大的塑料，可适当提高料筒靠料斗侧的温度，以利于排出水气；若采用螺杆式注射机，由于其剪切摩擦热有助于塑料塑化，故料筒前端温度可略低些，以防止塑料的过热分解。

料筒温度的选择还应考虑注射机的注射压力，若选用较低的注射压力，为保证塑料流动，应适当提高料筒温度；反之，料筒温度偏低时就需要较高的注射压力。一般在成型前可通过"对空注射法"或"塑件的直观分析法"来确定最佳的料筒及喷嘴温度。

（2）喷嘴温度 T_z　喷嘴温度一般应略低于料筒前端的温度，这是因为采用直通式喷嘴或喷嘴温度太高时易发生流延现象；另外，注射时熔料高速通过喷嘴产生的摩擦热会使熔体温度升高。但喷嘴温度也不能过低，否则喷嘴中的过冷料会堵塞喷嘴孔及模具的浇注系统（特别是浇口）；若过冷料进入模具型腔，也将直接影响塑件的质量。

（3）模具温度 T_m　模具温度通常由冷却介质（常用水）的温度与流量来控制，也有的靠熔体注入模具时的自然升温与自然散热达到平衡而保持一定的模温。无论采用什么方法使模具定温，对热塑性塑料而言，模温都应低于塑料的玻璃化温度或热变形温度，这样才能使塑料熔体在模具内得以冷却定型，并实现顺利脱模。

通常，在保证熔体能顺利充满型腔的前提下，应采用较低的模温以缩短冷凝时间，提高生产效率。对熔体充填型腔难度大的情况，如熔体黏度高、塑件壁薄、型腔复杂、流程长等，应采用较高的模温，以保证型腔能被充满。对于厚壁塑件，由于塑料的传热效率低，宜采用较高模温，降低冷却速率，以减小塑件壁厚方向的温度场梯度，防止塑件内部产生凹陷、气泡和较大的内应力。对要求分子定向低的塑件，应采用较高模温，以使取向分子在热运动的作用下有效松弛，减少取向分子。

对于聚碳酸酯、聚苯醚、聚砜等塑料，熔融黏度高，必须采取较高的模温（对于聚碳酸酯，模温为90℃；聚苯醚，模温为110～130℃；聚砜，模温为130～150℃）。对于聚苯乙烯、醋酸纤维素等塑料，其熔融黏度较低，模具的温度可低些。

2. 压力

注射成型工艺过程中的压力，包括塑化压力和注射压力。塑化压力的大小影响着塑料在料筒内的塑化质量和塑化能力；注射压力的大小与注射速率相辅相成，对塑料熔体的流动充模起决定性作用。

（1）塑化压力　塑化压力又称背压，是指螺杆式注射机在预塑物料时，螺杆前端塑化室内的熔体对螺杆所产生的反压力。该压力的大小可通过注射机液压系统中的溢流阀来调整。

在注射成型过程中，塑化压力大小的选择随螺杆结构、塑料品种、塑化质量等的不同而不同。塑化压力增大，塑化室内的熔体反作用压力增大，从而塑化时的剪切作用增强，摩擦热增多，熔体温度升高，物料能更好地混匀，熔体的温差缩小，同时也有利于物料中气体的排除并提高熔体的密度。但背压增加会增大熔体在螺槽中的逆流和在料筒与螺杆间的漏流，从而使塑化速率下降、成型周期延长，甚至导致塑料降解。这种现象对黏度低的塑料和热敏性塑料尤其应引起注意，如尼龙、聚氯乙烯、聚甲醛等。通常，塑化压力的确定应在保证塑化质量的前提下越低越好，一般很少超过6MPa。

（2）注射压力　注射压力是指注射机注射时，柱塞或螺杆头部对塑料熔体所施加的压力。在注射机上常用表压指示注射压力的大小，一般在40～130MPa之间。其作用是克服塑料熔体从料筒流向型腔的流动阻力，确保熔体以一定的充模速率充填模具型腔并得以压实。

注射压力的大小取决于塑料的品种及塑化质量、注射机类型、浇注系统的结构、塑件的壁厚及尺寸等。

通常，对于流动充型能力差的塑料，如高黏度塑料、带玻璃纤维增强的塑料等，采用较高的注射压力；对于尺寸较大、形状复杂、壁薄的塑件或精度要求较高的塑件，应采用较高的注射压力；当模具温度偏低时，也应采用较高的注射压力；柱塞式注射机所采用的注射压力应比螺杆式注射机的注射压力高。

注射成型时，注射速度直接与注射压力有关，高压注射时注射速度高，低压注射时注射速度低。注射速度的大小对熔体的流动、充模及塑件质量也有直接的影响。注射速度过大时，容易使熔体从浇口流出时产生喷射和弹性湍流，导致塑件质量变差，排气不良，形成高压高温气团，使熔体流速减缓，灼伤塑件，甚至产生热降解。当然，注射速度也不能过低，否则易导致充模不利，容易造成型腔缺料、塑件分层，产生明显熔接痕等缺陷。

当熔体充满型腔后，注射压力的作用就是对型腔内塑料进行保压补缩，使熔体得以压实。在生产中，取保压压力等于或小于注射时所用的注射压力。如果注射和压实时的压力相等，可以使塑件的收缩率减小，且塑件的尺寸稳定性较好，但可能会造成脱模时塑件的残余压力过大和成型周期过长。

3. 时间（成型周期）

完成一次注射成型过程所需的时间称为成型周期。注射成型周期由以下时间组成：

$$成型周期\begin{cases}注射时间\begin{cases}充模时间\\保压时间\end{cases}\\模内定型冷却时间（保压结束后模内塑料的冷却定型时间）\\其他时间（包括开模、脱模、喷涂脱模剂、安放嵌件和合模等）\end{cases}\left.\begin{matrix}\\\\\\\end{matrix}\right\}总冷却时间$$

成型周期直接影响生产效率与模具、设备的利用率。在生产中，应在保证塑件质量的前提下，尽可能缩短成型过程中各个阶段的时间，缩短成型周期。

在整个成型周期中，注射时间与冷却时间占主要部分，它们对塑件质量有着决定性的影响。充模时间受注射速率与制件大小的影响，充模时间一般为 3～5s。保压时间一般取 20～120s；而对于某些特厚塑件，保压可持续长达数分钟；高速注射一些形状简单的塑件时，其保压时间可短至几秒钟。总之保压时间的长短与料温、模温、塑件壁厚、模具的流道和浇口大小有关，且对塑件的密度和尺寸精度有直接影响。

模内定型冷却时间是指保压结束后，模内塑件继续冷却至脱模温度所需的时间。因为热塑性塑料熔体的温度总是高于模具温度，所以一旦熔体进入模具后，便将受到低温模具的冷却作用。所以总的冷却时间应包括注射过程中的充模时间和保压时间。模内定型冷却时间主要取决于塑件的壁厚、塑料的热性能和结晶性、模具的温度等因素。冷却时间的长短应以塑件脱模时不产生变形为原则。模内定型冷却时间一般为 30～120s。冷却时间过长，不仅会使生产率降低，还会导致脱模困难。

【任务实施】

1. 分析塑件结构，选择塑件原材料

由导向筒样品绘制其零件图，如图 1-3 所示。

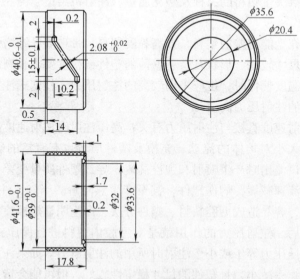

图 1-3　导向筒零件图

导向筒塑料制品是双筒望远镜上的一个外观件，表面要求较高；$\phi40.6_{-0.1}^{\ 0}$mm 尺寸与其他零件配合，要求装配后完全吻合，不允许出现凸凹不平的现象，尺寸 $2.08_{\ 0}^{+0.02}$mm 要求严格；塑料制品壁厚最大为 1.3mm，最小 0.7mm，属薄壁塑料制品。

根据塑件的要求，查塑料手册或参考书，比较各种塑料的性能后，可知选用聚碳酸酯（PC）最佳，该塑料成型收缩小，塑件尺寸容易控制在一定公差内。

2. 聚碳酸酯（PC）材料性能特点

聚碳酸酯（PC）属热塑性非结晶塑料，为无色透明粒料，密度为 $1.02 \sim 1.05 \mathrm{g/cm^3}$。聚碳酸酯是一种性能优良的热塑性工程塑料，韧而刚，抗冲击性在热塑性塑料中名列前茅；成型塑料制品可达到很好的尺寸精度，并在很宽的温度范围内保持其尺寸的稳定性；成型收缩率恒定为 $0.5\% \sim 0.8\%$；抗蠕变，耐磨，耐热，耐寒；脆化温度在 $-100℃$ 以下，长期工作温度达 $120℃$；吸水率较低，能在较宽的温度范围内保持较好的电性能；作为透明材料，其可见光的透光率接近 90%。

其缺点是疲劳强度较差，成型后塑料制品的内应力较大，容易开裂。用玻璃纤维增强聚碳酸酯则可克服上述缺点，使聚碳酸酯具有更好的力学性能、更好的尺寸稳定性、更小的成型收缩率，并可提高耐热性和耐蚀性，降低成本。

聚碳酸酯吸水性极小，但在高温时对水分比较敏感，会出现银丝、气泡及强度下降现象，所以加工前必须进行干燥处理，而且最好采用真空干燥法。由于聚碳酸酯熔融温度高（超过330℃才严重分解），熔体黏度大，流动性差（溢边值为0.06mm），所以成型时要求有较高的温度和压力。其熔体黏度对温度十分敏感，冷却速度快，一般用提高温度的方法来增加熔融塑料的流动性。

3. 导向筒注射成型工艺卡片

导向筒注射成型工艺卡片见表1-1。

表1-1　导向筒注射成型工艺卡片

厂名		塑件注射成型工艺卡片				产品名称		零件名称	导向筒
						产品图号		零件图号	
原料	名称	形状	单件质量	每模件数	每模用量	原料及塑件处理			
	PC	粒料	4.3g	1	7g	名称	设备	温度/℃	时间/h
嵌件	图号		名称		数量	预处理	烘箱	80~85	4~6

工 艺 参 数								
温度/℃					注射压力/MPa	时间/s		
喷嘴	料筒前段	料筒中段	料筒后段	模具		注射	保压冷却	
270~280	220~230	300±5	305±5	50~70	6~8 背压：20%	1~2	8~10	

车间	工序	工序名称及内容		设备	模具	工具	准备－终结时间/min	单件工时（额定）/min
	1	生产准备	1）材料预烘：PC料，料层厚度≤30mm；黑色色母，100g/1袋PC	鼓风烘箱搪瓷盘				
			2）安装模具，调整机床，接模温控制仪					

（续）

车间	工序	工序名称及内容		设备	模具	工具	准备－终结时间/min	单件工时（额定）/min
	2	材料熔化	1）清洗料筒：将料筒温度升到230℃后，用0.5kg聚丙烯将料筒清洗干净					
			2）熔化：将烘好的PC料和黑色色母按比例25∶1混合拌匀后，加入料斗。料斗温度升到130℃					
	3	注射成型		XS－Z－45	注射模			
	4	清理：去除浇口、飞边		自制刀片				
	5	检验：按零件图和工装履历卡进行检验	1）目测零件形状、外观等符合要求	三用卡尺（0.02mm）				
			2）对尺寸 $\phi 40.6_{-0.1}^{\ 0}$ mm 和 $2.08_{\ 0}^{+0.02}$ mm，以及壁厚进行检测					
			只在模具修理时检测其余相关尺寸					
	6	交货：交往零件库						

塑件简图

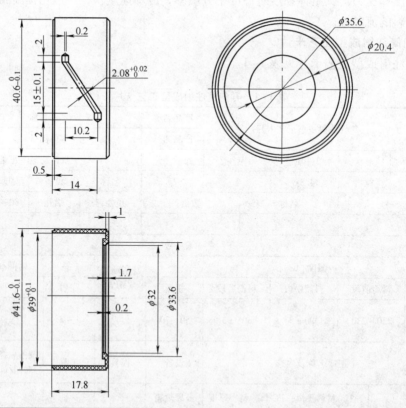

更改标记	数量	更改单号	签名	日期		签名	日期	1 页
					制订			
					审核			第 1 页
					批准			

教学组织实施建议：由观察不同种类、形状及颜色的塑料（见图1-4）引出问题。可采用分组讨论法、卡片式教学法。

a)

b)

c)

图1-4　成型用物料的形态

a）粒状塑料（粒料）　　b）粉状塑料（粉料）　　c）纤维状塑料

【完成学习工作页】（见表1-2）

表1-2　塑料模具设计与制作完成学习工作页（项目1任务1）

项目名称		注射成型工艺的编制	填表人		
			负责人		
任务单号		Sj－001	校企合作企业		
任务名称		有样品注射成型工艺的编制	校内导师		校外导师
任务资讯	产品类型	日用型	客户资料		样品（1）件
	任务要求	1. 选用塑料名称（　　），缩写代号（　　） 2. 选用塑料的优异性能 3. 塑件结构工艺性：好（　　），差（　　） 4. 注射成型工艺参数：温度（　　），压力（　　），时间（　　） 5. 产品主要缺陷：飞边（　　），缺料（　　），气泡（　　），翘曲变形（　　） 6. 任务下达时间：＿＿＿＿＿＿；要求完成时间：＿＿＿＿＿＿			
任务计划	识读任务				
	必备知识				
	模具设计				
	塑料准备				
	设备准备				
	工具准备				
	劳动保护准备				
	制订工艺参数				
决策情况					
任务实施					
检查评估					
任务总结					
任务单会签		项目组同学	校内导师	校外导师	教研室主任

【知识拓展】

常用热塑性塑料的基本性能与用途（见表1-3）

表1-3 常用热塑性塑料的基本性能与用途

塑料名称	基本性能	用途
聚乙烯（PE）	聚乙烯树脂为无毒、无味，呈白色或乳白色，柔软、半透明的大理石状粒料，密度为 $0.91 \sim 0.96 g/cm^3$，为结晶型塑料 聚乙烯的吸水率较低，且介电性能与温度、湿度无关。因此，聚乙烯是最理想的高频电绝缘材料，在介电性能上只有聚苯乙烯、聚异丁烯及聚四氟乙烯可与之相比	低压聚乙烯可用于制造塑料管、塑料板、塑料绳以及承载不高的零件，如齿轮、轴承等；中压聚乙烯最适宜的成型方法有高速吹塑成型，可制造瓶类、包装用的薄膜以及各种注射成型塑件和旋转成型塑件，也可用在电线电缆上；高压聚乙烯常用于制作塑料薄膜（理想的包装材料）、软管、塑料瓶以及电气工业的绝缘零件和电缆包覆等
聚氯乙烯（PVC）	聚氯乙烯树脂为白色或浅黄色粉末，形同面粉，造粒后为透明块状，类似明矾 聚氯乙烯有较好的电气绝缘性能，可以用做低频绝缘材料，其化学稳定性也较好。由于聚氯乙烯的热稳定性较差，长时间加热会导致分解，放出氯化氢气体，使聚氯乙烯变色，所以其应用范围较窄，使用温度一般在 $-15 \sim 55℃$ 之间	由于聚氯乙烯的化学稳定性高，所以可用于制作防腐管道、管件、输油管、离心泵和鼓风机等。聚氯乙烯的硬板广泛用于化学工业上制作各种贮槽的衬里，以及建筑物的瓦楞板、门窗结构、墙壁装饰物等建筑材料。由于电绝缘性能良好，可在电气、电子工业中用于制造插座、插头、开关和电缆。在日常生活中，用于制造凉鞋、雨衣、玩具和人造革等
聚丙烯（PP）	聚丙烯无色、无味、无毒。外观似聚乙烯，但比聚乙烯更透明、更轻。密度仅为 $0.90 \sim 0.91 g/cm^3$。它不吸水，光泽好，易着色 聚丙烯屈服强度、拉伸强度、抗压强度、硬度和弹性比聚乙烯好。聚丙烯的熔点为 $164 \sim 170℃$，耐热性好，能在100℃以上的温度下进行消毒灭菌，其低温使用温度达 $-15℃$，低于 $-35℃$ 时会脆裂。聚丙烯的高频绝缘性能好，而且由于其不吸水，绝缘性能不受湿度的影响，但在氧、热、光的作用下极易降解、老化，所以必须加入稳定剂	聚丙烯可用做各种机械零件，如法兰、接头、泵叶轮、汽车零件和自行车零件；可作为水、蒸汽、各种酸碱等的输送管道，以及化工容器和其他设备的衬里、表面涂层等；可制造各种绝缘零件以及自带铰链的盖体合一的箱类塑件，并用于医药工业中

（续）

塑料名称	基本性能	用　途
聚苯乙烯（PS）	聚苯乙烯无色，透明，有光泽，无毒，无味，密度为 $1.05g/cm^3$；是目前最理想的高频绝缘材料，可以与熔融的石英相媲美 聚苯乙烯的化学稳定性良好，能耐碱、硫酸、磷酸、10% ~30%的盐酸、稀醋酸及其他有机酸，但不耐硝酸及氧化剂的作用，对水、乙醇、汽油、植物油及各种盐溶液也有足够的耐蚀能力。其耐热性低，只能在不高的温度下使用，质地硬而脆，塑件由于内应力而易开裂。聚苯乙烯的透明性很好，透光率很高，光学性能仅次于有机玻璃。其着色能力优良，能染成各种鲜艳的色彩	聚苯乙烯在工业上可用做仪表外壳、灯罩、化学仪器零件、透明模型等；在电气方面用做良好的绝缘材料、接线盒、电池盒等；在日用品方面广泛用于包装材料、各种容器、玩具等
丙烯腈-丁二烯-苯乙烯共聚物（ABS）	ABS是丙烯腈（A）、丁二烯（B）、苯乙烯（S）三种单体的共聚物，价格便宜，原料易得，是目前产量最大、应用最广的工程塑料之一。ABS无毒，无味，为呈微黄色或白色的不透明粒料，成型的塑件有较好的光泽，密度为 $1.02 ~ 1.05g/cm^3$ ABS的热变形温度比聚苯乙烯、聚氯乙烯、尼龙等都高，尺寸稳定性较好，具有一定的化学稳定性和良好的介电性能，经过调色可配成任何颜色。其缺点是耐热性不高，连续工作温度为70℃左右，热变形温度约为93℃。它不透明，耐气候性差，在紫外线作用下易变硬发脆	ABS广泛应用于家用电子电器、工业设备及日常生活用品等领域，如计算机、电视机、录音机、电冰箱、洗衣机、电话、电风扇、净水加热器等的壳体，工业机械中的齿轮、泵叶轮、轴承、把手、仪器仪表盘、玩具、包装容器、家具、安全帽、农用喷雾器等
聚酰胺（PA）	聚酰胺通称尼龙（Nylon）。尼龙树脂为无毒、无味、呈白色或淡黄色的结晶颗粒。尼龙具有优良的力学性能（拉伸、抗压、耐磨性能）。经过拉伸定向处理的尼龙，其拉伸强度很高，接近于钢的水平。因尼龙的结晶性很高，表面硬度大，摩擦因数小，故具有十分突出的耐磨性和自润滑性。它的耐磨性高于一般用做轴承材料的铜、铜合金、普通钢等。尼龙耐碱、弱酸，但强酸和氧化剂能侵蚀尼龙。尼龙的缺点是吸水性强，收缩率大，常常因吸水而引起尺寸变化。其稳定性较差，一般只能在80~100℃之间使用	尼龙在工业上广泛用于制作各种机械、化学和电气零件，如轴承、齿轮、滚子、辊轴、滑轮、蜗轮、垫片、阀座、输油管、储油容器、传动带、电池箱、电气线圈、各种绳索、刷子、梳子、拉链、球拍等零件，还可将粉状尼龙热喷到金属零件表面上，以提高耐磨性或作为修复磨损零件之用
聚碳酸酯（PC）	聚碳酸酯为无色透明粒料，密度为 $1.02 ~ 1.05g/cm^3$。聚碳酸酯韧而刚，抗冲击性在热塑性塑料中名列前茅；成型塑件可达到很好的尺寸精度，并在很宽的温度范围内保持其尺寸的稳定性，成型收缩率恒定为0.5% ~ 0.8%；抗蠕变，耐磨，耐热，耐寒；脆化温度在-100℃以下，长期工作温度达120℃；吸水率较低；它是透明材料，可见光的透光率接近90% 其缺点是疲劳强度较差，成型后塑件的内应力较大，容易开裂。用玻璃纤维增强聚碳酸酯则可克服上述缺点	在机械上主要用做各种齿轮、蜗轮、蜗杆、齿条、凸轮、轴承、各种外壳、盖板、容器、冷冻和冷却装置零件等。在电气方面，可用做电机零件、风扇部件、拨号盘、仪表壳、接线板等。聚碳酸酯还可制作照明灯、高温透镜、视孔镜、防护玻璃等光学零件

【小贴士】

☞ 学会查阅塑料性能手册是完成本任务的主要方法之一。

☞ 同一种塑料品种有很多牌号，同一种塑料的牌号不同，其性能差别也很大，如ABS，就有注射级、挤出级、电镀级、高刚级、柔韧性很大等多种，塑料的主要性能可参考供货商提供的资料。

【教学评价】

完成任务后，学生应进行自我评价和小组成员间的评价，学生自评表和小组成员互评表分别见表 1-4 和表 1-5。

表 1-4　学生自评表（项目 1 任务 1）

项目名称	注射成型工艺的编制			
任务名称	有样品注射成型工艺的编制			
姓名		班级		
组别		学号		
评价项目		分值		得分
材料选用		10		
塑件成型工艺分析		10		
注射成型工艺参数确定		10		
模具结构设计		10		
模具安装与调试		10		
注射机操作规范		10		
产品质量检查评定		10		
工作实效及文明操作		10		
工作表现		10		
创新思维		10		
总计		100		
个人的工作时间：		提前完成		
		准时完成		
		超时完成		
个人认为完成的最好的方面				
个人认为完成的最不满意的方面				
值得改进的方面				
自我评价：		非常满意		
		满意		
		不太满意		
		不满意		
记录				

表 1-5　小组成员互评表（项目 1 任务 1）

项目名称		注射成型工艺的编制					
任务名称		有样品注射成型工艺的编制					
班级				组别			
评价项目	分值	小组成员					
		组长	组员 1	组员 2	组员 3	组员 4	组员 5
分析问题的能力	10						
解决问题的能力	20						
负责任的程度	10						
读图、绘图能力	10						
文字叙述及表达	5						
沟通能力	10						
团队合作精神	10						
工作表现	10						
工作实效	10						
创新思维	5						
总计	100						
小组成员		组长	组员 1	组员 2	组员 3	组员 4	组员 5
签名							
记录							

任务 2　有图样注射成型工艺的编制

　　给出塑料制品零件图，分析塑件结构工艺性。塑件工艺性良好，不仅可以使成型工艺得以顺利进行，提高塑件质量，而且可以简化模具结构，减低模具设计与制造成本，得到最佳的经济效益。

　　如图 1-5 所示为某汽车天线支架产品，材料为 ABS 塑料，要求分析该塑件的结构工艺性，编制该塑件的注射成型工艺卡。

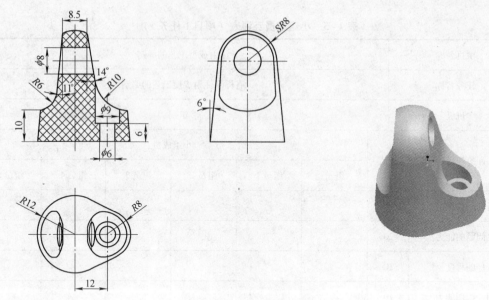

图 1 - 5　汽车天线支架

【知识准备】

一、塑件的尺寸精度和表面质量

1. 塑件的尺寸精度

塑件的尺寸精度是指所获得的塑料制品尺寸与产品图中尺寸的符合程度，即所获塑料制品尺寸的准确度。影响塑料制品精度的因素通常包括以下几方面：

（1）材料　收缩率小及收缩率波动范围小的塑料能获得较高精度的塑料制品。

（2）塑件结构　合理的结构设计，可降低塑件的内应力及成型收缩率，提高塑件的形状及尺寸稳定性。

（3）模具　模具零件的加工、模具的磨损、模具的装配以及模具结构设计的合理性等，都会影响其模塑塑件的形状与尺寸精度。

（4）成型工艺　成型前的准备，成型过程中的温度、压力及各个阶段的持续时间，成型后的处理等，都会对塑件的形状与尺寸精度带来影响。

（5）成型设备　成型设备的自动化程度、控制精度越高，所成型塑件的精度也越高。

塑件的尺寸公差等级可参考 GB/T 14486—2008 或 SJ/T 10628 - 1995 标准执行。

2. 塑件的表面质量

塑件的表面质量主要指塑件的表面缺陷和表面粗糙度。

塑件的表面缺陷常见的有缺料、溢料、飞边、凹陷、起泡、银纹、斑纹、色泽不均、熔接痕、翘曲、龟裂等。塑件的表面粗糙度主要取决于模具型腔的表面粗糙度，型腔的表面粗糙度应比塑件的表面粗糙度低 1 ~ 2 级（即光洁程度比塑件的表面高 1 ~ 2 级）。塑件的表面粗糙度值越低，对模具型腔表面的制造加工要求就越高，模具成本相应增加。一般对塑件表面粗糙度的要求应根据工程需要来定，目前，注射成型塑件的表面粗糙度可取 $Ra0.02 \sim 1.25\mu m$。

二、塑件的结构设计

1. 脱模斜度

由于塑件冷却后产生收缩，会紧紧地包住模具型芯或型腔中凸出的部分，为了使塑件易于从模具内脱出，防止塑件表面在脱模时划伤、擦毛等，在设计时沿脱模方向应具有合理的脱模斜度。

一般情况下，脱模斜度不包括在塑件公差范围内，否则在图样上应加以说明。在塑件图上标注时，内孔以小端为基准，斜度由扩大方向取得；外形以大端为基准，斜度由缩小方向取得，如图1-6所示。

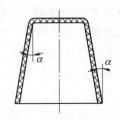

脱模斜度一般依靠经验数据选取，其大小与塑料品种、塑件形状及模具结构等因素有关。通常情况下脱模斜度取 $30' \sim 1°30'$，最小为 $15' \sim 20'$，成型型芯越长或型腔越深，则斜度应取偏小值；反之可选用偏大值。塑件高度不大时（小于 $2 \sim 3mm$），可不设计脱模斜度。

图1-6 脱模斜度

2. 壁厚

塑件应有一定的壁厚才能满足使用时的强度和刚度要求，脱模时也能承受一定的脱模力。

壁厚应设计合理。壁厚过小，成型时流动阻力大，大型复杂塑件难以充满型腔；壁厚过大，塑件内部会产生气泡、缩孔，外部会产生凹陷等缺陷，同时增加了成型时的冷却时间。因此在保证塑件具有足够的强度和刚度、成型时有良好流动状态的条件下，塑件要有合适的厚度。热塑性塑件的壁厚一般不宜小于 $0.6 \sim 0.9mm$，常取 $1 \sim 4mm$。

同一塑件壁厚应尽可能一致，否则会因冷却或固化速度不同产生附加内应力，使塑件产生翘曲、缩孔、裂纹甚至开裂。表1-6为塑件壁厚的改进示例。

表1-6 改善塑件壁厚的方法

序 号	不 合 理	合 理
1		
2		
3		

3. 加强筋

加强筋的作用是在不增加壁厚的条件下，增加塑件的刚度和强度，避免塑件变形翘曲。此外，合理布置加强筋还可以改善充模流动性，减少内应力，避免气孔、缩孔和凹陷等缺陷。

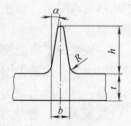

加强筋的形状和尺寸如图 1-7 所示。其高度 $h \leqslant 3t$（t 为塑件壁厚），脱模斜度 α 为 2°~3°，筋的顶部应为圆角，筋的底部也必须用圆角 R 向周围壁部过渡，R 不应小于 $0.25t$，筋的宽度 b 应小于 t，通常取塑件壁厚的 0.5 倍左右。需设置多条加强筋时，加强筋的间距要大于 2 倍的壁厚，其端部不应与塑件支承面平齐，而应缩进 0.5mm，如图 1-8 所示，以免影响使用效果。如果一个塑件中需设置许多加强筋，其分布排列应相互错开，以避免收缩不均引起破裂。此外，各条加强筋的厚度应尽量相同或相近，这样可防止因熔体流动局部集中而引起缩孔和气泡。如图 1-9 所示，图 1-9b 比图 1-9a 加强筋的设计要合理。

图 1-7　加强筋的
形状和尺寸

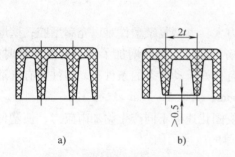

图 1-8　加强筋与支承面
a）不正确　b）正确

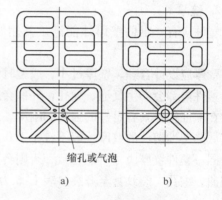

缩孔或气泡

a)　　　　　　b)

图 1-9　加强筋的布置
a）不正确　b）正确

图 1-10 为采用加强筋改善塑件壁厚和刚度的示例，图 1-10a 为不合理结构，图 1-10b 为合理结构。

4. 圆角

为了避免应力集中，提高塑件的强度，改善注射过程中熔体的流动情况并便于脱模，在塑件各内外表面的连接处，均应采用圆弧过渡。塑件无特殊要求时，各连接处均应有半径不小于 0.5 ~

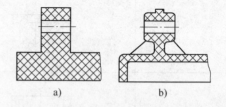

图 1-10　采用加强筋改善壁厚和刚度
a）不正确　b）正确

1mm 的圆角，一般外圆弧半径应取壁厚的 1.5 倍，内圆弧半径取壁厚的 0.5 倍。

5. 孔的设计

（1）通孔　孔的成型与其形状和尺寸大小有关。一般有三种方法，如图 1-11 所示。图 1-11a 为一端固定的型芯成型，用于较浅孔的成型。图 1-11b 为对接型芯，用于较深通孔成型，这种方法容易使上下孔出现偏心。图 1-11c 为一端固定、一端导向支承，这种方法使型芯有较好的强度和刚度，又能保证同轴度，较为常用，但导向部分周围由于磨损易产生圆周纵向溢料。型芯不论采用何种方法固定，孔深均不能太大，否则型芯易弯曲。压缩成型时，尤其应注意通孔深度不要超过孔径的 3.75 倍。

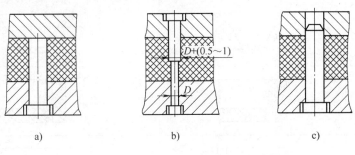

图 1-11　通孔的成型方法

（2）不通孔　不通孔只能用一端固定的型芯成型，如果孔径较小而深度又很大，成型时型芯易于弯曲或折断。根据经验，孔的深度应不超过孔径的 4 倍。压缩成型时，孔的深度应不超过孔径的 2.5 倍。当孔径较小而深度又太大时，孔只能用成型后再机械加工的方法获得。

（3）异形孔　当塑件孔为异形孔（斜度孔或复杂形状的孔）时，常常采用型芯拼合的方法来成型。图 1-12 所示为几个典型的例子。

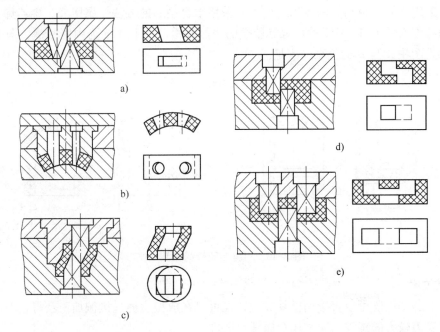

图 1-12　异形孔的成型方法

若塑件上有与开模方向不一致的孔（侧孔）或槽（侧凹），成型时模具就必须采用瓣合结构或侧向抽芯机构，从而使模具结构复杂化，因此，在不影响塑件使用要求的情况下，塑件应尽可能避免侧孔或侧凹结构。表 1-7 为有侧孔或侧凹塑件的改进示例。

表 1 - 7　有侧孔或侧凹塑件的改进示例

序　号	不 合 理	合 理
1		
2		
3		
4		

当塑件侧壁内（外）侧凹槽较浅并允许有圆角，且塑件在脱模温度下具有足够的弹性时，则可采用强制脱模的方法脱出，而不必采用组合型芯的方法。聚甲醛、聚乙烯、聚丙烯等塑件均可带有图 1 - 13 所示的可强制脱模的浅侧凹槽，图 1 - 13a 为内侧凹槽，图 1 - 13b 为外侧凹槽。图中 A 与 B 的关系应满足

$$\frac{A - B}{B} \times 100 \leqslant 5\% \tag{1-1}$$

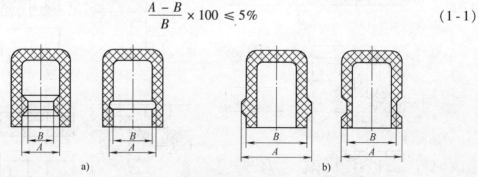

图 1 - 13　可强制脱模的浅侧凹槽

6. 螺纹设计

塑件上的螺纹既可以直接用模具成型，也可以在成型后通过机械加工获得，对于需要经常拆装和受力较大的螺纹，应采用金属螺纹嵌件。

塑件上的螺纹，一般直径要求不小于 2mm，公差等级不超过 IT7 级，并选用螺距较大者。细牙螺纹应尽量不直接成型，而采用金属螺纹嵌件。

为了增加塑件螺纹的强度，防止最外圈螺纹崩裂或变形，起始段和末端均不应突然开始和结束，应有一过渡段，如图 1 - 14 所示，过渡段长度尺寸可参见表 1 - 8。

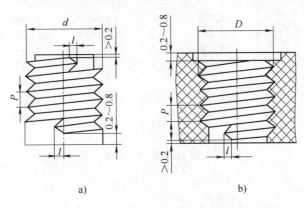

a)　　　　　　　　　　　　b)

图 1-14　塑件螺纹的结构形状

a) 外螺纹　b) 内螺纹

表 1-8　塑料螺纹始末端的过渡段长度　　　　　　　　（单位：mm）

螺纹直径	螺距 P		
	<0.5	0.5~1.0	>1.0
	始末端过渡段长度 l		
≤10	1	2	3
10~20	2	2	4
20~34	2	4	6
34~52	3	6	8
>52	3	8	10

7. 支承面及凸台

设计塑件的支承面应充分保证其稳定性。不宜以塑件的整个底面作支承面，因为塑件稍许翘曲或变形就会使底面不平。通常采用底脚（三点或四点）支承或边框支承，如图 1-15 所示。底脚或边框的高度 S 取 0.3~0.5mm。

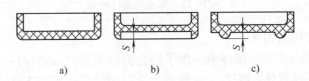

a)　　　　　　　b)　　　　　　　c)

图 1-15　支承面

a) 不正确　b) 边框支承　c) 底脚支承

凸台是用来增强孔或装配附件的凸出部分的。凸台应有足够的强度，同时应避免因凸台尺寸过渡而在其周围发生形状突变。图 1-16 中，图 1-16b 的设计比图 1-16a 合理。

图 1 - 16　凸台

a）不正确　b）正确

8. 嵌件设计

在塑件中嵌入金属零件形成不可拆的连接，所嵌入的金属零件即称为嵌件。塑件中镶入嵌件有的是为了提高塑件局部的强度、硬度、耐磨性、导电性、导磁性等，有的是为了增加塑件的尺寸和形状的稳定性，有的是为了降低塑料的消耗。嵌件的材料有金属、玻璃、木材和已成型的塑料等，其中金属嵌件的使用最为广泛。其结构如图 1 - 17 所示。其中图 1 - 17a 为圆筒形嵌件；图 1 - 17b 为圆柱形嵌件；图 1 - 17c 为板状或片状嵌件；图 1 - 17d 为细杆状贯穿嵌件，例如汽车转向盘。

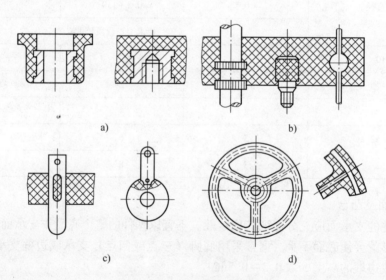

图 1 - 17　常见的嵌件种类

金属嵌件的设计原则如下：

（1）嵌件应牢固地固定在塑件中　为了防止嵌件受力时在塑件内转动或脱出，嵌件表面必须设计适当的凸凹形状。图 1 - 18a 所示为最常用的菱形滚花，其抗拉和抗扭强度都较大；图 1 - 18b 所示为直纹滚花，这种滚花在嵌件较长时允许塑件沿轴线少许伸长，以降低这一方向的内应力，但在这种嵌件上必须开有环形沟槽，以免在受力时被拔出；图 1 - 18c 所示为六角形嵌件，因其尖角处易产生应力集中，故较少采用；图 1 - 18d 所示为用孔眼、切口或局部折弯来固定的片状嵌件；薄壁管状嵌件也可以用边缘折弯法固定，如图 1 - 18e 所示；针状嵌件可采用将其中一段轧扁或折弯的办法固定，如图 1 - 18f 所示。

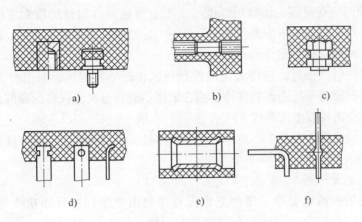

图 1-18　嵌件在塑件中的固定方式

（2）模具内的嵌件应定位可靠　模具中的嵌件在成型时要受到高压熔体的冲击，可能发生位移和变形，同时熔料还可能挤入嵌件上预制的孔或螺纹线中，影响嵌件的使用，因此嵌件必须可靠定位，并要求嵌件的高度不超过其定位部分直径的 2 倍。

图 1-19 为外螺纹嵌件在模具内的固定方式。其中图 1-19a 利用嵌件上的光杆部分和模具配合；图 1-19b 采用一凸肩配合的形式，既可增加嵌件插入后的稳定性，又可防止塑料流入螺纹中；图 1-19c 中嵌件上有一凸出的圆环，在成型时圆环被压紧在模具上而形成密封环，以阻止塑料的流入。

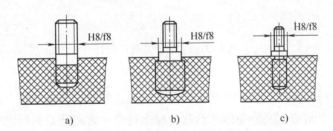

图 1-19　外螺纹嵌件在模具内的固定方式

图 1-20 为内螺纹嵌件在模具内的固定方式。其中图 1-20a 为嵌件直接插在模内的圆形光杆上的形式；图 1-20b 和图 1-20c 为用一凸出的台阶与模具上的孔相配合的形式；图 1-20d 采用内部台阶与模具上的插入杆配合。

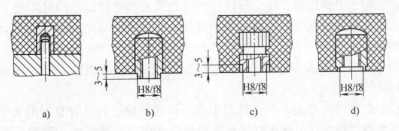

图 1-20　内螺纹嵌件在模具内的固定方式

（3）嵌件周围应有足够的塑料层厚度　由于金属嵌件与塑件的收缩率相差较大，致使嵌件周围的塑料存在很大的内应力，如果设计不当，则会造成塑件的开裂，而保持嵌件周围适当的塑料层厚度可以减小塑件的开裂倾向。

热塑性塑料注射成型时，应将大型嵌件预热到接近物料温度。对于应力难以消除的塑料，可在嵌件周围覆盖一层高聚物弹性体或在成型后进行退火。嵌件的顶部也应有足够的塑料层厚度，否则会出现鼓泡或裂纹。

成型带嵌件的塑件会降低生产效率，使生产不易实现自动化，因此在设计塑件时应尽可能避免使用嵌件。

9. 花纹、标志及符号

由于装潢或某些特殊要求，塑件上常需直接制出文字、符号和花纹等。为了有利于成型和脱模，花纹的纹向应设计为与脱模方向一致，如图 1-21 所示，图 1-21b 的设计比图 1-21a 合理。

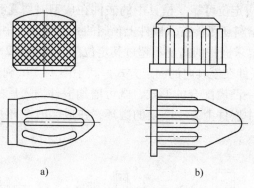

图 1-21　塑件上花纹的设计
a）不正确　b）正确

塑件的标志或符号有凸形和凹形两类，凸形的标志符号容易被磨损，而凹形的标志符号加工困难。为了便于制造，又避免碰坏凸起的标志符号，常将凸起的标志符号设在凹坑内。

【任务实施】

1. 分析塑件原材料性能

图 1-5 所示支架所用 ABS 塑料是丙烯腈（A）、丁二烯（B）、苯乙烯（S）三种单体的共聚物，属热塑性非结晶型塑料，不透明。

ABS 是由三种组分组成的，故它有三种组分的综合力学性能。丙烯腈使 ABS 具有良好的表面硬度、耐热性及耐化学腐蚀性；丁二烯使 ABS 坚韧；苯乙烯使它具有优良的成型加工性和着色性能。

ABS 无毒、无味，呈微黄色或白色不透明粒料，成型的塑件有较好的光泽，密度为 $1.02 \sim 1.05 \mathrm{g/cm^3}$。

ABS 有极好的抗冲击性能，且在低温下也不迅速下降；还具有良好的力学性能和一定的耐磨性、耐寒性、耐油性、耐水性、化学稳定性和电气性能；酸、碱和无机盐对 ABS 几乎无影响，但在酮、醛、酯、氯代烃中 ABS 会溶解或形成乳浊液；ABS 塑料表面受冰醋酸、植物油等的侵蚀会引起应力开裂。ABS 有一定的硬度和尺寸稳定性，易于成型加工，经过调色可配成任何颜色。ABS 的缺点是耐热性不高，连续工作温度为 70℃左右，热变形温度为 93℃左右，且耐气候性差，在紫外线作用下易变硬发脆。

由于 ABS 中三种组分之间的比例可以在很大的范围内调节，故可由此得到性能和用途不一的多种 ABS 品种，如通用级、抗冲级、耐寒级、耐热级、阻燃级等，从而适应各种不同的应用。

2. 分析塑料工艺性能

ABS 在升温时黏度增高，所以成型压力较大，故塑件上的脱模斜度宜稍大；ABS 易吸水，使成型塑件表面出现斑痕、云纹等缺陷，为此，成型加工前应进行干燥处理；在正常的成型条件下，壁厚、熔料温度对收缩率影响极小；要求塑件精度高时，模具温度可控制在 50~60℃，要求塑件光泽和耐热时，应控制在 60~80℃；ABS 比热容低，塑化效率高，凝固也快，故成型周期短；ABS 的表观黏度对剪切速率的依赖性很强，因此模具设计中大都采用点浇口形式。

3. 分析塑件成型工艺性

（1）塑件结构分析　塑件的壁厚对塑件的质量有很大的影响。壁厚过小，成型时流动阻力大，大型复杂塑件就难以充满型腔；壁厚过大，不但造成原材料的浪费，而且增加了冷却时间，降低了生产效率，另外也影响产品质量，如产生气泡、缩孔、凹陷等缺陷。

如图 1-5 所示，支架零件顶部 ϕ8mm 的圆孔为支承孔，起支承天线的作用，底座 ϕ6mm 的沉孔为螺钉固定孔，通过该孔将塑料支架固定在汽车车身上。支架底部与顶部壁厚相比较厚，若不加以改善，成型出的塑件在壁厚较厚处的外表面会出现凹痕，内部会产生气泡。所以在塑件设计阶段应考虑将底部改成壁厚较均匀的结构。改善后的支架结构如图 1-22 所示。

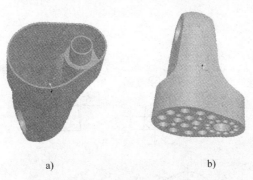

a)　　　　　　　　　　　　b)

图 1-22　改善后的支架结构

（2）塑件工艺性改善　支架底部壁厚均匀，将会改善注射成型工艺条件，有利于保证支架质量。相应地，在模具结构上就要增加工艺型芯。

图 1-22a 所示结构需采用非圆状工艺型芯，加工不容易，但只需要一根，且可使成型出的塑件底部壁厚均匀；图 1-22b 所示结构需采用圆柱状工艺型芯，加工容易，但数量多，每个直径也不尽相同，且在塑件底部分布也不能均匀，会影响其底部外观，不过该塑件底部为安装面，该影响可不予考虑。这两种改善方案可根据实际情况加以选择。

4. 编制支架成型工艺卡片

支架注射成型工艺卡片见表 1-9。

表 1 - 9　支架注射成型工艺卡

厂名		塑件注射成型工艺卡片				产品名称		零件名称		支架
						产品图号		零件图号		
原料	名称	形状	单件质量	每模件数	每模用量		原料及塑件处理			
	ABS	粒料	1.3g	2	4.5g	名称	设备	温度/℃		时间/h
嵌件	图号		名称		数量	预处理	烘箱	80~85		2~3
						后处理	烘箱	70		0.3~1

工 艺 参 数

温度/℃					注射压力 /MPa	时间/s		
喷嘴	料筒前段	料筒中段	料筒后段	模具		注射	保压	冷却
170~180	200~210	180~190	150~170	50~70	60~100	2~5	5~10	5~15

车间	工序	工序名称及内容	设备	模具	工具	准备-终结 时间/min	单件工时 （额定）/min
	1	干燥	烘箱		搪瓷盘		
	2	注射成型	XS-Z-60	注射模			
	3	退火处理	烘箱				

塑件简图

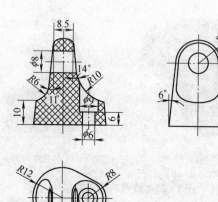

更改标记	数量	更改单号	签名	日期		签名	日期	共1页
					制订			
					审核			第1页
					批准			

教学组织实施建议：

1）观察能收集到、联想到的不同结构塑件（包括具有各种成型缺陷的塑件），以引出问题。可采用激发性思维法、分组讨论法、角色扮演法。

2）可根据分组人数、学生基础及兴趣爱好等，选择另一个载体来实施任务。要求如下：

如图1-23所示塑件，材料为ABS，未注圆角R1，脱模斜度外表面30′，内表面1°，拟采用注射成型，大批量生产，要求分析该塑件原材料的成型工艺性能，并编制注射成型工艺，填写注射成型工艺卡片。

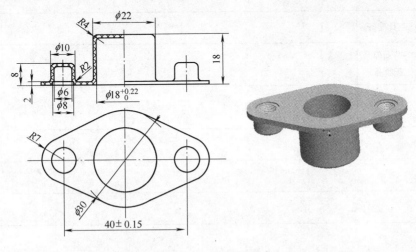

图1-23 塑料罩盖

【完成学习工作页】（见表1-10）

表1-10 塑料模具设计与制作完成学习工作页（项目1任务2）

项目名称		注射成型工艺的编制	填表人	
			负责人	
任务单号		Sj-002	校企合作企业	
任务名称		有图样注射成型工艺的编制	校内导师	校外导师
任务资讯	产品类型	工业品	客户资料	零件图1张
	任务要求	1. 塑件结构工艺性：好（ ），差（ ） 2. 改善塑件结构：脱模斜度（ ），壁厚（ ），孔（ ），其他形式（ ） 3. 注射成型工艺参数：温度（ ），压力（ ），时间（ ） 4. 原结构产品主要缺陷：飞边（ ），缺料（ ），气泡（ ），凹陷（ ），翘曲变形（ ） 5. 任务下达时间：＿＿＿＿＿；要求完成时间：＿＿＿＿＿		

（续）

任务计划	识读任务				
	必备知识				
	模具设计				
	塑料准备				
	设备准备				
	工具准备				
	劳动保护准备				
	制订工艺参数				
决策情况					
任务实施					
检查评估					
任务总结					
任务单会签	项目组同学	校内导师	校外导师	教研室主任

【知识拓展】

常见热塑性塑料注射成型产生的缺陷及其采取的对策

1. 欠注（短射、缺料）

欠注是指塑料未完全充满型腔而导致塑件残缺不完整的现象，也称填充不足，如图 1 - 24 所示。欠注产生的主要原因及改善办法见表 1 - 11。

图 1 - 24　欠注

表1-11 欠注产生的主要原因及改善办法

主要原因	改善办法		
	成型工艺	模具设计	塑件设计
1）料筒、喷嘴及模具的温度偏低 2）加料量不足 3）料筒内的剩料太多 4）注射压力太小 5）注射速度太慢 6）流道和浇口尺寸太小，浇口数量不够，且浇口位置不恰当 7）型腔排气不良 8）注射时间太短 9）浇注系统发生堵塞 10）塑料的流动性太差	1）提高注射压力、注射体积以及保压压力，但不能超过最大注射压力的70%~85% 2）提高料筒温度和模具温度 3）检查料筒、进料口及阀门是否堵塞或损坏	1）适当加大浇口和流道尺寸，以保证充填平衡和易于充填，同时为避免滞留，尽量先充填厚壁部分 2）把排气孔置于适当位置，一般是最后充填的区域，以便排除空气	1）塑料流动长度和塑件厚度比例要适当 2）增加塑件某些部位的厚度，以减小流动阻力

2. 塑件有溢边（飞边）

溢边是指模塑过程中，溢入模具合模面缝隙间，并留存在塑件上的剩余料，如图1-25所示。溢边产生的主要原因及改善办法见表1-12。

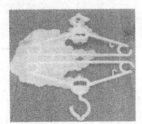
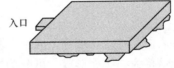

入口

图1-25 溢边

表1-12 溢边产生的主要原因及改善办法

主要原因	改善办法		
	成型材料	成型工艺	模具设计
1）料筒、喷嘴及模具温度太高 2）注射压力太大，锁模力太小 3）模具密合不严，有杂物或模板已变形 4）型腔排气不良 5）塑料的流动性太好 6）加料量过大	使用流动性较差的塑料	1）降低料筒温度和模具温度 2）提高锁模力，降低注射压力、保压压力，减少保压时间	1）适当减小浇口尺寸 2）使模具分型面平整并无杂物 3）增加排气孔数或增大排气孔

3. 凹陷及缩痕

凹陷及缩痕是指塑件表面局部下凹，通常出现在厚壁、筋、凸台及内嵌件部位，如图 1 - 26 所示。凹陷及缩痕产生的主要原因及改善办法见表 1 - 13。

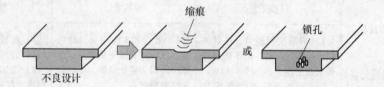

图 1 - 26　凹陷及缩痕

表 1 - 13　凹陷及缩痕产生的主要原因及改善办法

主要原因	改善办法			
	成型材料	成型工艺	模具设计	塑件设计
1）加料量不足 2）料温太高 3）制品壁厚与壁薄相差太大 4）注射和保压的时间太短 5）注射压力太小 6）注射速度太快 7）浇口位置不恰当	使用收缩率较小的塑料	1）提高注射压力，增加后期保压压力 2）降低熔体和模具温度 3）增加冷却时间	1）避免使用较小的浇口和流道尺寸，以避免熔体在浇口处过早冷凝而影响型腔保压 2）增加排气孔数或增大排气孔 3）优先充填厚壁部分	1）尽量使塑件壁厚保持一致 2）筋和凸台的厚度应保持在其所附壁厚的 50% ~ 80%

4. 熔接痕

熔接痕是指塑件表面一种线状痕迹，因若干股料流在模具中分流汇合，熔料在界面处未完全熔合，彼此不能熔接为一体而形成，可分为熔接线（纹）和熔合线（纹），如图 1 - 27 所示。熔接痕产生的主要原因及改善办法见表 1 - 14。

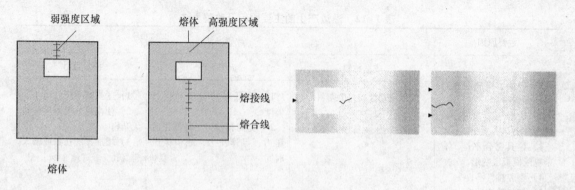

图 1 - 27　熔接痕

表 1 - 14 熔接痕产生的主要原因及改善办法

主要原因	改善办法		
	成型工艺	模具设计	塑件设计
1）料温太低，塑料的流动性差 2）注射压力太小 3）注射速度太慢 4）模温太低 5）型腔排气不良 6）塑料受到污染	1）提高注射压力和注射速度 2）提高料筒温度和模具温度 3）原材料充分烘干	1）加大浇口和流道尺寸 2）在熔接痕附近设置排气孔	适当增加壁厚以易于压力传递和保持较高的熔体温度

5. 翘曲变形

翘曲变形是指在注射成型中，当塑件有内应力时，塑件外形发生畸变、尺寸扭曲、型孔偏移、壁厚不均等塑件外形与模具型腔有较大偏差的现象，如图 1 - 28 所示。翘曲变形产生的主要原因及改善办法见表 1 - 15。

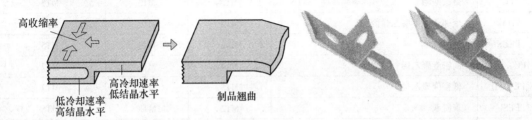

图 1 - 28 翘曲变形

表 1 - 15 翘曲变形产生的主要原因及改善办法

主要原因	改善办法		
	成型工艺	模具设计	塑件设计
1）模具温度太高，冷却时间不够 2）制品厚薄悬殊 3）浇口位置不恰当，且浇口数量不合适 4）推出位置不恰当，且受力不均 5）塑料分子定向作用太大	1）提高料筒和模具温度 2）降低注射压力并延长注射时间，以减少聚合物分子定向	1）优化浇注系统以保证流动平衡 2）优化冷却以获得沿厚度和整个塑件冷却过程的一致和平衡 3）增加顶杆数量或采用推板顶出	塑件壁厚均匀一致

【小贴士】

☞ 如图 1 - 29 所示模塑面积图，可定性说明熔体温度和注射压力的取值范围。

☞ 模流分析软件（如 Moldflow）可以在成型前确定大体的注射成型工艺参数。

☞ 塑件的尺寸精度及其确定

设计塑件时，根据不同塑料原材料，可按表 1 - 16 合理选用

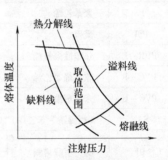

图 1 - 29 模塑面积图

精度等级，再依据 GB/T 14486—2008《塑料模塑件尺寸公差》（见表 1-17）确定具体公差值。

表 1-16　常用材料模塑料制件公差等级的选用

材料代号	模 塑 材 料		公 差 等 级		
			标注公差尺寸		未注公差尺寸
			高精度	一般精度	
ABS	（丙烯腈 - 丁二烯 - 苯乙烯）共聚物		MT2	MT3	MT5
CA	乙酸纤维素		MT3	MT4	MT6
EP	环氧树脂		MT2	MT3	MT5
PA	聚酰胺	无填料填充	MT3	MT4	MT6
		30% 玻璃纤维填充	MT2	MT3	MT5
PBT	聚对苯二甲酸丁二酯	无填料填充	MT3	MT4	MT6
		30% 玻璃纤维填充	MT2	MT3	MT5
PC	聚碳酸酯		MT2	MT3	MT5
PDAP	聚邻苯二甲酸二烯丙酯		MT2	MT3	MT5
PEEK	聚醚醚酮		MT2	MT3	MT5
PE - HD	高密度聚乙烯		MT4	MT5	MT7
PE - LD	低密度聚乙烯		MT5	MT6	MT7
PESU	聚醚砜		MT2	MT3	MT5
PET	聚对苯二甲酸乙二酯	无填料填充	MT3	MT4	MT6
		30% 玻璃纤维填充	MT2	MT3	MT5
PF	苯酚 - 甲醛树脂	无机填料填充	MT2	MT3	MT5
		有机填料填充	MT3	MT4	MT6
PMMA	聚甲基丙烯酸甲酯		MT2	MT3	MT5
POM	聚甲醛	>150mm	MT3	MT4	MT6
		<150mm	MT4	MT5	MT7
PP	聚丙烯	无填料填充	MT4	MT5	MT7
		30% 无机填料填充	MT2	MT3	MT5
PPE	聚苯醚，聚亚苯醚		MT2	MT3	MT5
PPS	聚苯硫醚		MT2	MT3	MT5
PS	聚苯乙烯		MT2	MT3	MT5
PSU	聚砜		MT2	MT3	MT5
PUR - P	热塑性聚氨酯		MT4	MT5	MT7
PVC - P	软质聚氯乙烯		MT5	MT6	MT7
PVC - U	未增塑聚氯乙烯		MT2	MT3	MT5
SAN	（丙烯腈 - 苯乙烯）共聚物		MT2	MT3	MT5
UF	脲 - 甲醛树脂	无机填料填充	MT2	MT3	MT5
		有机填料填充	MT3	MT4	MT6
UP	不饱和聚酯	30% 玻璃纤维填充	MT2	MT3	MT5

表1-17　模塑件尺寸公差表（GB/T 14486—2008）

（单位：mm）

标注公差的尺寸公差值

公差等级	公差种类	\>0~3	\>3~6	\>6~10	\>10~14	\>14~18	\>18~24	\>24~30	\>30~40	\>40~50	\>50~65	\>65~80	\>80~100	\>100~120	\>120~140	\>140~160	\>160~180	\>180~200	\>200~225	\>225~250	\>250~280	\>280~315	\>315~355	\>355~400	\>400~450	\>450~500	\>500~630	\>630~800	\>800~1000
MT1	a	0.07	0.08	0.09	0.10	0.11	0.12	0.14	0.16	0.18	0.20	0.23	0.26	0.29	0.32	0.36	0.40	0.44	0.48	0.52	0.56	0.60	0.64	0.70	0.78	0.86	0.97	1.16	1.39
MT1	b	0.14	0.16	0.18	0.20	0.21	0.22	0.24	0.26	0.28	0.30	0.33	0.36	0.39	0.42	0.46	0.50	0.54	0.58	0.62	0.66	0.70	0.74	0.80	0.88	0.96	1.07	1.26	1.49
MT2	a	0.10	0.12	0.14	0.16	0.18	0.20	0.22	0.24	0.26	0.30	0.34	0.38	0.42	0.46	0.50	0.54	0.60	0.66	0.72	0.76	0.84	0.92	1.00	1.10	1.20	1.40	1.70	2.10
MT2	b	0.20	0.22	0.24	0.26	0.28	0.30	0.32	0.34	0.36	0.40	0.44	0.48	0.52	0.56	0.60	0.64	0.70	0.76	0.82	0.86	0.94	1.02	1.10	1.20	1.30	1.50	1.80	2.20
MT3	a	0.12	0.14	0.16	0.18	0.20	0.22	0.26	0.30	0.34	0.40	0.46	0.52	0.58	0.64	0.70	0.78	0.86	0.92	1.00	1.10	1.20	1.30	1.44	1.60	1.74	2.00	2.40	3.00
MT3	b	0.32	0.34	0.36	0.38	0.40	0.42	0.46	0.50	0.54	0.60	0.66	0.72	0.78	0.84	0.90	0.98	1.06	1.12	1.20	1.30	1.40	1.50	1.64	1.80	1.94	2.20	2.60	3.20
MT4	a	0.16	0.18	0.20	0.24	0.28	0.32	0.36	0.42	0.48	0.56	0.64	0.72	0.82	0.92	1.02	1.12	1.24	1.36	1.48	1.62	1.82	2.00	2.20	2.40	2.60	3.10	3.80	4.60
MT4	b	0.36	0.38	0.40	0.44	0.48	0.52	0.56	0.62	0.68	0.76	0.84	0.92	1.02	1.12	1.22	1.32	1.44	1.56	1.68	1.82	2.02	2.20	2.40	2.60	2.80	3.30	4.00	4.80
MT5	a	0.20	0.24	0.28	0.32	0.38	0.44	0.50	0.56	0.64	0.74	0.86	1.00	1.14	1.28	1.44	1.60	1.76	1.92	2.10	2.30	2.50	2.80	3.10	3.50	3.90	4.50	5.60	6.90
MT5	b	0.40	0.44	0.48	0.52	0.58	0.64	0.70	0.76	0.84	0.94	1.06	1.20	1.34	1.48	1.64	1.80	1.96	2.12	2.30	2.50	2.70	3.00	3.30	3.70	4.10	4.70	5.80	7.10
MT6	a	0.26	0.32	0.38	0.46	0.52	0.60	0.70	0.80	0.94	1.10	1.28	1.48	1.72	2.00	2.20	2.40	2.60	2.90	3.20	3.50	3.90	4.30	4.80	5.30	5.90	6.90	8.50	10.60
MT6	b	0.46	0.52	0.58	0.66	0.72	0.80	0.90	1.00	1.14	1.30	1.48	1.68	1.92	2.20	2.40	2.60	2.80	3.10	3.40	3.70	4.10	4.50	5.00	5.50	6.10	7.10	8.70	10.80
MT7	a	0.38	0.46	0.56	0.66	0.76	0.86	0.98	1.18	1.32	1.52	1.74	2.00	2.30	2.60	2.90	3.20	3.50	3.90	4.30	4.70	5.10	5.60	6.20	6.90	7.60	9.60	11.90	14.80
MT7	b	0.58	0.66	0.76	0.86	0.96	1.06	1.18	1.38	1.52	1.72	1.94	2.20	2.50	2.80	3.10	3.40	3.70	4.10	4.50	4.90	5.30	5.80	6.40	7.10	7.80	9.80	12.10	15.00

未注公差的尺寸允许偏差

公差等级	公差种类	\>0~3	\>3~6	\>6~10	\>10~14	\>14~18	\>18~24	\>24~30	\>30~40	\>40~50	\>50~65	\>65~80	\>80~100	\>100~120	\>120~140	\>140~160	\>160~180	\>180~200	\>200~225	\>225~250	\>250~280	\>280~315	\>315~355	\>355~400	\>400~450	\>450~500	\>500~630	\>630~800	\>800~1000
MT5	a	±0.10	±0.12	±0.14	±0.16	±0.19	±0.22	±0.25	±0.28	±0.32	±0.37	±0.43	±0.50	±0.57	±0.64	±0.72	±0.80	±0.88	±0.96	±1.05	±1.15	±1.28	±1.40	±1.55	±1.75	±1.95	±2.25	±2.80	±3.45
MT5	b	±0.20	±0.22	±0.24	±0.26	±0.29	±0.32	±0.35	±0.38	±0.42	±0.47	±0.53	±0.60	±0.67	±0.74	±0.82	±0.90	±0.98	±1.06	±1.15	±1.25	±1.35	±1.50	±1.65	±1.85	±2.05	±2.35	±2.90	±3.55
MT6	a	±0.13	±0.16	±0.19	±0.23	±0.26	±0.30	±0.35	±0.40	±0.47	±0.55	±0.64	±0.74	±0.87	±1.00	±1.10	±1.20	±1.30	±1.45	±1.60	±1.75	±1.95	±2.15	±2.40	±2.65	±2.95	±3.46	±4.25	±5.30
MT6	b	±0.23	±0.26	±0.29	±0.33	±0.36	±0.40	±0.45	±0.50	±0.57	±0.65	±0.74	±0.84	±0.96	±1.10	±1.20	±1.30	±1.40	±1.55	±1.70	±1.85	±2.05	±2.25	±2.50	±2.75	±3.05	±3.55	±4.35	±5.40
MT7	a	±0.19	±0.23	±0.28	±0.33	±0.38	±0.43	±0.49	±0.56	±0.66	±0.77	±0.90	±1.05	±1.20	±1.35	±1.50	±1.65	±1.85	±2.05	±2.25	±2.45	±2.70	±3.00	±3.35	±3.70	±4.10	±4.80	±5.95	±7.40
MT7	b	±0.29	±0.33	±0.38	±0.43	±0.48	±0.53	±0.59	±0.66	±0.76	±0.87	±1.00	±1.15	±1.30	±1.45	±1.60	±1.75	±1.95	±2.15	±2.35	±2.55	±2.80	±3.10	±3.45	±3.80	±4.20	±4.90	±6.05	±7.50

注：a 为不受模具模具活动部分影响的尺寸公差值；b 为受模具活动部分影响的尺寸公差值。

在 GB/T 14486—2008 中，将塑件尺寸公差分为 7 个精度等级，MT1 级精度要求较高，一般不采用。该标准只规定了公差数值，无极限偏差。上下偏差应根据使用要求进行分配，如基孔制的孔可取表中的数值冠以（＋）号，基孔制的轴可取表中的数值冠以（－）号，对于中心距尺寸及其他位置尺寸，则采用双向等值偏差，即取表中数值的一半再冠以（±）号。

【教学评价】

学生自评表和小组成员互评表分别见表 1 - 18 和表 1 - 19。

表 1 - 18　学生自评表（项目 1 任务 2）

项目名称	注射成型工艺的编制		
任务名称	有图样注射成型工艺的编制		
姓名		班级	
组别		学号	
评价项目		分值	得分
材料选用		10	
塑件成型工艺分析		10	
注射成型工艺参数确定		10	
模具结构设计		10	
模具安装与调试		10	
注射机操作规范		10	
产品质量检查评定		10	
工作实效及文明操作		10	
工作表现		10	
创新思维		10	
总计		100	
个人的工作时间：		提前完成	
		准时完成	
		超时完成	
个人认为完成的最好的方面			
个人认为完成的最不满意的方面			
值得改进的方面			
自我评价		非常满意	
		满意	
		不太满意	
		不满意	
记录			

表1-19 小组成员互评表（项目1任务2）

项目名称		注射成型工艺的编制				
任务名称		有图样注射成型工艺的编制				
班级			组别			
评价项目	分值	小组成员				
		组长	组员1	组员2	组员3	组员4	组员5
分析问题的能力	10						
解决问题的能力	20						
负责任的程度	10						
读图、绘图能力	10						
文字叙述及表达	5						
沟通能力	10						
团队合作精神	10						
工作表现	10						
工作实效	10						
创新思维	5						
总计	100						
小组成员		组长	组员1	组员2	组员3	组员4	组员5
签名							
记录							

　　本项目通过对导向筒、支架和罩盖三个载体进行塑料材料的选择、塑件结构的设计及注射成型工艺卡的编制。通过对该项目的实施，学生小组之间应进行相互交流和评价，同时老师也要对该项目做出评价。小组成员互评表和教师评价表分别见表1-20和表1-21。

表 1-20 小组成员互评表（项目1）

项目名称	注射成型工艺的编制					
任务名称						
姓名			班级			
组别			学号			

评价项目		分值	得分					
			第1组	第2组	第3组	第4组	第5组	第6组
专题书面报告书	内容丰富、充实	30						
	适当的例子作说明	20						
	适当的图片和数据作说明	20						
	版面设计美观，结构清晰	20						
	有创意设计体现	10						
总计		100						

评价项目		分值	得分					
			第1组	第2组	第3组	第4组	第5组	第6组
口头报告	内容丰富、充实	20						
	有条理，安排有序	20						
	发音清晰，语言流畅	20						
	有合作性，分工恰当	20						
	工作成效明显	20						
总计		100						

哪一组的表现最棒	
对_____组的感想及建议	
对_____组员的感想及建议	
记录	

注：在"评价项目"中，可以根据实际情况灵活采用"专题书面报告书"或"口头报告"中的一种。

表 1-21 教师评价表（项目1）

项目名称	注射成型工艺的编制			
任务名称				
姓名		班级		
组别		学号		
	评价项目	分值	权重系数	得分
专业能力	合理选用塑料	10	0.3	
	塑件性能分析	10	0.3	
	注射成型工艺分析	20	0.3	
	产品质量检查	10	0.3	
	排除制品缺陷的能力	10	0.3	
	确定问题解决步骤	10	0.3	
	操作技能	10	0.3	
	工具使用	10	0.3	
	安全操作和生产纪律	10	0.3	
方法能力	独立学习	20	0.3	
	获取新知识	20	0.3	
	查阅资料和获取信息	10	0.3	
	决策能力	20	0.3	
	制订计划、实施计划的能力	20	0.3	
	技术资料的整理	10	0.3	
社会能力	与人沟通和交流的能力	10	0.4	
	团队协作能力	10	0.4	
	计划组织能力	10	0.4	
	环境适应能力	10	0.4	
	工作责任心	10	0.4	
	社会责任心	10	0.4	
	集体意识	10	0.4	
	质量意识	10	0.4	
	环保意识	10	0.4	
	自我批评能力	10	0.4	
总计				
评价表会签	被评价学生	评价教师	教研室主任	

【学后感言】

_____

_____

_____

【思考与练习】

1. 谈谈对塑料及其制品的认识。
2. 根据对任务的实施情况，试编制自己认为实施任务的最好方案。
3. 影响塑件尺寸精度的主要因素有哪些？如何给定塑件的尺寸偏差？
4. 塑件的壁厚为什么不能过厚或过薄？
5. 举出通过设计加强筋来改善壁厚和提高塑件刚度的 3~5 个实例。
6. 为什么要尽量避免塑件上的侧孔或侧凹？强制脱出侧凹的条件是什么？
7. 在塑件成型过程中，还发现了哪些缺陷？采取怎样的措施可以避免？

项目 2　注射模具设计与制作

本项目主要学习二板式注射模具（二板模）、三板式注射模具（三板模）、侧抽芯机构注射模具及螺纹塑件注射模具的设计与制作等内容。在了解并掌握塑件的结构工艺性、注射成型工艺及注射机性能等成型技术的基础上，以真实的产品为载体，训练学生设计与制作合理的注射模具结构，使学生具备设计与制作中等复杂程度注射模具的能力。

【学习目标】

知识目标

1. 掌握各类模具的组成和各组成部分的作用。
2. 理解各类模具的典型结构。
3. 了解注射模具的分类及其特点。

技能目标

1. 通过分析注射模具的类型及其结构特点，具有读懂注射模具装配图的能力。
2. 通过学习各类模具典型零件的结构特征，能分析模具的类型结构及其工作原理。
3. 通过分析各类模具的组成和连接装配关系，能设计典型注射模具结构，并正确绘制模具装配图。

【工作任务】

任务 1　二板式注射模具设计与制作

任务 1 介绍了塑料衣架结构的工艺分析、二板式注射模具的设计要点等内容，主要从型腔数目的确定和型腔布置、浇注系统设计、冷却系统（型腔冷却回路）设计、推出机构设计和模架的选用等方面重点介绍了塑料衣架注射模具结构，并通过 Pro/E 软件进行三维实体造型，在此基础上制作出衣架注射模具。基础较好的同学可以展开对钥匙扣塑件的工艺分析，并设计与制作钥匙扣注射模具，试模生产出质量合格的钥匙扣。

通过完成该工作任务，使学生了解注射模具的设计程序，重点掌握注射模具的结构组成和工作原理，具备设计二板式注射模具和绘制模具装配图的基本素质和能力；并对注射模具多型腔的布置、浇注系统的类型特点、型腔冷却回路和排气方式等知识有较深入的理解。有能力的同学还可以展开对钥匙扣塑件结构的工艺分析，并设计与制作钥匙扣注射模具结构，编制注射成型工艺卡，通过试模生产出合格产品。

任务 2　三板式注射模具设计与制作

通过设计塑料瓶盖三板式注射模具，介绍了三板模的结构类型、工作原理和设计要点等内容，并通过 Moldflow 软件确定浇口的最佳位置，重点从浇注系统、成型零件、冷却系统（型芯冷却回路）和推出机构等方面对塑料瓶盖注射模具进行设计。

通过完成该工作任务，使学生重点掌握多分型面注射模具结构和工作原理等知识，具备正确设计三板式注射模具的能力；并对多分型面注射模具的定距分型拉紧机构、点浇口的类型特点和浇注系统凝料的脱出等相关知识有较全面、深入的理解。任务结束后，还可以根据实际情况对口杯塑件进行工艺性分析，设计并制作其注射模具结构，拟订注射成型工艺卡，并通过试模验证模具结构和工艺卡，以生产出合格产品。

任务3　侧抽芯机构注射模具设计与制作

介绍了侧抽芯机构的类型、特点和适用范围，通过对中空瓶坯塑件结构的工艺分析，设计和制作瓶坯注射模具，并主要从侧抽芯机构设计、加热系统设计和冷却系统设计等方面重点介绍塑料瓶坯注射模具结构。

该工作任务结束后，要求学生在工作任务2和任务3的基础上对侧抽芯机构注射模具结构类型进行系统分析，总结其结构特点和适用场合，针对不同塑件具备合理确定侧抽芯机构注射模具类型结构的素质和基本能力；并对侧抽芯机构模具结构有更深入的理解和进一步的拓展认识。

任务4　螺纹塑件注射模具设计与制作

通过分析塑料瓶盖结构工艺，介绍了螺纹塑件注射模具的结构和设计要点，并从螺纹成型零件的设计、脱螺纹方式和螺纹的止转等方面对瓶盖注射模具进行设计。经生产实践验证，瓶盖注射模具应结构合理，动作可靠，能生产出质量合格的塑料瓶盖。

该工作任务的实施，目的是使学生掌握螺纹塑件注射模具的工作原理及设计要点，对塑件上螺纹的止转结构及机动脱螺纹机构有较深刻的理解，同时对具有侧抽芯机构和机动脱螺纹机构的复杂注射模具的工作原理有进一步了解；并通过螺纹塑件注射模具设计与制作，巩固模具设计基础知识，能适当借助 Pro/E、Moldflow 等软件设计注射模具并编制合理的工艺卡等。

任务1　二板式注射模具设计与制作

塑料注射成型模具（注射模、注塑模）是安装在注射机上完成注射成型工艺所使用的工艺装备。注射成型模具的种类很多，如图 2-1 所示。

塑料注射成型模具的结构与组成需要根据塑件结构、塑件批量、成型设备类型等因素来确定，要求其结构合理、成型可靠、制造可行、操作方便、经济实用。其中，应用最广泛、

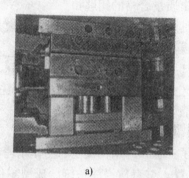

a)　　　　　　　　　　　　　　　　　b)

图 2-1　注射成型模具外形图

a）单分型面注射模　b）多分型面注射模

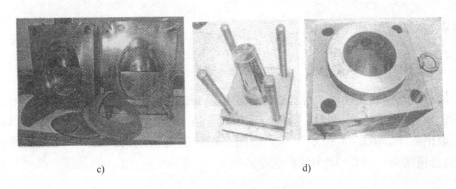

c)　　　　　　　　　　　　　d)

图 2-1　注射成型模具外形图（续）

c）安全帽注射模　d）口杯注射模

结构较简单的一类塑料注射模具就是二板式注射模具，简称二板模。在结构上具有两块典型的模板，即动模板和定模板，开模时动模部分和定模部分沿一个分型面（主分型面）分型，塑件和浇注系统凝料是从同一分型面脱出的，所以二板模也称单分型面注射模。

如图 2-2 所示为塑料衣架，通过它学习注射模具的结构组成、工作原理和典型二板模的结构特点、分类及各组成部分的作用等内容，达到能设计和制作塑料衣架二板式注射模具，并通过试模生产出合格塑料衣架。基础较好提前完成任务的同学，可以尝试分析图 2-3 所示钥匙扣的结构特点，并设计与制作钥匙扣注射模具。

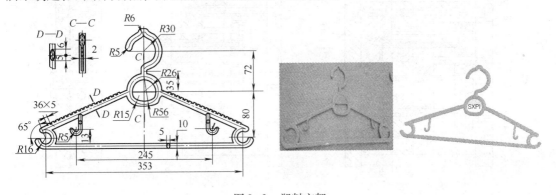

图 2-2　塑料衣架

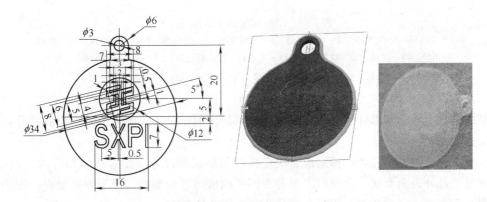

图 2-3　钥匙扣

【知识准备】

一、注射模具的结构组成

注射模具由动模和定模两大部分组成，动模安装在注射机的移动模板上，定模安装在注射机的固定模板上。注射成型时，动模与定模闭合构成型腔和浇注系统；开模时，动模与定模分离，取出塑件。图2-4所示为一典型的二板式注射模结构，图2-4a为模具实体图，图2-4b为合模状态，图2-4c为开模状态。

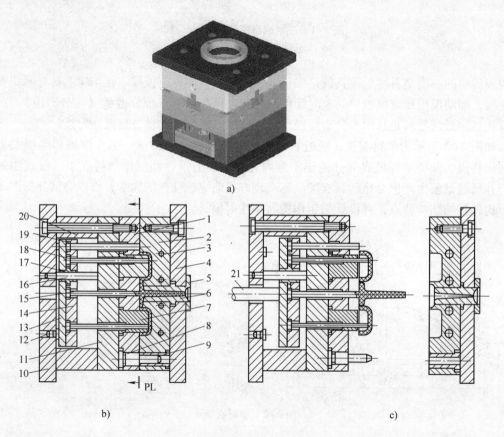

图2-4　二板式注射模结构（一）

1—动模板　2—定模板　3—冷却水道　4—定模座板　5—定位圈　6—主流道衬套　7—型芯

8—导柱　9—导套　10—动模座板　11—支承板　12—限位钉　13—推板　14—推杆固定板

15—拉料杆　16—推板导柱　17—推板导套　18—推杆　19—复位杆　20—垫块　21—注射机顶杆

根据模具上各个零部件所起的作用，一般可将注射模分为以下几个基本组成部分：

1. 成型零件

成型零件通常由型芯和凹模组成，决定塑件的形状和尺寸。型芯成型塑件内表面形状，凹模成型塑件外表面形状。合模时，型芯和凹模构成闭合的型腔，便于填充塑料，如图2-4中的型芯7和凹模（定模板）2在成型时便构成闭合的型腔。

2. 浇注系统

将熔融塑料由注射机喷嘴引向闭合型腔的通道称为浇注系统，它对熔体充模时的流动特性以及注射成型质量等具有重要影响。浇注系统通常由主流道、分流道、浇口和冷料穴组成。

3. 导向机构

为了确保动模与定模合模时能准确对中，在注射模中必须设置导向机构。导向机构通常由导柱和导套（或导向孔）组成，如图 2 - 4 中的导柱 8 和导套 9。为了避免在塑件推出过程中推板发生歪斜现象，一般在模具的推出机构也设置了导向机构，使推板保持水平运动，如图 2 - 4 中的推板导柱 16 和推板导套 17。

4. 推出机构

在开模过程中，将塑件及浇注系统凝料从模具中推出或拉出，使其脱模的机构称为推出机构。如图 2 - 4 所示，推出机构由推杆 18、推杆固定板 14、推板 13、拉料杆 15 及复位杆 19 等组成。在动、定模合模时，复位杆使推出机构复位。

5. 侧抽芯机构

当塑件带有侧凹或侧孔时，在塑件被推出之前必须先进行侧向抽芯，即从塑件中抽出成型侧凹或侧孔的瓣合模块或侧向型芯，然后塑件才能顺利脱模。完成侧向型芯或瓣合模块的抽出与复位的机构称为侧向抽芯机构。

6. 模温调节系统

为了满足注射成型工艺对模具温度的要求，以保证塑料熔体的充模和塑件的冷却定型，需要对模具温度进行调节。如果成型工艺需要对模具进行冷却，一般可在型腔周围开设冷却水通道，利用循环流动的冷却水带走模具的热量；如果成型工艺需要对模具进行加热，则可在型腔周围设置电加热元件或者开设热水或热油、蒸汽等此类加热介质的循环回路，提供模具所需的热量。

7. 排气系统

排气系统用以将成型过程中的气体充分排除，以避免造成成型缺陷。对于排气量不大的塑件，一般采用模具自然排气方式排气，如图 2 - 4 中利用分型面间隙排气；对于排气量大的塑件，必须开设排气槽排气。

8. 标准模架

为了减少繁重、重复的模具设计与制造工作，注射模大多采用标准模架结构，如图 2 - 4 中的定位圈 5、定模座板 4、定模板 2、动模板 1、导柱 8、导套 9、支承板 11、动模座板 10、推板 13、推杆固定板 14、垫块 20 等都属于标准模架中的零部件，它们都可以从有关厂家订购。

根据注射模中各零部件的功能和与塑料接触的情况，上述八大部分也可分为成型零部件和结构零部件两大类。成型零部件是指与塑料直接接触，并构成模具型腔的各种零部件，如图 2 - 5a 所示；结构零部件（见图 2 - 5b、c）是指成型零件以外的功能构件，其中，合模导向机构与支承零部件合称基本结构零部件，二者组装起来构成注射模模架（已标准化）。

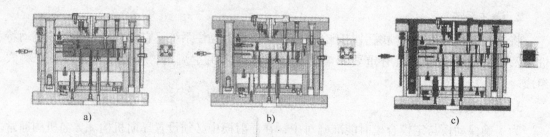

图 2 - 5　注射模成型和结构零件

a）型腔　b）模架　c）结构零件

二、注射模具的分类

注射模具的种类很多，通常可按以下方式进行分类。

1. 按成型的塑料材料分

注射模具可分为热塑性塑料注射模具和热固性塑料注射模具。

2. 按注射机的类型分

注射模具可分为立式注射机用注射模具、卧式注射机用注射模具、角式注射机用注射模具。

3. 按注射模具结构特征分

注射模具可分为二板式注射模、三板式注射模、侧向分型与抽芯注射模、有活动镶块的注射模、推出机构在定模的注射模、自动卸螺纹注射模和无流道注射模等。

4. 按浇注系统结构形式分

注射模具可分为普通浇注系统注射模、热流道注射模。

5. 按成型技术分

注射模具可分为精密注射模、气辅成型注射模等。

三、注射机与模具

1. 注射机的分类

（1）按注射机的外形特征分类

1）卧式注射机。卧式注射机是指注射装置和锁模装置均沿水平方向布置的注射机，如图 2 - 6a 所示。此类注射机机身较低，容易操纵和维修；机床因重心较低，稳定性较好；塑件顶出后可利用其重力自动落下，容易实现全自动操作。其缺点是模具安装、嵌件安放不方便；机床占地面积较大。卧式注射机一般为大中型注射机。

2）立式注射机。即注射装置和锁模装置均垂直于地面安装的注射机，如图 2 - 6b 所示。这类注射机的主要优点是占地面积小，模具拆装方便，嵌件易于安放。其缺点是塑件顶出后不能靠重力下落，需人工取出，不易实现全自动操作；因机身较高，机床稳定性较差，加料和机床维修也不方便。此类注射机主要用于注射量在 60cm^3 以下的小型注射机。

3）角式注射机。注射装置与锁模装置相互垂直，故也称为直角式注射机，如图 2 - 6c 所示。这类注射机的优缺点介于立式注射机和卧式注射机之间。它主要适于成型中心部位不允许留有浇口痕迹的平面塑件，同时可利用开模时丝杠的转动来驱动螺纹型芯或型环旋转，以便于脱出螺纹塑件。

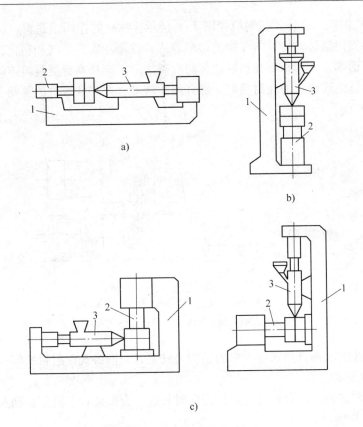

图 2-6 注射机类型示意图

a) 卧式 b) 立式 c) 角式

1—机身 2—锁模装置 3—注射装置

（2）按塑料在料筒中的塑化方式分类

1）柱塞式注射机。柱塞式注射机如图 2-7 所示，柱塞为直径 20~100mm 的金属圆杆，在料筒内仅作往复运动，将熔融塑料注入模具。分流梭装在料筒靠前端的中心部分，其作用是将料筒内流经该处的塑料分成薄层，均匀加热，并在剪切作用下使塑料进一步混合和塑化。

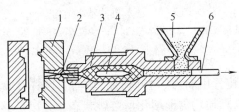

图 2-7 柱塞式注射机示意图

1—注射模 2—喷嘴 3—料筒 4—分流梭 5—料斗 6—柱塞

由于塑料的导热性差，若料筒内塑料层过厚，则塑料外层熔融塑化时，它的内层尚未塑化，而要等到内层熔融塑化，则外层就会因受热时间过长而分解，因此，柱塞式注射机的注射量不宜过大，一般为 $30~60\text{cm}^3$，而且不宜用来成型流动性差和热敏性强的塑料。

2）螺杆式注射机。螺杆式注射机如图 2-8 所示。螺杆的作用是送料、压实、塑化与传压。当螺杆在料筒内旋转时，将料斗中的塑料卷入，逐渐压实、排气和塑化，并不断地将塑料熔体推向料筒前端，使其积存在料筒顶部与喷嘴之间，螺杆本身受到熔体的压力而缓慢后退。当积存的熔体达到预定的注射量时，螺杆停止转动，并在液压缸的驱动下向前推动，将熔体注入模具。

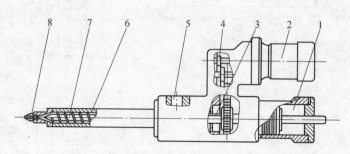

图 2-8 螺杆式注射机示意图

1—液压缸 2—电动机 3—滑动销 4—传动齿轮
5—进料口 6—料筒 7—螺杆 8—喷嘴

通常，立式注射机和直角式注射机的结构为柱塞式，而卧式注射机的结构多为螺杆式。

2. 注射机的基本结构

根据注射成型过程，一台普通注射机由注射装置、合模装置、液压传动和电气控制系统等组成，如图 2-9 所示。

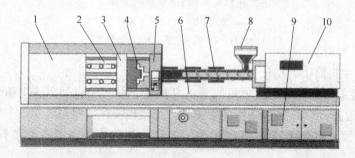

图 2-9 注射机的基本结构

1—内装锁模液压缸 2—锁模机构 3—动模板 4—模具 5—定模板
6—控制表盘位置 7—料筒 8—料斗 9—内装电气控制系统 10—内装注射液压缸

（1）注射装置 注射装置由料斗、料筒、加热器、螺杆、喷嘴及注射液压缸等组成。其主要作用是使固态的塑料颗粒均匀地塑化呈熔融状态，并以足够的压力和速度将塑料熔体注入到闭合的型腔内。

（2）合模装置 合模装置包括定模板、动模板、拉杆、液压缸和推出装置等，其作用是实现模具的闭合并锁紧，以保证注射时模具可靠地合紧，并完成模具的开启和塑件的顶出。锁模装置可以是机械式、液压式或液压机械联合作用方式。

（3）液压传动和电气控制系统 液压传动和电气控制系统是为保证注射成型按照预定的工艺要求（压力、速度、时间、温度）和动作程序准确进行而设置的。

液压传动系统是注射机的动力系统,而电气控制系统则是各个动力液压缸完成开启、闭合和注射、推出等动作的控制系统。

3. 注射机主要参数及其工艺参数的校核

(1) 注射量的校核 注射机标称注射量有两种表示方法,一种是用容量(cm³)表示,另一种是用质量(g)表示。国产标准注射机的注射量多采用以容量(cm³)表示的方法。

设计模具时,必须使得在一个注射成型周期内所需的塑料熔体的容量或质量在注射机额定注射量的80%以内。

在一个注射成型周期内,需注射入模具内的塑料熔体的容积,应为塑件和浇注系统两部分容积之和,即

$$V = nV_s + V_j \tag{2-1}$$

式中 V——一个成型周期内所需注射的塑料容积(cm³);

n——型腔数目;

V_s——单个塑件的容积(cm³);

V_j——浇注系统凝料的容积(cm³)。

故应使

$$nV_s + V_j \le 0.8V_g \tag{2-2}$$

式中 V_g——注射机额定注射量(cm³)。

(2) 最大注射压力的校核 最大注射压力是指注射机料筒内柱塞或螺杆对熔融塑料所施加的单位面积上的压力,它用于克服熔体流经喷嘴、浇注系统和型腔时的流动阻力。注射机的最大注射压力必须大于成型塑件所需要的注射压力。

(3) 锁模力的校核 锁模力是指注射机的合模机构对模具所施加的最大夹紧力。注射时,当高压熔体充满型腔时,会产生一个沿注射机轴向的很大的推力,力图使模具沿分型面胀开,其大小等于型腔内熔体的平均压力与塑件和浇注系统在分型面上的垂直投影面积之和的乘积。因此,设计模具时应使注射机的锁模力大于使模具沿分型面胀开的力,即

$$F \ge p_m(nA_s + A_j) \tag{2-3}$$

式中 F——锁模力(N);

p_m——塑料熔体在型腔内的平均压力(MPa);

n——型腔数目;

A_s——塑件在分型面上的垂直投影面积(mm²);

A_j——浇注系统凝料在分型面上的垂直投影面积(mm²)。

(4) 安装部分的尺寸校核

1) 模具厚度。注射机规定的模具最大与最小厚度是指动模板闭合后达到规定锁模力时动模板和定模板间的最大与最小距离。因此,所设计模具的厚度应处在注射机规定的模具最大与最小厚度范围内,即

$$H_{min} < H_m < H_{max} \tag{2-4}$$

式中 H_m——模具厚度(mm);

H_{min}——注射机允许的最小模具厚度(mm);

H_{max}——注射机允许的最大模具厚度（mm）。

如果模具厚度太大，则无法安装在注射机上；反之，如果模具厚度太小，则需要增加垫板。

2）模具长度与宽度。模具的长度与宽度要与注射机拉杆间距相适应，即模具在安装时，可以穿过拉杆空间在动、定模固定板上固定。

3）定位环尺寸。模具安装在注射机上必须使主流道中心线与注射机喷嘴中心线重合，为此，注射模定模板上的定位圈或主流道衬套的外形尺寸应与注射机固定模板上的定位孔呈较松动的间隙配合。

4）喷嘴尺寸。注射机喷嘴球头的球面半径 SR_1 应与主流道衬套的球半径 SR_2 相吻合，以免高压熔体从缝隙处溢出。一般 SR_2 应比 SR_1 大 $1\sim2mm$，否则主流道内的塑料凝料将无法脱出，如图 2-10 所示。

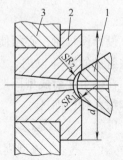

图 2-10　主流道衬套始端与喷嘴的不正确配合
1—喷嘴　2—主流道衬套
3—定模板

5）螺孔尺寸。注射模动、定模固定板上的螺孔尺寸应分别与注射机移动模板和固定模板上的螺孔尺寸、位置相适应。

模具在注射机上的安装方式有螺钉固定和压板固定两种，如图 2-11 所示。当用螺钉固定时，模具固定板与注射机模板上的螺孔应完全吻合；而用压板固定时，只要在模具固定板需安放压板的外侧附近有螺孔就能紧固，因此压板方式具有较大的灵活性。

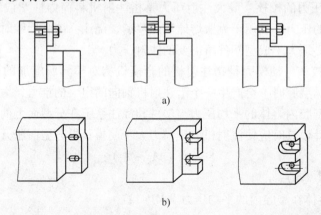

图 2-11　模具的固定
a）螺钉固定　b）压板固定

（5）开模行程的校核　开模行程是指模具开合过程中动模固定板的移动距离。各种注射机的开模行程是有限制的，塑件从模具中取出时所需的开模距离必须小于注射机的最大开模距离，否则塑件无法从模具中取出。开模距离一般可分为两种情况：①当注射机采用液压机械联合作用的锁模机构时，其最大开模行程由连杆机构的最大行程决定，并不受模具厚度影响，即注射机最大开模行程与模厚无关；②当注射机采用角式注射机或全液压锁模机构时，其最大开模行程由连杆机构的最大行程决定，并受模具厚度的影响，即注射机最大开模行程与模厚有关。

两种情况的开模行程的校核见表 2 - 1。

表 2 - 1　注射机开模行程的校核　　　　　　　　（单位：mm）

模具类型	图　例	注射机类型	公　式
单分型面注射模		最大开模行程与模厚无关	$s_{max} \geq H_1 + H_2 + (5 \sim 10)\,mm$ 式中　s_{max}—注射机最大开模行程； 　　　　H_1—塑件脱模需推出的距离； 　　　　H_2—塑件高度（包括浇注系统凝料）
		最大开模行程与模厚有关	由 $s_{max} = s_k - H_m$ 得 　　$s_k \geq H_m + H_1 + H_2 + (5 \sim 10)\,mm$ 式中　H_m—模具厚度； 　　　　s_k—注射机移动模板与固定模板之间的最大开距
双分型面注射模		最大开模行程与模厚无关	$s_{max} \geq H_1 + H_2 + a + (5 \sim 10)\,mm$ 式中　a—取出浇注系统凝料所需的距离
		最大开模行程与模厚有关	由 $s_{max} = s_k - H_m$ 得 　　$s_k \geq H_m + H_1 + H_2 + a + (5 \sim 10)\,mm$
斜导柱侧向抽芯注射模		最大开模行程与模厚无关	$H_c \geq H_1 + H_2$ 时，$s_{max} \geq H_c + (5 \sim 10)\,mm$ $H_c < H_1 + H_2$ 时，$s_{max} \geq H_1 + H_2 + (5 \sim 10)\,mm$ 式中　H_c—完成侧抽芯动作所需开模行程
		最大开模行程与模厚有关	$H_c \geq H_1 + H_2$ 时，$s_{max} \geq H_m + H_c + (5 \sim 10)\,mm$ $H_c < H_1 + H_2$ 时，$s_{max} \geq H_m + H_1 + H_2 + (5 \sim 10)\,mm$

（6）顶出装置的校核

1）中心顶杆机械顶出，如角式 SYS—45、SYS—60，卧式 XS—Z—60，立式 SYS—30 等注射机。

2）两侧双顶杆机械顶出，如 XS—ZY—125 注射机。

3）中心顶杆液压顶出与两侧双顶杆机械顶出联合作用，如 XS—ZY—250、XS—ZY—500 注射机。

4）中心顶杆液压顶出与其他开模辅助液压缸联合作用，如 XS—ZY—1000 注射机。

设计模具时，需根据注射机顶出装置的形式，顶杆的直径、配置和顶出距离，校核其与模具的推出装置是否相适应。

四、二板式注射模具的典型结构

图 2-4 所示为典型的二板式注射模结构（简称二板模），动模板 1 和定模板 2 构成闭合的型腔，塑料熔体经浇注系统进入型腔成型（见图 2-4b）。开模时，动模和定模两部分沿主分型面分型，塑件包紧型芯 7 留在动模侧，拉料杆 15 拉出主流道凝料并使凝料留在动模侧，然后在推出机构作用下，塑件与浇注系统凝料一起从同一分型面处脱模（见图 2-4c）。合模时，复位杆 19 使推出机构复位。

图 2-12 为具有侧抽芯的二板式注射模结构，开模时，动、定模沿主分型面分开，固定在定模的斜导柱 11 驱动侧型芯滑块 12 在动模板 17 的导滑槽内向外移动抽芯侧型芯，同时塑件包紧型芯 13 随动模一起运动而留在动模侧，然后依靠推出机构中的推杆 3 和 20 将塑件从型芯 13 上推出。合模时，复位杆 3 使推出机构复位，斜导柱 11 使侧型芯滑块 12 向内移动，再由锁紧块 10 将其锁紧。

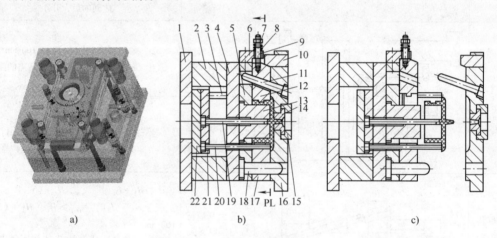

图 2-12　二板式注射模结构（二）

1—动模座板　2—垫块　3—复位杆（推杆）　4—支承板　5—型芯固定板　6—挡块　7—螺母
8—弹簧　9—螺钉　10—锁紧块　11—斜导柱　12—侧型芯滑块　13—型芯　14—主流道衬套
15—定位圈　16—定模座板　17—动模板　18—导柱　19—拉料杆　20—推杆　21—推杆固定板　22—推板

二板模是注射模具中最常用的一类，其结构简单，操作方便，但是除采用直浇口之外，型腔的浇口位置只能选择在塑件的侧面。

五、二板式注射模具设计

1. 型腔数目的确定

（1）根据用户要求和塑件要求确定型腔数　一般，塑件生产批量小，精度要求高，采用单型腔或型腔数以少为宜；反之，采用较多型腔。实际生产中，用户的要求往往也是确定型腔数的方法之一。

（2）根据注射机的最大注射量确定型腔数

$$n = \frac{0.8V_\mathrm{g} - V_\mathrm{j}}{V_\mathrm{s}} \tag{2-5}$$

式中　V_g——注射机最大注射量（cm^3）；

　　　n——型腔数目；

　　　V_j——浇注系统凝料的容积（cm^3）；

　　　V_s——单个塑件的容积（cm^3）。

（3）根据注射机的额定锁模力确定型腔数

$$n = \frac{F - pA_j}{pA_s} \tag{2-6}$$

式中　F——注射机额定锁模力（N）；

　　　p——塑件熔体对型腔的平均压力（MPa）；

　　　A_s——单个塑件在分型面上的投影面积（mm^2）；

　　　A_j——浇注系统在分型面上的投影面积（mm^2）。

（4）根据模具制造成本确定型腔数　生产经验认为，增加一个型腔，塑件的尺寸精度将降低4%，对精度要求高的塑件，随着型腔数的增加，模具的制造精度也随之增加，因而导致模具制造成本加大。所以成型高精度的塑件时，型腔数不宜过多，通常推荐不超过4腔。

2. 型腔的布置

（1）型腔的排列方式

1）平衡式排列。从分流道到浇口及型腔，其形状、长度尺寸、圆角、模壁的冷却条件等都相同，因此在成型时所有的型腔能够在同一时刻充满，注射压力将会急剧升高，可以实现对各型腔塑件进行压实和保压，从而可以获得尺寸相同、物理性能良好的塑件。常见的平衡式型腔布置有圆周式和横列式两种，如图2-13所示，图2-13a为圆形排列，图2-13b为H形排列。

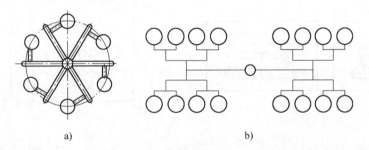

a)　　　　　　　　　　　　　　　b)

图2-13　平衡式排列

2）非平衡式排列。主流道到各型腔的分流道各不相同或者各型腔形状和尺寸不同，在成型时各个型腔不是同时被充满的，那么最先充满的型腔内的熔体就会停止流动，浇口处的熔体最先冷凝封闭，但此时该型腔内的注射压力并不高，结果塑件无法进行压实和保压，因而也就得不到尺寸正确和物理性能良好的塑件，所以对非平衡式型腔排列，为了使各个型腔能同时均衡充满，必须将浇口做成不同的截面形状或不同的长度，也可采用在分流道中设计节流阀（见图2-14）的方法，以实行人工平衡。

节流阀一般采用M5或M6的螺钉加工而成，其工作原理是：在试模时通过调节螺纹的配合深度来改变流道截面大小，从而调节流量，达到各个型腔同时充满的目的。

非平衡式型腔布置如图 2 - 15 所示，图 2 - 15a 为直线形排列，图 2 - 15b 为 H 形排列。

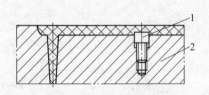

图 2 - 14　流道中的节流阀

1—节流阀　2—定模板

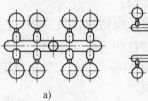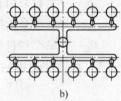

图 2 - 15　非平衡式排列

（2）设计型腔排列时应注意的问题　多型腔的排列在模板上通常采用圆形排列、H 形排列、直线形排列等，在设计排列时还应注意如下几点：

1）尽可能采用平衡式排列，以便构成平衡式浇注系统，确保均衡进料和同时充满型腔。

2）采用非平衡式排列时，为了使各个型腔能同时均衡充满，必须注意流道和浇口的平衡。

3）型腔的圆形排列所占的模板尺寸大，虽有利于浇注系统的平衡，但加工较麻烦，所以一般情况下常用直线形排列或 H 形排列，如图 2 - 15a、b 所示。

4）型腔布置和浇口开设部位应力求对称，以防止模具承受偏载而产生溢料现象。如图 2 - 16 所示，图 2 - 16b 的布局比图 2 - 16a 的布局合理。

5）尽量使型腔排列得紧凑，以便减小模具的外形尺寸，减轻模具重量。如图 2 - 17 所示，图 2 - 17b 的布局优于图 2 - 17a 的布局。

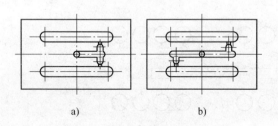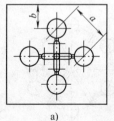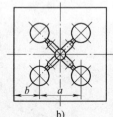

图 2 - 16　型腔布置力求对称

a）不合理　b）合理

图 2 - 17　型腔布置力求紧凑

a）不合理　b）合理

3. 分型面的设计

模具上用于取出塑件及浇注系统凝料的可分离的接触表面称为分型面。分型面是决定模具结构形式的重要因素，它与模具的整体结构和模具的制造工艺有密切关系，并且直接影响着塑料熔体的流动充填及塑件的脱模，因此，分型面的选择是注射模设计中的一个关键内容。

（1）分型面的形式　如图 2 - 18 所示为典型分型面形式，图中箭头表示模具开模方向。其中图 2 - 18a 为平面分型面；图 2 - 18b 为倾斜分型面；图 2 - 18c 为阶梯分型面；图 2 - 18d 为曲面分型面；图 2 - 18e 为瓣合分型面。

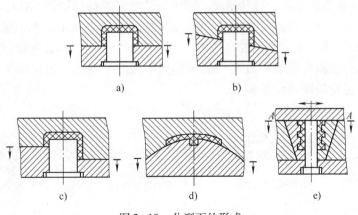

图 2 - 18　分型面的形式

一副注射模具可以有一个或多个分型面，一般把动模和定模部分分型的面称为主分型面，在模具装配图上常用 PL 表示，并用 "⊢→" 标示，箭头所指为移动的方向。当模具上存在多个分型面时，依次用 "A"、"B"、"C" 或 "Ⅰ"、"Ⅱ"、"Ⅲ" 标示其分型的先后顺序。

（2）分型面选择原则　选择分型面总的原则是保证塑件质量，且便于塑件脱模和简化模具结构，所以一般将分型面选在塑件外形最大轮廓处。具体来说，分型面的选择还应考虑以下几方面因素：

1）有利于塑件脱模和简化模具结构。在注射成型时，因推出机构一般设置在动模一侧，故分型面应尽量使塑件在开模后留于动模一侧。如图 2 - 19 所示，若按图 2 - 19a 所示分型，由于型芯固定在定模，开模后塑件收缩包紧型芯而留于定模一侧，这样就必须在定模部分设置推出机构，增加了模具结构的复杂性，采用图 2 - 19b 所示的形式较为合理。

2）对带有金属嵌件的塑件，如图 2 - 20 所示，若按图 2 - 20a 所示分型，由于嵌件不会收缩而包紧型芯，将使塑件留于定模一侧，同样使脱模困难；采用图 2 - 20b 所示的形式，分型后塑件留在动模，可依靠注射机的顶出装置和模具的推出机构推出塑件。

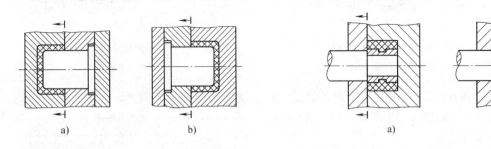

图 2 - 19　塑件留于动模的分型面选择　　　　　图 2 - 20　有嵌件塑件的分型面选择
　　　a）不合理　b）合理　　　　　　　　　　　　　a）不合理　b）合理

3）有时即使分型面的选择可以保证塑件留在动模一侧，如图 2 - 21a 所示，但当孔间距较小时，则难以设置有效的推出机构，从而增加模具结构的复杂性或使塑件产生不良效果；若按图 2 - 21b 所示分型，因只需在动模上设置一个简单的推件板作为推出机构，故较为合理。

4) 有利于保证塑件质量和尺寸精度。对于同轴度要求高的塑件，在选择分型面时，应把有同轴度要求的部分放在分型面的同一侧，避免由于合模精度的影响引起形状和尺寸上的偏差。图 2 - 22 所示为双联塑料齿轮，按图 2 - 22a 所示分型，两部分齿轮分别在动、定模内成型，则可能因合模精度影响导致塑件的同轴度不能满足要求；若按图 2 - 22b 所示分型，则能保证两部分齿轮的同轴度要求。

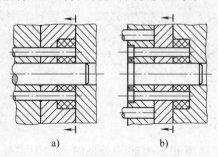 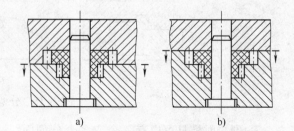

图 2 - 21　孔间距较小时的分型面选择　　　　图 2 - 22　保证同轴度要求的分型面选择
　　　　a) 不合理　b) 合理　　　　　　　　　　　　a) 不合理　b) 合理

5) 分型面不可避免地要在塑件上留下痕迹，所以对外观质量有要求的塑件，分型面最好不要选在塑件光滑的外表面或带圆弧的转角处。如图 2 - 23 所示，图 2 - 23b 所示的形式比图 2 - 23a 所示的形式合理。

6) 有利于侧向抽芯。当塑件有侧孔或侧凹时，分型面的选择宜将侧型芯设在动模一侧，以便于抽芯。如图 2 - 24 所示，如将侧型芯设在定模一侧时，必须设计顺序分型机构，从而使模具结构复杂，采用图 2 - 24b 所示的形式分型比图 2 - 24a 所示的形式合理。

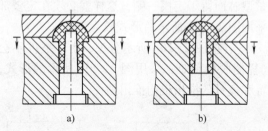 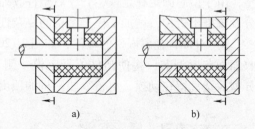

图 2 - 23　保证塑件外观的分型面选择　　　　图 2 - 24　有利于侧向抽芯的分型面选择
　　　　a) 不合理　b) 合理　　　　　　　　　　　　a) 不合理　b) 合理

7) 分型面的选择还应使抽拔距离长的型芯位于动、定模开模方向上，将抽拔距离短的型芯作为侧型芯。如图 2 - 25 所示，图 2 - 25b 比图 2 - 25a 的形式合理。

8) 有利于防止溢料。注射机一般都规定其允许使用的最大成型面积及额定锁模力。当塑件在分型面上的投影面积接近注射机最大成型面积时，由于锁模的可靠性较差，将产生溢料的现象，所以选择分型面时应尽量减少塑件在合模分型面上的投影面积。如图 2 - 26 所示，采用

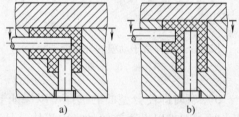

图 2 - 25　短型芯为侧型芯的分型面选择
　　　　a) 不合理　b) 合理

图 2 - 26b 所示的形式比图 2 - 26a 合理。因为按图 2 - 26b 分型，塑件在合模分型面上的投影面积小，保证了锁模的可靠性，能有效防止溢料。

9）溢料量大小和飞边的形状还受分型面位置的影响。如图 2 - 27 所示，对流动性好的塑料，采用图 2 - 27a 和图 2 - 27b 的形式分型，将分别在塑件的 A 面和 B 面产生径向飞边，溢料量多，飞边较大；采用图 2 - 27c 的形式分型，

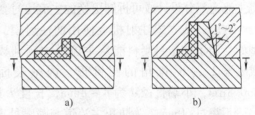

图 2 - 26　减小成型面积的分型面选择
a）不合理　b）合理

将在塑件上产生垂直飞边，而无径向飞边，溢料量较少，飞边较小。设计分型面时，应根据塑件的使用要求和塑料性能合理选择分型面。

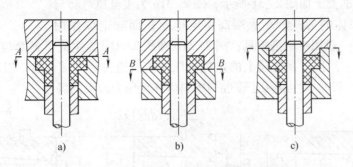

图 2 - 27　分型面对塑件飞边的影响

10）有利于排气。分型面应尽量与型腔充填时塑料熔体的料流末端所在的型腔内壁表面重合，以利于把型腔内的气体排出。如图 2 - 28 所示，图 2 - 28a 所示的结构排气效果较差，图 2 - 28b 所示的结构对成型过程中的排气有利。

11）有利于成型零件的加工。如图 2 - 29 所示的塑件，按图 2 - 29a 分型，因型芯头部和型腔不对称，型芯和型腔加工均很困难；若按图 2 - 29b 所示采用倾斜式分型面，则成型零件加工较容易。

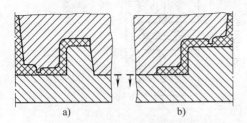

图 2 - 28　有利于排气的分型面选择
a）不合理　b）合理

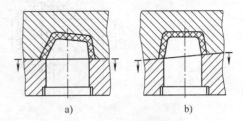

图 2 - 29　便于加工的分型面选择
a）不合理　b）合理

由以上分析可见，设计分型面时应根据塑件的使用要求、塑料性能和注射机的技术参数，以及模具加工等因素综合考虑，权衡利弊，选择最优的分型面。

4. 浇注系统设计

（1）主流道设计　由于主流道部分与塑料熔体及注射机喷嘴反复接触和碰撞，所以常常

将主流道部分设计成可拆卸更换的主流道衬套（浇口套），以便用优质钢材单独加工和热处理。

在卧式或立式注射机上使用的注射模，主流道垂直于模具分型面。为了使塑料凝料能从主流道中顺利拔出，需将主流道设计成 $\alpha = 2° \sim 6°$ 锥角的圆锥形，内壁表面的表面粗糙度值为 $Ra0.8\mu m$，小端直径 d 为 $4 \sim 8mm$，长度 L 通常由模板厚度确定，一般不超过 $60mm$。为防止主流道与喷嘴处产生溢料而造成流道凝料脱出困难，主流道与注射机喷嘴处应紧密对接，为此主流道对接处应制成半球形凹坑，凹坑深度 h 为 $3 \sim 5mm$，凹坑半径 SR 应比喷嘴头半径大 $1 \sim 2mm$，主流道小端直径也应比喷嘴直径大 $0.5 \sim 1mm$，主流道衬套的结构如图 2-30 所示。

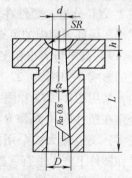

图 2-30 主流道衬套的结构

主流道衬套的类型如图 2-31 所示，图 2-31a 为主流道衬套与定位环设计成一体的形式，靠大端高出定模座板而起定位作用（见图 2-32a），一般用于小型模具；图 2-31b 和图 2-31c 为主流道衬套与定位环分开设计的形式，使用时，用固定在定模上的定位环压住主流道衬套大端台阶，以防止其脱出（见图 2-32b 和图 2-32c），主要用于型腔内塑料熔体反压力较大的场合。

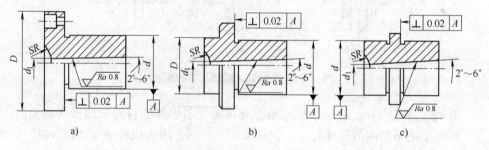

图 2-31 主流道衬套的类型

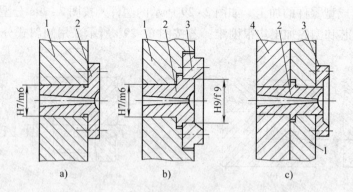

图 2-32 主流道衬套的固定
1—定模座板 2—主流道衬套 3—定位圈 4—定模板

（2）分流道设计 分流道是指主流道末端与浇口之间的熔体通道，用于一模多腔或单型腔多浇口（塑件尺寸大）的场合。设计分流道时，应考虑尽量减小在流道内的压力损失并尽可能避免熔体温度的降低，同时还要考虑减小流道的容积。

1）常用的分流道截面形状有圆形、梯形、U 形、半圆形、矩形等，如图 2-33 所示。分流道的截面形状和尺寸应根据塑件的结构和分流道的长度等因素来确定。由流道的效率

（流道的截面积与周长的比值）分析可知，圆形和矩形流道的效率最高，即具有压力损失减少的最大截面积和传热损失减少的最小流道面积，因此从压力损失和热量损失方面考虑，圆形和矩形是分流道比较理想的截面形状。由于圆形截面分流道是以分型面为界分成两部分进行加工的，加工困难，且模具闭合后难以精确保证两半圆对准，故实际生产中不常使用；矩形截面的分流道不易于凝料的推出，生产中也比较少用。

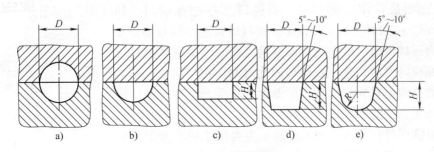

图2-33 分流道的截面形状

综合考虑，由于梯形和 U 形截面分流道在分型面一侧加工，加工容易，且塑料熔体的热量散失及流动阻力均不大，所以实际生产中常采用梯形和 U 形截面的分流道。表2-2列出了常用分流道的截面形状和尺寸，可供设计时参考。

表2-2 常用分流道的截面形状和尺寸 （单位：mm）

截面形状	截面尺寸						
梯形截面	d_1	4	6	(7)	8	(9)	10	12
	h	3	4	(5)	5.5	(6)	7	8
U形截面	R	2	3	(3.5)	4	(4.5)	5	6
	h	4	5	(7)	8	(9)	10	12

注：1. 括号内尺寸不推荐采用。

2. r 一般为3mm。

2）为便于机械加工及凝料脱模，分流道一般设置在分型面上，长度尽可能短，且少弯折，以利于最经济地使用原料和注射机的能耗，减少压力损失和热量损失。当分流道较长时，其末端应设计冷料穴，以防分流道前锋冷料堵塞浇口或进入型腔而影响塑件质量。

3）分流道的表面粗糙度值一般取 $Ra1.6\mu m$ 左右，不需要很低，这样塑料熔体在流道内流动时，会因冷却在流道表壁形成一层凝固层，该凝固层起绝热的作用，有利于中心塑料熔体的流动充模。

（3）浇口设计 浇口也称进料口，是连接分流道与型腔之间的一段细短通道，它是浇注系统的关键部分，起着调节料流速度、补料时间及防止倒流的作用。浇口的形状、尺寸和位置对塑件的质量影响很大，正确合理地设计浇口是提高塑件质量的重要环节。

在二板式注射模结构中，常用的浇口形式有直浇口、侧浇口、扇形浇口、薄片浇口、搭接浇口、潜伏浇口及护耳浇口等，这里主要介绍最常用的侧浇口。侧浇口又称边缘浇口，如图2-34所示，一般开设在分型面上。塑料熔体于型腔的侧面充模，其截面形状多为矩形狭缝，调整其截面的厚度和宽度可以调节熔体充模时的剪切速率及浇口固化时间。在实践中，通常是在容许的范围内首先将侧浇口的厚度加工得薄一些，在试模时再进行修正，以调节浇口的固化时间。

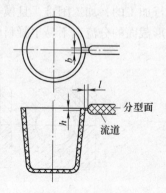

图2-34 侧浇口

侧浇口截面形状简单，加工容易，主要用于中小型制品的多型腔模具，对各种塑料的成型适应性较强，但缺点是有浇口痕迹存在，注射压力损失大，对深型腔制品来说排气不便。

确定侧浇口的尺寸，应考虑它们对成型工艺的影响，如浇口长度关系到压力降，浇口的厚度影响到浇口的固化时间，浇口的宽度影响到熔体的流动性能。

侧浇口尺寸计算的经验公式如下

$$b = \frac{(0.6 \sim 0.9)\sqrt{A}}{30} \tag{2-7}$$

$$h = \frac{1}{3}b \tag{2-8}$$

式中 b——侧浇口的宽度（mm）；

A——塑件的外表面面积（mm²）；

h——侧浇口的厚度（mm）。

一般，侧浇口的厚度为0.5～1.5mm，宽度为1.5～5.0mm，浇口长度为1.5～2.5mm。对于大型复杂的制品，侧浇口的厚度为2.0～2.5mm（约为塑件厚度的0.7～0.8倍）、宽度为7.0～10.0mm，浇口长度为2.0～3.0mm。

（4）浇口位置 浇口位置是影响熔体流动状态和塑件质量的主要因素，合理选择浇口位置是设计浇注系统的重要环节。选择浇口位置时，应注意如下几点：

1）应避免熔体断裂。如图2-35所示，当小浇口正对着宽度和厚度很大的模具型腔时，高速料流通过浇口时会受到很高的剪切作用而产生喷射或蛇形流等熔体断裂现象，使后续熔体不能很好地熔合。熔体断裂不仅造成塑件内部和表面缺陷，还会使型腔内的空气难以排除，在塑件上形成气泡或烧焦现象。可以加大浇口截面尺寸，以降低流速；或者采用冲击型浇口，即令浇口正对着型腔壁或粗大型芯的方位，降低流速，改善熔体的流动状态。

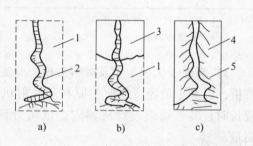

图2-35 避免熔体断裂的浇口位置
1—未填充部分 2—喷射流
3—填充部分 4—填充完毕 5—缺陷

2）尽量减少或避免熔接纹。熔接纹会降低塑件的强度，并有损于外观质量。在熔体流程不太长的情况下，如无特殊要求，最好不要设两个或两个以上的浇口，否则会导致熔接纹数量增加，如图 2-36 所示。

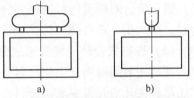

图 2-36　避免熔接纹的浇口位置
a）不合理　b）合理

3）尽量缩短流动距离。浇口位置应保证塑料熔体迅速而均匀地充填型腔，尽量缩短熔体的流动距离，为此大型塑件常采用多点进料。

4）应开设在塑件壁厚最厚处。当塑件壁厚不均匀时，若将浇口开设在塑件的薄壁处，塑料熔体进入型腔后，不但流动阻力大，而且还易冷却，使厚壁处塑料的体积收缩得不到补缩，造成塑件表面凹陷或真空泡等缺陷，所以一般浇口的位置应开设在塑件壁厚最厚处。

5）应有利于排气。为了使型腔中的气体在注射时能顺利地排出，浇口位置通常应远离排气结构。否则，流入型腔的塑料熔体就会过早地封闭排气结构，形成封闭的气囊，使塑件形成气泡、缺料、熔接不牢或局部炭化烧焦等缺陷。图 2-37 所示为盒罩形塑件，顶部壁薄，若采用图 2-37a 所示的侧浇口，顶部最后充满，形成封闭气囊，顶部 A 处会留下明显熔接纹或焦痕；如果按图 2-37b 所示采用侧浇口，将顶部厚度增大或将侧壁厚度减小，使料流末端位于浇口对面的分型面处，可利于排气；或改用图 2-37c 所示的中心浇口，使顶部最先充满，最后充满的部位在分型面处，则也可克服上述缺陷。

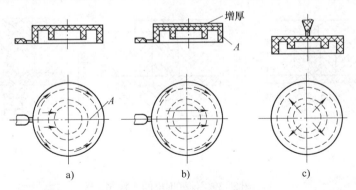

图 2-37　有利于排气的浇口位置
a）不合理　b）合理　c）合理

6）应避免型芯发生变形。如图 2-38a 所示，当型芯细而长时，若采用从型芯侧向进料，容易使型芯受到熔体的冲击而产生变形，造成塑件壁厚不一致；若按图 2-38b 所示从两侧对称进料，则可防止型芯弯曲，但是与图 2-38a 一样会排气不良；采用图 2-38c 所示的中心进料，效果较好。

7）应避免开设在影响塑件外观和有装配要求的部位。Moldflow 软件可以模拟整个注射过程及这一过程对注射产品的影响，在这里主要应用该软件辅助选取浇口位置。具体步骤是：第一步，启动 MPI 并新建工程文件；第二步，输入分析模

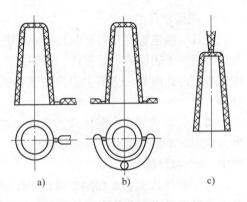

图 2-38　防止型芯变形的浇口位置
a）不合理　b）合理　c）合理

型；第三步，对模型进行网格划分；第四步，选择分析类型为浇口位置；第五步，定义成型材料；第六步，进行浇口优化分析，确定出最佳浇口位置。

（5）冷料穴设计　主流道或分流道延长所形成的井穴称为冷料穴。冷料穴的作用是贮存因两次注射间隔而产生的冷料头及熔体流动的前锋冷料，以防止冷料进入型腔；此外冷料穴还具有在开模时将主流道凝料钩住并滞留在动模一侧的功能。

冷料穴一般设在主流道对面的动模板上，其底部常做成曲折的钩形或下陷的凹槽，标称直径与主流道大端直径相同或略大一些，深度为直径的 1～1.5 倍，最终要保证冷料的体积小于冷料穴的体积。常见的冷料穴有带 Z 形头拉料杆的冷料穴、带球形头拉料杆的冷料穴两种结构形式，下面主要介绍带 Z 形头拉料杆的冷料穴。

在冷料穴底部有一根 Z 形头的拉料杆，这是最常用的冷料穴形式。如图 2-39a 所示，拉料杆头部的侧凹能将主流道凝料钩住，开模时使凝料滞留在动模一侧。拉料杆是固定在推板上的，故凝料与拉料杆一起被推出机构从模具中推出。开模后将塑件稍作侧向移动，即可将塑件连同凝料一起从拉料杆上取下。

此外还有带推杆的倒锥形和环槽形冷料穴，如图 2-39b、c 所示。在开模时，靠冷料穴的倒锥或环形凹槽起拉料作用，使凝料脱出主流道衬套并滞留在动模一侧，然后通过推出机构强制推出凝料，适用于弹性较好的塑件。由于取出凝料时无需作侧向移动，所以这两种结构形式的冷料穴易实现自动化操作。

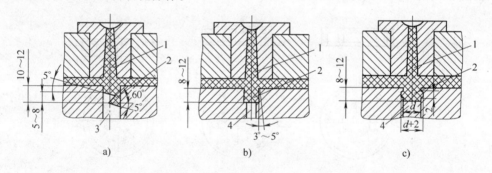

图 2-39　推杆推出的冷料穴
1—流道　2—料穴　3—料杆　4—推杆

5. 成型零件的设计

模具中决定塑件几何形状和尺寸精度的零件称为成型零件，主要有凹模和型芯等。凹模是成型塑件外表面的主要零件，而型芯是成型塑件内表面的零件，按其结构不同，可分为整体式和组合式两类。这里主要介绍整体式凹模和型芯结构，组合式结构在本项目任务 2 中介绍。

（1）整体式凹模　整体式凹模由一块金属加工而成，如图 2-40 所示。其优点是结构简单、牢固、不易变形，塑件无拼接痕迹。但由于加工困难，热处理不方便，常用于形状简单的中、小型模具。

（2）整体式型芯　如图 2-41 所示为整体式型芯，它结构牢固，但不便加工，消耗材料多，主要用于小型模具上形状简单的型芯。一般把成型塑件中主要内形且较大的零件称为主型芯；把成型塑件中孔和局部凹槽的零件称为小型芯或成型杆。

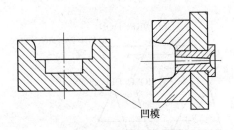

凹模

图2-40　整体式凹模

图2-41　整体式型芯的结构

　　注射成型时，由于成型零件（凹模和型芯等）直接与高温、高压塑料接触，脱模时又反复与塑件摩擦，因此成型零件要求有较低的表面粗糙度值，较高的强度、刚度及较好的耐磨性。设计成型零件时，应在保证塑件质量的前提下，从便于加工、装配、使用和维修等角度考虑。

　　（3）借助 Pro/E 计算成型零件的工作尺寸　　对于形状复杂、尺寸较多的塑件，可以借助 Pro/E 计算成型零件的工作尺寸。具体步骤如下：

　　1）设置工作目录

　　① 建立 plasticproduct 1 模具文件夹。打开【我的电脑】窗口，在硬盘（如 D：\）上建立文件夹 MOLD - BASON。

　　② 将塑料衣架原始零件复制到文件夹中。将 plasticproduct 1 文件复制到 D：\ MOLD - BASON 文件夹中，并改名为 bason. prt。

　　③ 设置工作目录。在 Pro/E 中，选择主菜单中的【文件】→【设置工作目录】命令，在【选取工作目录】对话框中，将工作目录设置到 MOLD - BASON。

　　2）创建新的模具模型文件

　　① 选择命令。单击工具栏图标 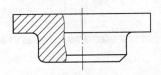，系统弹出【新建】对话框，如图2-42所示。

　　② 设置文件类型。在【新建】对话框的【类型】选项组中选择【制造】单选按钮，【子类型】选项组中选择【模具型腔】单选按钮。

　　③ 输入名称。在【名称】文本框内输入文件名 BASON - MOLD。

　　④ 选择公制模板。取消选中 ☐使用缺省模板 复选框，单击【确定】按钮，出现【新文件选项】对话框；选用 mmns_mfg_mold 模板，单击【确定】按钮，如图2-43所示。

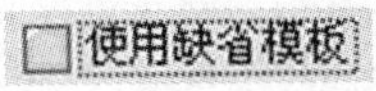

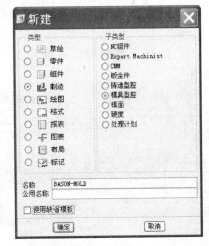

图2-42　【新建】对话框

　　⑤ 系统自动创建模具模型参考，包括三个基准面 MOLD_FRONT、MOLD_RIGHT 和 MAIN_PARTING_PLN，一个基准坐标系 MOLD_DEF_CSYS，并显示开模方向 PULL_DIRECTION，如图2-44所示。同时在屏幕右侧显示模具菜单。

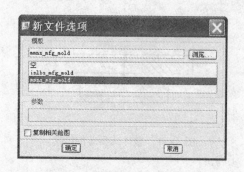

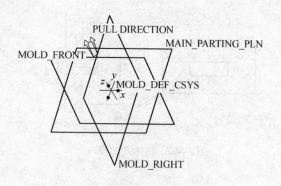

图 2-43　【新文件选项】对话框

图 2-44　默认模具模型参考

3）加入参照模型

① 选择命令。在模具菜单中选择【模具模型】→【装配】→【参照模型】命令，如图 2-45 所示，以装配方式加入参照模型。

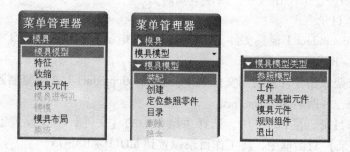

图 2-45　加入参照模型的有关菜单

② 选择原型零件。在弹出的【打开】对话框中选择零件 bason. prt，单击【打开】按钮。

③ 装配零件原型。在装配操控板中，选择约束类型为【缺省】，将原型零件加入到模具模型系统中，单击 ☑ 按钮，如图 2-46 所示。

图 2-46　在装配操控板中选【缺省】约束类型

④ 设置参照模型。系统弹出【创建参照模型】对话框，如图 2-47 所示。选中【按参照合并】单选按钮，并且使用默认的名称 BASON - MOLD_ REF，单击【确定】按钮。

⑤ 完成参照模型加入。加入的参照模型如图 2-48 所示，此时同时显示默认模具模型基准和参照模型基准。

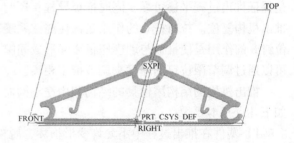

图 2-47　【创建参照模型】对话框　　　　　　图 2-48　加入的参照模型

4）设置收缩率

① 选择命令。单击工具栏【按尺寸收缩】图标 ，或在模具菜单中选择【收缩】→【按尺寸】命令，如图 2-49 所示。

② 输入收缩率数值。在【按尺寸收缩】对话框中，选择默认公式 $1 + S$，取 PP 塑件收缩率为 0.017，在【比率】框中输入该值，单击 按钮，如图 2-50 所示。

图 2-49　设置收缩率的有关菜单　　　　　　图 2-50　按尺寸收缩对话框

③ 完成收缩率设置。在【收缩】菜单中单击【完成/返回】命令，完成收缩率设置。

由于热胀冷缩的原因，在进行模具设计时，应考虑材料的收缩性，相应地增加参照模型的尺寸，即将原型零件尺寸按 "$1 + S$" 比例放大。公式中 S 为成型材料的收缩率数值。此时零件尺寸即为成型零件的工作尺寸。

6. 推出系统的设计

（1）推出机构的组成　推出机构主要由推出零件、推出零件固定板、推板、推出机构的导向零件和复位零件等组成。如图 2-51 所示的模具中，推出机构由推杆 1、拉料杆 6、推杆固定板 2、推板 5、推板导柱 4、推板导套 3 及复位杆 7 等组成。推杆固定板 2 和推板 5 由螺钉联接，用于固定推杆 1、拉料杆 6 及复位杆 7 等。开模时，注射机上的顶杆将顶出力作用在推板上，再通过推杆产生推出力使塑件从型芯中脱出。推板导柱 4 和推板导套 3 的作用是保证推出过程平稳可靠，同时推板导柱 4 还起着支撑支承板的作用。合模时，复位杆 7 使推出机构复位。拉料杆 6 的作用是钩住浇注系统凝料，使凝料随同塑件一起留于动模侧。限位钉 8 的作用是使推板与动模座板之间形成间隙，以保证平面度并清除废料和杂质；另外还可以通过调节限位钉的厚度来调节推出距离。

推出机构的结构因模具的结构和用途不同而有所变化，但无论何种推出机构，均应达到如下几点基本要求：

1）塑件在推出过程中不允许变形损坏，脱模后应有良好的外观。

2）推出机构应简单、可靠，开模时应使塑件滞留于动模侧。

3）推出动作要准确、灵活，无干涉现象，且推出零件更换容易。

（2）脱模力的确定　　将塑件从包紧的型芯上脱出时所需克服的阻力称为脱模力。塑件成型后，由于其体积的收缩对型芯产生包紧力，要从型芯上脱出塑件，就必须克服因包紧力而产生的摩擦阻力。对于不带通孔的壳体类塑件，脱模时还要克服大气压力。图 2-52 为塑件脱模时型芯的受力分析图。

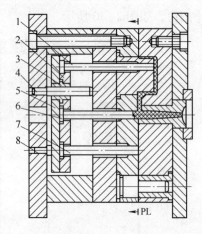

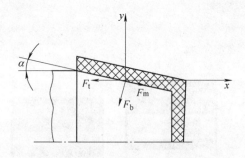

图 2-51　推出机构
1—推杆　2—推杆固定板　3—推板导套　4—推板导柱
5—推板　6—拉料杆　7—复位杆　8—限位钉

图 2-52　型芯受力分析

根据力的平衡原理，列出平衡方程式

$$\sum F_x = 0$$

即
$$F_t + F_b \sin\alpha = F_m \cos\alpha \tag{2-9}$$

式中　F_b——塑件对型芯的包紧力（N）；

　　　F_m——脱模时型芯所受的摩擦阻力（N）；

　　　F_t——脱模力（N）；

　　　α——型芯的脱模斜度。

由于脱模斜度 α 很小，为了计算简便，型芯所受的摩擦阻力可近似认为是

$$F_m = \mu F_b$$

于是
$$F_t = F_b(\mu\cos\alpha - \sin\alpha) \tag{2-10}$$

而包紧力为包容型芯的面积与单位面积上的包紧力之积，即 $F_b = Ap$。

由此得脱模力为

$$F_t = Ap(\mu\cos\alpha - \sin\alpha) \qquad (2-11)$$

式中　μ——塑料对钢的摩擦因数，一般为 $0.1 \sim 0.3$；

　　　　A——塑件包容型芯的面积（m^2）；

　　　　p——塑件对型芯的单位面积上的包紧力。一般情况下，模外冷却的塑件取 $2.4 \times 10^7 \sim$

　　　　　　$3.9 \times 10^7 Pa$；模内冷却的塑件取 $0.8 \times 10^7 \sim 1.2 \times 10^7 Pa$。

由式（2-10）可以看出，脱模力的大小随塑件包容型芯的面积增加而增大，随脱模斜度的增加而减小。

（3）推杆推出机构设计　常用的推出机构包括推杆、推管、推件板、推块等，这里主要介绍推杆推出机构的设计，其他推出机构在本项目任务 4 中介绍。

推杆推出机构是最简单、最常用的一种形式，由于设置推杆的自由度较大，其截面大部分为圆形，制造容易，推出时运动阻力小，推出动作灵活可靠，损坏后更换方便，因此，在生产中广泛应用。但因推杆与塑件接触面积小，容易引起应力集中而顶穿塑件或使塑件变形，所以不宜用于脱模斜度小和脱模阻力大的管类和箱类塑件。

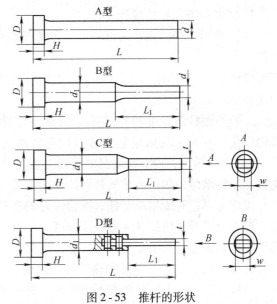

图 2-53　推杆的形状

1）推杆形状：包括圆推杆、扁推杆及异形推杆，如图 2-53 所示。圆形截面的推杆为最常用的形式（图 2-53 中 A 型和 B型），已作为标准件广泛使用。推杆的直径通常取 $\phi 2.5 \sim \phi 12 mm$，对于直径小于 $\phi 3 mm$ 的细长推杆，应做成底部加粗的阶梯形推杆（图 2-53 中 B 型）。C 型为整体式非圆形截面推杆，D 型为插入式非圆形截面推杆，这两种形式推杆主要用于塑件加强筋等部位的推出。

2）推杆的位置：推杆应设置在脱模阻力大或塑件强度、刚度较大的地方。如图 2-54a 所示，型芯周围塑件对型芯包紧力很大，所以可在型芯外侧塑件的端面或在型芯内靠近侧壁处设置推杆。为了保证塑件推出时受力均匀，推出平稳，不变形，推杆不宜设在塑件薄壁处，应尽可能设置在塑件厚壁、凸台、加强筋等处，如图 2-54b 所示。在气体较难排出的部位，也应多设置推杆，以通过其配合间隙代替排气槽排气。

3）在装配推杆时，应使推杆端面和型芯平面平齐或者比型芯平面高出 $0.05 \sim 0.1 mm$，以避免在塑件上留下凸台，影响其使用。

4）推杆与动模板推杆孔的配合一般为 H8/f7，配合长度为推杆直径的 $1.5 \sim 2$ 倍，一般不应小于 15mm；为了保证推杆在推出过程中运动灵活，不发生卡死现象，在推杆的非配合段和推杆固定端均应留有 0.5mm 间隙，如图 2-55 所示。

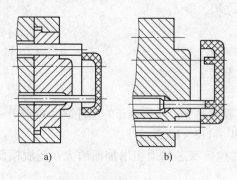

图 2-54　推杆的设置

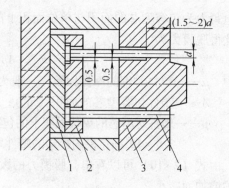

图 2-55　推杆的配合
1—推板　2—推杆固定板　3—动模板　4—推杆

7. 模温调节系统的设计

（1）模温对塑件成型的影响　注射模具的温度对塑料熔体的充模流动、固化定型、生产效率及塑件的质量（尺寸精度、力学性能和表面质量等）都有重要的影响。注射模中设置温度调节系统的目的，就是要通过控制模具温度，使注射成型具有良好的产品质量和较高的生产率。

一般的塑料都需在 200℃ 左右的温度由注射机喷嘴注射到模具内，熔体在 60℃ 左右的模具内固化、脱模，其热量除少数以辐射、对流的形式散发到大气中，大部分由冷却介质（一般是水）带走；而有些塑料的成型工艺要求模具的温度较高，在 80～120℃ 时，模具不能仅靠塑料熔体加热，需对模具设计加热系统。

由此可见，对成型黏度低、流动性好的塑料，如聚乙烯、聚丙烯、聚苯乙烯、ABS 等，通常要求模具温度较低（一般小于 80℃）。而对于高黏度、流动性差的塑料，如聚碳酸酯、聚砜、聚苯醚等，为了提高充型性能，或对于模具较大、散热面积广等情况，模具不仅需要设置冷却系统，还需要设置加热系统，以便在注射之前对模具进行加热。对于小型薄壁塑件，且成型工艺要求模具温度不太高时，模具可不设置冷却系统，而靠自然冷却。

部分塑料的成型温度与模具温度参见表 2-3。

表 2-3　部分塑料的成型温度与模具温度　　　　　　　　　　（单位：℃）

塑料品种	成型温度	模具温度	塑料品种	成型温度	模具温度
LHPE	190～240	20～60	PS	170～280	20～70
HDPE	210～270	20～60	AS	220～280	40～80
PP	200～270	20～60	ABC	200～280	40～80
PA6	230～290	40～60	PMMA	170～270	20～90
PA66	280～300	20～80	硬 PVC	190～215	20～60
PA610	230～290	36～60	软 PVC	170～190	20～40
POM	180～220	60～120	PC	250～290	90～110

（2）冷却系统的设计　冷却回路的设计应做到回路系统内流动的介质能充分吸收成型塑件所传导的热量，使模具成型表面的温度稳定地保持在所需的温度范围内，并且要做到使冷却介质在回路系统内的流动畅通，无滞留部分。

1）冷却系统的计算

① 冷却介质体积流量的计算。如果忽略模具因空气自然对流散热、辐射散热、注射机固定模板散热等因素，而只考虑塑料熔体传递给模具的热量，全部由冷却介质（水）带走，则模具冷却时所需冷却介质的体积流量可按下式计算

$$q_v = \frac{Mq}{\rho c(\theta_1 - \theta_2)} \tag{2-12}$$

式中　q_v——冷却介质的体积流量（m^3/min）；

　　　　M——单位时间（每分钟）内注入模具中的塑料质量（kg/min）；

　　　　q——单位质量的塑件在凝固时所放出的热量（kJ/kg），可查表 2-4；

　　　　ρ——冷却介质的密度（kg/m^3）；

　　　　c——冷却介质的比热容［kJ/（kg·℃）］；

　　　　θ_1——冷却介质的出口温度（℃）；

　　　　θ_2——冷却介质的进口温度（℃）。

表 2-4　常用塑料熔体的单位热流量　　　　　　　（单位：kJ/kg）

塑料品种	q	塑料品种	q
ABC	$3.1 \times 10^2 \sim 4.0 \times 10^2$	低密度聚乙烯	$5.9 \times 10^2 \sim 8.1 \times 10^2$
聚甲醛	4.2×10^2	高密度聚乙烯	$6.9 \times 10^2 \sim 8.1 \times 10^2$
丙烯酸	2.9×10^2	聚丙烯	5.9×10^2
醋酸纤维素	3.9×10^2	聚碳酸酯	2.7×10^2
聚酰胺	$6.5 \times 10^2 \sim 7.5 \times 10^2$	聚氯乙烯	$1.6 \times 10^2 \sim 3.6 \times 10^2$

② 冷却回路总传热面积可按下式计算

$$A = \frac{60Mq}{\alpha\Delta\theta} \tag{2-13}$$

式中　A——冷却回路总传热面积（m^2）；

　　　　α——冷却回路孔壁与冷却介质之间的传热膜系数［kJ/（m^2·h·℃）］；

　　　　$\Delta\theta$——模具温度与冷却介质温度之间的平均温差（℃）。

传热膜系数 α 可由下式计算

$$\alpha = \frac{4.187f(\rho v)^{0.8}}{d^{0.2}} \tag{2-14}$$

式中　f——与冷却介质温度有关的物理系数，可查表 2-5；

　　　　v——冷却介质在管道中的流速（m/s）；

　　　　ρ——冷却介质在一定温度下的密度（kg/m^3）；

　　　　d——冷却管道的直径（m）。

冷却介质在冷却管道内的流速可按下式计算

$$v = \frac{4q_v}{\pi d^2} \tag{2-15}$$

表 2-5　不同水温下的 f 值

平均水温/℃	0	5	10	15	20	25	30	35	40	45	50	55	60	65	70	75
f	4.91	5.30	5.68	6.07	6.45	6.48	7.22	7.60	7.98	8.31	8.64	8.97	9.30	9.60	9.90	10.20

③ 冷却回路总长度可由下式计算

$$L = \frac{A}{\pi d} \tag{2-16}$$

式中　L——冷却回路总长度 (m)；

　　　A——冷却回路总传热面积 (m^2)；

　　　d——冷却管道的直径 (m)。

确定冷却管道的直径时应注意：无论多大的模具，管道的直径不能大于 14mm，否则冷却水难以成为湍流状态，以致降低热交换效率。一般管道直径可根据塑件的平均壁厚来确定。平均壁厚为 2~4mm 时，管道直径可取 10~12mm。

2) 冷却系统的设计原则。模具冷却系统的设计方式一般是在型腔、型芯等部位合理地设计冷却回路，并通过调节冷却水的流量及流速来控制模温；冷却水一般为常温水，为加强冷却效率，还可先降低常温水的温度（称低温水），然后再通入模具。

为了提高冷却系统的效率和使型腔表面温度分布均匀，设计冷却回路时应遵守以下原则：

① 冷却回路数量应尽量多，截面尺寸尽量大。冷却管道的直径与间距直接影响模温分布。如图 2-56 所示是在冷却管道数量和尺寸不同的条件下通入不同温度（59.83℃ 和 45℃）冷却水后，模具内的温度分布情况。由图 2-56 可知，采用五个较大的冷却管道时，型腔表面温度比较均匀，出现 60~60.05℃ 的变化，如图 2-56a 所示；而同一型腔采用两个较小的冷却管道时，型腔表面温度出现 55.33~58.38℃ 的变化，如图 2-56b 所示。由此可见，为了使型腔表面温度分布趋于均匀，防止塑件不均匀收缩和产生内应力，在模具结构允许的情况下，应尽量多设冷却管道且使用较大的截面尺寸。

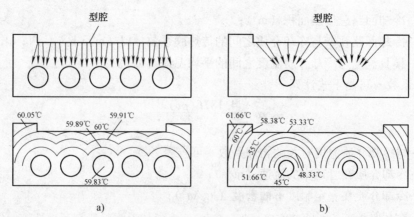

图 2-56　冷却回路数量及温度分布

② 冷却管道的布置应合理。当塑件的壁厚均匀时，冷却管道与型腔表面的距离最好相等，分布尽量与型腔轮廓相吻合，如图 2-57a 所示。当塑件的壁厚不均匀时，则在壁厚处

应加强冷却，冷却管道间距小且较靠近型腔，如图2-57b所示。

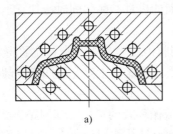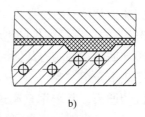

图 2 - 57　冷却管道的布置

③ 降低进、出口水的温差。冷却管道两端进、出水温差小，则有利于型腔表面温度均匀分布。通常可通过改变冷却管道的排列形式来降低进、出口水的温差。如图2-58所示，图2-58a的结构形式由于管道长，进口与出口水的温差大，塑件的冷却不均匀；图2-58b的结构形式因管道长度缩短，进口与出口水的温差小，冷却效果好。

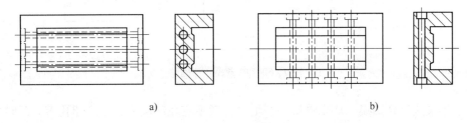

图 2 - 58　冷却管道的排列

④ 浇口处应加强冷却。塑料熔体在充模时，一般在浇口处附近的温度最高，而离浇口越远温度越低，因此应加强浇口处的冷却。通常将冷却回路的进水口设在浇口附近，可使浇口附近在较低水温下冷却，如图2-59所示。图2-59a为侧浇口冷却回路的布置，图2-59b为多点浇口冷却回路的布置。

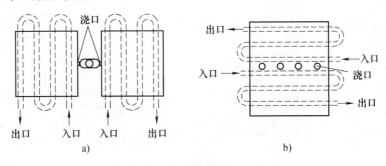

图 2 - 59　冷却回路入口的选择

⑤ 应避免将冷却管道设置在塑件易产生熔接痕的部位。当采用多浇口进料或型腔形状复杂时，多股熔体在汇合处易产生熔接痕。在熔接痕处的温度一般较其他部位要低，为了不使温度进一步降低，保证熔接质量，在熔接痕部位尽可能不设冷却管道。

⑥ 应注意水管的密封问题。一般冷却管道不应穿过镶块，以免在接缝处漏水，若必须通过镶块，则应设套管密封。

⑦ 冷却管道应便于加工和清理。为便于加工和操作，并将进口、出口水管接头尽量设在模具同一侧，通常将冷却管道设在注射机背面的模具一侧。同时冷却管道应畅通无阻，不应有存水和产生回流的部位。

3）冷却回路的形式。根据塑件的形状、型腔内温度分布及浇口位置等情况，通常把冷却回路分为凹模冷却回路和型芯冷却回路两种形式。这里主要介绍凹模冷却回路，型芯冷却回路在本项目任务2中介绍。

对于深度较浅的凹模，常采用直流式或直流循环式的单层冷却回路，如图2-60a所示。为避免在外部设置接头，冷却管道之间可采用内部钻孔沟通，非进、出口均用螺塞堵住，如图2-60b所示。

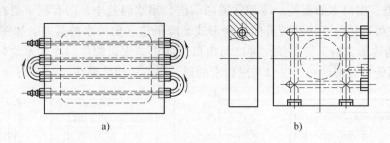

图2-60　单层式冷却回路

对于镶块式组合凹模，如果镶块为圆形，一般不宜在镶块上钻出冷却孔道，此时可在圆形镶块的外圆上开设冷却水环形槽，这种结构如图2-61所示。图2-61a所示的结构比图2-61b好，因为在图2-61a中冷却水与三个传热表面相接触，而在图2-61b中冷却水只与一个传热表面接触。

对于侧壁较厚的凹模，如圆筒形或矩形塑件的凹模型腔，通常采用与凹模型腔相同布置的矩形多层式冷却回路，如图2-62所示。

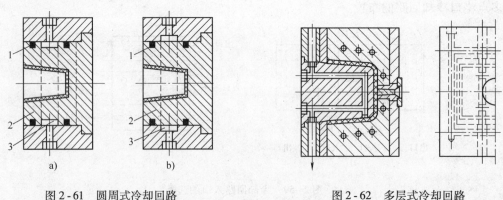

图2-61　圆周式冷却回路　　　　　　图2-62　多层式冷却回路
1—密封圈　2—凹模镶块　3—冷却水环形槽

8. 排气系统的设计

（1）成型过程所排气体的来源　所排气体的来源主要包括：模具型腔及浇注系统内原有的空气；塑料受热或凝固产生的低分子挥发气体；塑料在储存、运输和存放过程中吸收的水分，在成型温度下挥发的气体。

（2）排气系统的重要性 排气系统设计的好坏影响注射成型过程，设计不好会造成排气不良，气体受压，背压大，成型变得困难；同时排气系统设计的好坏也会影响塑件成型质量，设计不好会产生气泡、接缝、表面轮廓不清晰、缺料、组织疏松、熔接不良、内应力高、局部炭化或烧焦（褐色斑纹）等诸多成型缺陷，如图 2-63 所示。

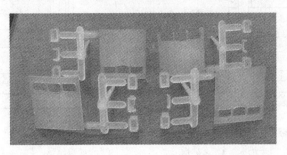

图 2-63 排气不良造成的缺陷

（3）排气方式 对于中小型模具，可利用模具分型面间隙、推杆和推杆孔的配合间隙以及活动型芯孔的配合间隙自然排气，如图 2-64a、b、c 所示。对于大型模具或成型时释放气体较多的塑料，通常应设置排气槽，如图 2-64d 所示，排气槽的尺寸为：$h = 0.025 \sim 0.1\text{mm}$，$l = 0.7 \sim 1.0\text{mm}$，$h_1 = 0.8 \sim 1.5\text{mm}$。

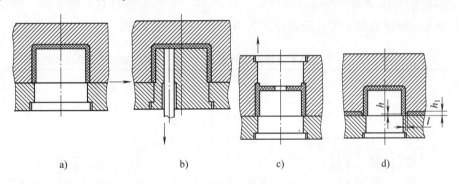

a)　　　　　　b)　　　　　　c)　　　　　　d)

图 2-64 排气方式

9. 标准模架及其选用

模架是模具的固件和基体，主要由各种支承、固定及导向零件组成，如图 2-65 所示。

我国于 2006 年颁布并实施 GB/T 12555—2006《塑料注射模模架》，标准规定了塑料模模架的组合形式、尺寸和标记。按照最新国家标准规定，标准模架按其在模具中的应用方式，分为直浇口与点浇口两种形式，其零件组成及零件名称如图 2-66 和图 2-67 所示。

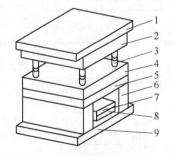

图 2-65 注射模模架的结构组成
1—定模座板 2—定模板 3—导柱及导套 4—动模板
5—支承板 6—垫块 7—推杆固定板 8—推板
9—动模座板

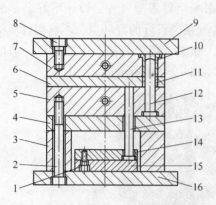

图 2-66　直浇口模架组成零件的名称

1、2、8—内六角头螺钉　3—垫块　4—支承板
5—动模板　6—推件板　7—定模板
9—定模座板　10—带头导套　11—直导套
12—带头导柱　13—复位杆　14—推杆固定板
15—推板　16—动模座板

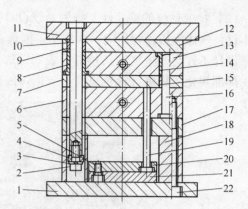

图 2-67　点浇口模架组成零件的名称

1—动模座板　2、5、22—内六角头螺钉
3—弹簧垫圈　4—挡环　6—动模板　7—推件板
8、14—带头导套　9、15—直导套　10—拉杆导柱
11—定模座板　12—推料板　13—定模板
16—带头导柱　17—支承板　18—垫块
19—复位杆　20—推杆固定板　21—推板

　　根据模架的具体结构，直浇口模架又分为 12 种，其中直浇口基本型 4 种，直身基本型 4 种，直身无定模座板型 4 种，分别见表 2-6、表 2-7、表 2-8。

表 2-6　直浇口基本型模架组合形式（摘自 GB/T 12555—2006）

组合形式	示意图	备注	组合形式	示意图	备注
A 型		定模二模板，动模二模板	C 型		定模二模板，动模一模板
B 型		定模二模板，动模二模板，加装推件板（推板）	D 型		定模二模板，动模一模板，加装推件板

表 2-7 直浇口直身基本型模架组合形式 （摘自 GB/T 12555—2006）

组合形式	示意图	组合形式	示意图
ZA 型		ZC 型	
ZB 型		ZD 型	

表 2-8 直浇口直身无定模座板型模架组合形式 （摘自 GB/T 12555—2006）

组合形式	示意图	组合形式	示意图
ZAZ 型		ZCZ 型	
ZBZ 型		ZDZ 型	

点浇口模架分为16种，其中点浇口基本型4种（见表2-9），直身点浇口基本型4种（见表2-10），点浇口无推料板型4种（见表2-11），直身点浇口无推料板型4种（见表2-12）。

表 2 - 9　点浇口基本型模架组合形式（摘自 GB/T 12555—2006）

组合形式	示意图	组合形式	示意图
DA 型		DC 型	
DB 型		DD 型	

表 2 - 10　直身点浇口基本型模架组合形式（摘自 GB/T 12555—2006）

组合形式	示意图	组合形式	示意图
ZDA 型		ZDC 型	
ZDB 型		ZDD 型	

表 2 - 11　点浇口无推料板型模架组合形式（摘自 GB/T 12555—2006）

组合形式	示意图	组合形式	示意图
DAT 型		DCT 型	
DBT 型		DDT 型	

表 2 - 12　直身点浇口无推料板型模架组合形式（摘自 GB/T 12555—2006）

组合形式	示意图	组合形式	示意图
ZDAT 型		ZDCT 型	
ZDBT 型		ZDDT 型	

按国家标准的规定，标准模架的标记应包括以下内容："模架"、基本型号、系列代号、定模板厚度 A、动模板厚度 B、垫块厚度 C、拉杆导柱长度和标准代号（即"GB/T 12555—2006"），其中所有的厚度单位均为 mm。

示例：某模架，类型为直浇口 A 型，如图 2-68 所示，模板宽 300mm，长 550mm，$A = 60$mm，$B = 40$mm，$C = 70$mm。一般可以通俗地称该模架的类型为直浇口 A 型、3055 系列，其规格标记为：模架 A 3055—60 × 40 × 70 GB/T 12555—2006。

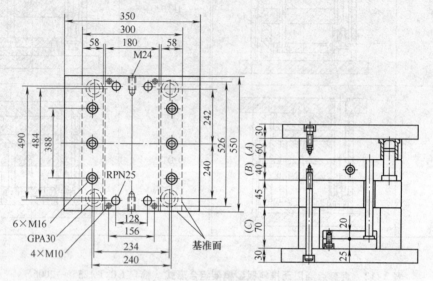

图 2-68　直浇口 A 型 3055 模架

某标准模架，类型为点浇口 DC 型，如图 2-69 所示，模板宽 400mm，长 600mm，$A = 40$mm，$B = 70$mm，$C = 100$mm，拉杆导柱长度为 280mm，则该模架的类型为点浇口 DC 型、4060 系列，其规格标记为：模架 DC 4060—40 × 70 × 100 GB/T 12555—2006。

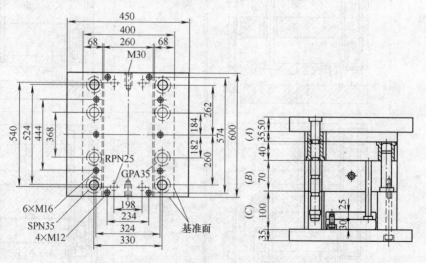

图 2-69　点浇口 DC 型 4060 模架

选择标准模架主要考虑模架的类型、模板的周界尺寸（长×宽）和各模板厚度。设计模具时，根据塑件成型所需的结构来确定模架的结构类型，而要确定模板的周界尺寸和厚度就要确定型腔到模板边缘之间的壁厚，型腔壁厚尺寸一般采用查表或经验公式确定；模板厚度主要由型腔的深度来确定，并保证型腔底板有足够的强度和刚度，另外模板厚度的确定还要考虑整副模架的闭合高度及开模空间等与注射机有关参数相适应。

【任务实施】

1. 分析塑件结构工艺性

如图2-2所示塑料衣架，材料为PP，较大批量生产，质量为78g，颜色为蓝色，衣架外表面要求光滑，边缘不要有浇口痕；在挂钩上部设置凹槽，并在斜撑处设置锯齿状结构，用来增加塑料衣架与衣物的摩擦力，以解决在户外晒衣易被吹落的问题。两侧斜撑处竖直设置小挂钩，可以晾晒小衣物。衣架上部挂钩的下部设置"SXPI"标志，以体现学院实训产品的特色。

由于衣架结构比较简单，为了降低生产成本，简化模具结构，决定采用二板式注射模具来成型。

2. 确定型腔数目及布置型腔

塑料衣架形状较简单，质量较小，生产批量较大，所以采用一模两腔的多型腔注射模。考虑塑件水平方向尺寸较大，为了缩小模具结构尺寸、方便加工制造、提高生产效率，塑料衣架的型腔采用斜向对称布置，如图2-70所示。

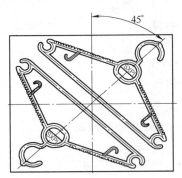

图2-70 型腔布置

3. 分型面的选择

塑料衣架分型面的选择应保证其成型质量要求，并考虑模具开模行程较小，模具易排气和衣架容易脱模等综合因素，分型面选择在沿塑料衣架正面的最大截面处，衣架型腔以分型面对称地分布于动模和定模，如图2-71所示。

4. 浇注系统的设计

塑料衣架采用侧浇口成型，其浇注系统形式如图2-72所示。浇口长度为1mm，厚0.5mm，分流道截面为半圆形，长度为5mm，主流道为圆锥形，上端直径与注射机喷嘴配合，下端直径为$\phi4mm$，冷料穴为带Z形头拉料杆的冷料穴，截面直径为$\phi5mm$，斜边夹角为60°。

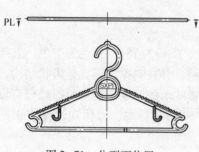

图 2 - 71　分型面位置

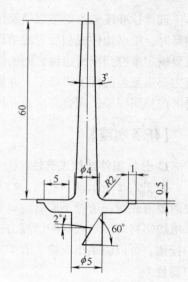

图 2 - 72　侧浇口浇注系统

　　考虑到塑料衣架成型质量和外观要求，采用 Moldflow 软件进行模流分析，以预测最佳浇口位置，减少试模次数，缩短模具制造周期。衣架实体模型和网格模型分别如图 2 - 73 和图 2 - 74 所示，采用 Moldflow 对塑料衣架进行网格划分，然后设定分析类型为"浇口位置"，其目的是根据"最佳浇口位置"的分析结果设计浇口位置，避免由于浇口位置设置不当导致塑料衣架产生成型缺陷。分析的结果图像如图2 - 75 所示，最佳位置为塑料衣架挂钩下部的中央和塑料衣架横梁的中央⊖，但是浇口设置在挂钩下部的中央不利于型腔的布置和浇口凝料的切除，所以最终位置选在横梁的中央。

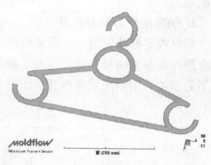

图 2 - 73　塑料衣架模型

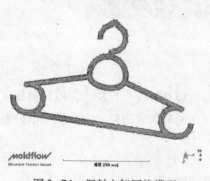

图 2 - 74　塑料衣架网格模型

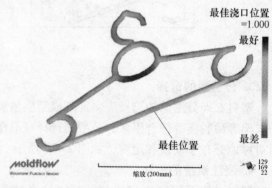

图 2 - 75　结果图像

最佳浇口位置
=1.000

最好

最佳位置

最差

⊖　因印刷原因，图 2 - 75 中颜色无法显示，"最佳位置"是由分析图像中颜色的不同而得出的，读者可在 Moldflow 软件中进行实际操作，以看出效果。——编者注

5. 成型零件的设计

　　由于塑料衣架结构较简单，所以凹模和型芯均采用整体式结构，即在定模板（凹模）、动模板（型芯）均采用一整块金属加工；侧浇口开设在衣架水平部分的中央，在定模板和动模板上各对称加工出衣架的一半型腔，分别如图 2 - 76 和图 2 - 77 所示，图中成型零件的工作尺寸是利用 Pro/E 中的 MOLDESIGN 模具设计模块，通过设置收缩率计算得出的。

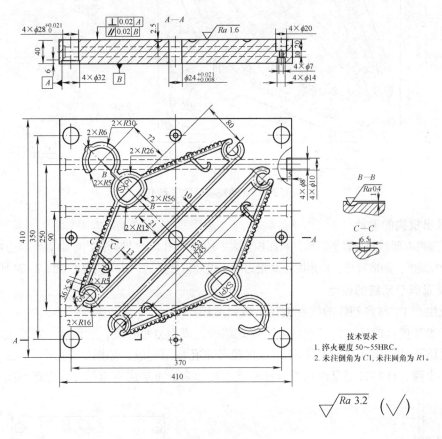

技术要求
1. 淬火硬度 50～55HRC。
2. 未注倒角为 C1，未注圆角为 R1。

图 2 - 76　定模板结构

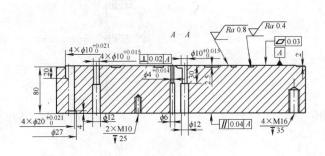

图 2 - 77　动模板结构

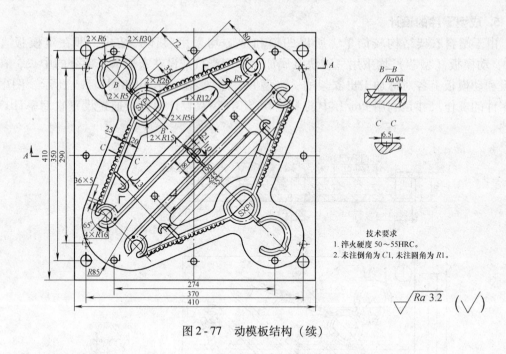

图 2-77　动模板结构（续）

6. 推出机构的设计

由于塑料衣架截面为扁平结构，表面积较大，所以采用 16 个推杆推出，沿衣架周边均匀布置；推杆截面为圆形，制造容易，推出时运动阻力小，设计位置灵活，其结构尺寸如图 2-78 所示。

7. 模温调节系统的设计

一般生产 PP 材料塑件的注射模具不需要加热。

由于衣架模具的动、定模板均为整体式结构，成型型腔较浅，所以动、定模板均采用单层冷却回路形式，该回路由 4 条 $\phi10\text{mm}$ 的冷却水孔加工完成，如图 2-79 所示。冷却水孔在外部设有水嘴，冷却管道在模具外通过软管连接起来，可形成直流循环式冷却回路。

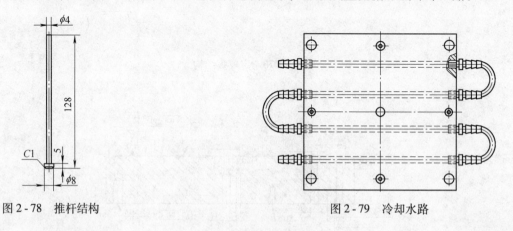

图 2-78　推杆结构　　　　　　　　　　　　图 2-79　冷却水路

8. 确定排气方式

由于衣架型腔对称设计，型腔浅，易排气，所以模具采用分型面间隙排气，不另行设计排气槽结构。

9. 选择标准模架

塑料衣架结构较简单，属于典型的二板模结构，参照国家标准 GB/T 12555—2006，选择直浇口模具中的 C 型。根据衣架型腔的设计，确定模具外形尺寸为 410mm × 465mm × 250mm，其中模板宽 465mm，长 410mm，$A = 40mm$，$B = 80mm$，$C = 30mm$。一般可以通俗地称该模架的类型为直浇口 C 型、4545 系列，其规格标记为：模架 A 4545—40 × 80 × 30 GB/T 12555—2006。

在选定标准模架后，有时为了提高模具的强度和刚度，在动模板下增设支承柱（见图 2 - 80 中的件 3）。支承柱的布置需根据实际情况而定，数量尽可能多，直径一般在 25 ~ 60mm 之间；装配时支承柱两端面必须平整，且所有支承柱高度需一致。

10. 设计和制作衣架注射模具结构

（1）绘制模具总装配图。通过以上分析，衣架模具为二板式注射模具，采用平衡式型腔布置、侧浇口浇注系统、推杆推出机构、模具自然排气和标准模架，其模具装配图、三维图和实体图分别如图 2 - 80、图 2 - 81 和图 2 - 82 所示。

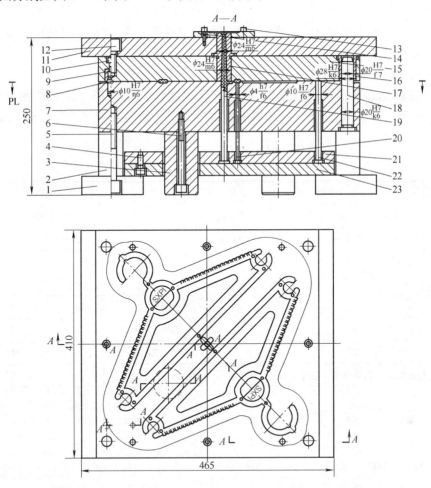

图 2 - 80 塑料衣架注射模具装配图

1—动模座板 2—垫块 3—支承柱 4、5、6、10、12、13—螺钉 7—动模板 8—导正销
9—导正销锥套 11—定模座板 14—定位圈 15—定模板 16—导套 17—主流道衬套
18—导柱 19—拉料杆 20—推杆 21—推杆固定板 22—复位杆 23—推板

图 2-81　衣架模具三维图

图 2-82　衣架模具实体图

（2）模具工作原理分析　如图 2-80 所示，开模时，注射机移动模板带动动模部分向下运动，模具沿定、动模主分型面分型，主流道凝料在拉料杆 19 的作用下从衬套 17 中拉出并同塑件一起留在动模一侧；当模具开模到预定开模行程后，在注射机顶杆的作用下，推板 23 推动推杆固定板 21，使 16 个推杆 20 和拉料杆 19 同时向上运动，使塑件连同浇注系统凝料同时脱下。

由于衣架二板模采用侧浇口，浇注系统凝料和塑件是连在一起同时脱出模具的，所以侧浇口凝料还需要与塑件在模外手动分离。

11. 注射成型工艺卡的编制

该衣架注射模具在实训设备震德 JN168—E 卧式注射机试模，注射机额定注射量为 300g，螺杆转速为 0～180r/min，其注射成型工艺条件的确定可参考衣架注射成型工艺卡，见表 2-13。

表 2-13　塑料衣架注射成型工艺卡片

单　位			×××学院		产品名称		塑料衣架		零件名称		塑料衣架
名　称			塑料衣架注射成型工艺卡片		产品图号				零件图号		
原料	名称	形状	单件质量	每模件数	每模用量		原料及塑件处理				
	PP	粒料	49g	2	101.5g	名　称		设备	温度/℃		时间/h
嵌件	图　号		名　称		数量	预处理		烘箱			
						后处理		烘箱			

工　艺　参　数①										
温　度/℃				射　胶/MPa				时　间/s		
喷　嘴②	料筒前段	料筒中段	料筒后段	段　数	压力	速度	位置	注　射		冷　却
45%	210	205	200	第一段	48%	35%	45mm	4.5		38
				第二段	42%	30%	20mm			
				第三段	38%	28%	5mm			

储　料/熔　胶				锁　模③			
段　数	压力	速度	位置		快速锁模	低压锁模	高压锁模
第一段	66%	66%	85mm	压力	40%	10%	70%
第二段	50%	40%	98mm	速度	66%	25%	40%
松退	30%	30%	5mm	位置	50mm	1500p	100p

（续）

保　　压			脱　　模			开　　模③			
速度	压力	时间		压力	速度	位置	开模慢速	开模快速	开模终止
20%	50%	2.0s	顶出	35%	25%	压力	66%	40%	30%
			顶退	30%	20%	速度	35%	66%	15%
			抽芯1			位置	2000p	250mm	300mm
			抽芯2						

车间	工序	工序名称及内容	设备	模具	工具	准备–终结时间/min	单件工时额定/min
	1	生产准备： （1）按图样及工艺文件，领用模具及材料 （2）安装模具，调整机床			扳手、起重机		
	2	注射成型	JN168—E	注射模			
	3	检验			直尺、游标卡尺、刀片		
	4	去凝料和飞边					
	5	交货					

塑件简图

更改标记	数　量	更改单号	签　名	日　期		签　名	日　期	第1页
					制　订			
					审　核			第1页
					批　准			

① 卡中参数是按 JN168—E 注射机而得；压力可按射胶最大压力的99%（147MPa）乘以表中相应百分数而得；速度可按油泵排量350L/min 乘以表中相应百分数核算（即最大速度百分比）。

② 喷嘴加热百分比，指某一周期加热时间（如40%，指在20s 周期内，8s 加热，12s 不加热）。

③ 分模板位置和液压缸位置，mm 表示模板位置，p 表示液压缸位置。液压缸位置由液压缸带动连杆产生，由计算机计算得到。模板位置可按单位行程的熔胶量×塑件（衣架）质量（包含浇口质量）＋垫料量（一般为3～10mm）；单位行程的熔胶量＝标称最大注射量/熔胶最大行程。

12. 选择成型设备并校核有关参数

震德 JN168—E 卧式注射机的有关参数如下：

最大注射量　　　　　　　　　300/318cm³

注射压力　　　　　　　　　　147MPa

锁模力　　　　　　　　　　　1600kN

螺杆直径　　　　　　　　　　45mm

装模高度（最薄～最厚）　　　160～450mm

最大开模行程　　　　　　　　400mm

拉杆间距　　　　　　　　　　455mm×425mm

该注射模具外形尺寸为 410mm×465mm×250mm，小于注射机拉杆间距和最大模具厚度，可以方便地安装在注射机上。经校核，注射机的最大注射量、注射压力、锁模力和开模行程等参数均能满足使用要求，故所选注射机可用。

教学组织实施建议：由观察不同种类、形状及颜色的塑料衣架（见图 2-83）引出问题。可采用分组讨论法、卡片式教学法、对比类比法。

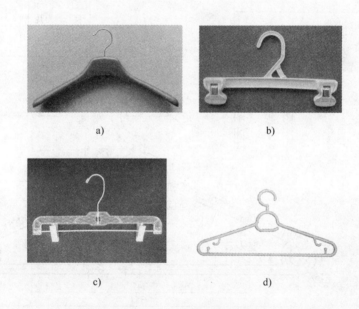

a)　　　　　　　　　　　　　　b)

c)　　　　　　　　　　　　　　d)

图 2-83　各种塑料衣架

a) 男士西服塑料衣架　b) 带小夹的塑料衣架

c) 透明塑料衣架　d) 多功能塑料衣架

【完成学习工作页】

根据该情景的教学要求，下达表 2-14 所示塑料衣架注射模具设计与制作完成学习工作页，根据工作页的要求，完成教学任务。

表2-14 塑料衣架注射模具设计与制作完成学习工作页（项目2任务1）

项目名称		注射模具的设计与制作	校内导师		
			校外导师		
任务单号		Sj-003	校企合作企业		
任务名称		塑料衣架模具设计与制作	填表人		负责人	
任务资讯	产品类型	日用型	客户资料	产品图样（1）张，样品（1）件
	任务要求	1. 模具设计按实训室卧式注射机设计（ ） 2. 模具与注射机连接方式：螺钉固定（ ），压板固定（ ） 3. 模具一模（ ）腔，产品材料（ ），收缩率（ ） 4. 模具结构：二板模（ ），三板模（ ），热流道模（ ），其他形式（ ） 5. 浇口形式：直浇口（ ），侧浇口（ ），点浇口（ ），其他（ ） 6. 模具排气方式：分型面（ ），模具配合间隙（ ），排气槽（ ） 7. 模具定位圈：需要（ ），不需要（ ） 任务下达时间：_____；要求完成时间：_____			
任务计划	识读任务				
	必备知识				
	模具设计				
	塑料准备				
	设备准备				
	工具准备				
	劳动保护准备				
	制订工艺参数				
决策情况					
任务实施					
检查评估					
任务总结					
任务单会签		项目组同学	校内导师	校外导师	教研室主任

【知识拓展】

一、侧浇口的变异形式

1. 扇形浇口

如图2-84所示，扇形浇口是矩形侧浇口的一种变异形式，适用于面积较大的平板件、薄壁件和透明件。由于普通浇口宽度狭小，在成型时易产生气泡和流痕，而扇形浇口前端宽度较大，容易使塑料熔体平稳均匀填充，得到质量较高的塑件。扇形浇口的缺点是剪切较一般浇口困难。

在扇形浇口的整个长度上，沿进料方向截面宽度逐渐变大，为保持断面面积处处相等，浇口的截面厚度逐渐减小。其设计参数如图2-84b所示，其中，扇形浇口的宽度 b 一般取分流道宽度 d_1 的 $1.2\sim2.5$ 倍，长度 l 取分流道宽度 d_1 的 $0.6\sim0.8$ 倍，深度 h 取 $0.6\sim1.2\mathrm{mm}$，扇角 β 取 $45°\sim90°$。

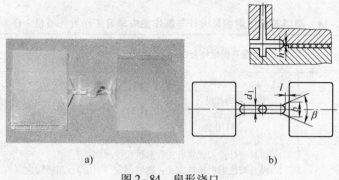

图 2-84　扇形浇口
a）实物图　b）截面形状

2. 薄片浇口

如图 2-85 所示,薄片浇口用于成型大型平板类塑件。熔体经过薄片浇口,以较低的速度均匀平稳地进入型腔,可以避免平板类塑件的变形。但浇口去除较困难,必须采用专用夹具,从而增加了生产成本。

薄片浇口的设计参数与塑件的大小和壁厚有关。一般 W 常取 $0.8 \sim 1.2mm$, H 取塑件壁厚的 $1/4 \sim 1/3$, L 取决于塑件大小。

3. 搭接浇口

搭接浇口又称重叠式浇口,如图 2-86 所示,这种浇口用于成型熔融温度范围较小、流动性较差、不易成型的塑料。采用这种浇口,塑料熔体压力损失小,浇口附近变形小,熔体经过搭接部分时产生摩擦热而升温,有利于熔体的充模;但由于浇口不是在边缘而是在平行于塑件平面部分开设的,所以不易削平,浇口处理较困难。

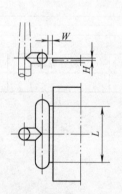

图 2-85　薄片浇口

图 2-86　搭接浇口

搭接浇口参数值见表 2-15。

表 2-15　搭接浇口的参数值　　　　　　　　　　　（单位：mm）

结构参数	参　数　值				
d_1	3	4	6 ~ 7	8 ~ 9	10
l	3.5	5	7	10	12
h	0.6	0.8	1	1	1.5
b	1	1.5	2	3	3

二、直浇口的变异形式

1. 爪形浇口

如图2-87所示，爪形浇口主要适用于中间有孔、且同轴度要求较高的塑件，避免了型芯的弯曲变形，保证了塑件内外形的同轴度和壁厚均匀性，因浇口尺寸小，去除浇口方便；但塑件容易产生熔接痕。

设计参数 $l = \left(\frac{1}{3} \sim \frac{2}{3}\right)t$，$t$ 为塑件壁厚。

2. 环形浇口

如图2-88所示，环形浇口是沿塑件整个外圆周或内圆周进料，能使塑料绕过型芯均匀充模，排气良好，熔接痕少；但浇口去除困难。它主要适用于薄壁、长管状塑件，POM、ABS等塑料以及具有较长的圆状、筒状结构的塑件。

设计参数：$H = 1.5t$；$h = \left(\frac{1}{2} \sim \frac{2}{3}\right)t$ 或取 $1 \sim 2mm$，t 为塑件壁厚。

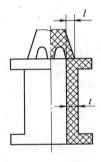

图2-87 爪形浇口

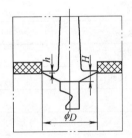

图2-88 环形浇口

3. 伞形浇口

如图2-89所示，伞形浇口可以看成是环形浇口的特殊形式，主要适用于圆筒形或中间带有比主流道直径大的孔的塑件，以及PS、PA、AS、ABS等塑料。这种浇口压力损失小，有利于熔体充填，还可防止熔接痕的产生，流道消耗料也少，但浇口去除较困难。

设计参数如图2-89所示，其中 $\alpha = 90°$，$\beta = 75°$。

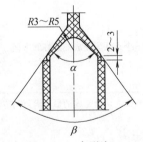

图2-89 伞形浇口

【小贴士】

☞ 对于平板类塑件，如果塑料熔体直接冲击型腔，易产生蛇纹等流痕，为避免这种现象，常采用"S"形分流道。

☞ 为了使一模多腔中各塑件在出模后依然连在一起，以方便包装、运输和装夹，设计时可增设辅助流道。

☞ 加强模架整体强度的方法：动、定模板开槽内框避免出现尖角；动、定模之间增加基准面定位块；减少垫块间距；增设支承柱。

【教学评价】

完成任务后，学生应进行自我评价和小组成员间的评价，分别见表 2 - 16 和表 2 - 17。

表 2 - 16　学生自评表（项目 2 任务 1）

项目名称	注射模具的设计与制作		
任务名称	二板式注射模具设计与制作		
姓名		班级	
组别		学号	
评价项目		分值	得分
材料选用		10	
塑件成型工艺分析		10	
注射成型工艺参数确定		10	
模具结构设计		10	
模具安装与调试		10	
注射机操作规范		10	
产品质量检查评定		10	
工作实效及文明操作		10	
工作表现		10	
创新思维		10	
总计		100	
个人的工作时间：		提前完成	
		准时完成	
		超时完成	
个人认为完成的最好的方面			
个人认为完成的最不满意的方面			
值得改进的方面			
自我评价：		非常满意	
		满意	
		不太满意	
		不满意	
记录			

表 2-17 小组成员互评表（项目2任务1）

项目名称		注射模具的设计与制作					
任务名称		二板式注射模具设计与制作					
班级				组别			
评价项目	分值	小组成员					
		组长	组员1	组员2	组员3	组员4	组员5
分析问题的能力	10						
解决问题的能力	20						
负责任的程度	10						
读图、绘图能力	10						
文字叙述及表达	5						
沟通能力	10						
团队合作精神	10						
工作表现	10						
工作实效	10						
创新思维	5						
总计	100						
小组成员		组长	组员1	组员2	组员3	组员4	组员5
签名							
记录							

任务2 三板式注射模具设计与制作

三板式注射模具简称三板模，也称双分型面模。模具开模后分成三部分，比二板模增加了一块可移动的中间板（脱浇板），适用于塑件四周不允许有浇口痕迹或投影面积较大、需要多点进浇的场合，这种模具采用点浇口，所以又称细水口模。

图2-90所示为典型的三板式注射模结构，开模时，需要沿不同的分型面两次或三次分型，塑件和浇注系统凝料分别从不同的分型面脱出。

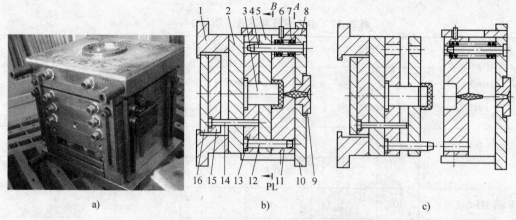

图 2 - 90　三板式注射模结构实例

1—支架（模脚）　2—支承板　3—型芯　4—导柱　5—推件板　6—限位钉　7—弹簧　8—定距拉板　9—主流道衬套
10—定模座板　11—中间板（脱浇板）　12—导柱　13—型芯固定板　14—推杆　15—推杆固定板　16—推板

　　本任务以图 2 - 91 所示瓶盖为例，学习典型三板模的结构特点、分类及各组成部分的作用等内容，要求学生能设计和制作瓶盖三板式注射模具，并对多分型面注射模具的定距分型拉紧机构、点浇口的类型特点和浇注系统凝料的脱出等相关知识有较全面深入的理解。有能力的同学可以尝试分析图 2 - 92 所示口杯的结构特点，设计与制作其注射模具结构，拟订注射成型工艺卡，并通过试模验证模具结构和工艺卡，生产出合格产品。

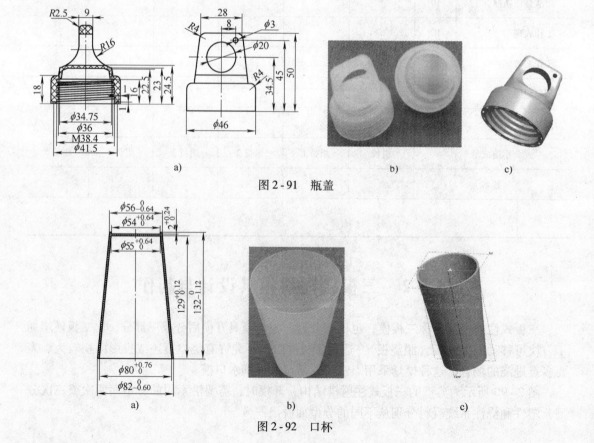

图 2 - 91　瓶盖

图 2 - 92　口杯

【知识准备】

一、三板式注射模具的典型结构

图 2-93 所示为典型的多型腔三板模结构，开模时，由于弹簧 2 的作用，中间板 13 与定模座板 14 首先沿 A 面作定距分型，以便取出两板之间的浇注系统凝料。继续开模时，由于定距拉板 1 与限位钉 3 的作用，模具沿 B 面分型，进而由推出机构将塑件推出。

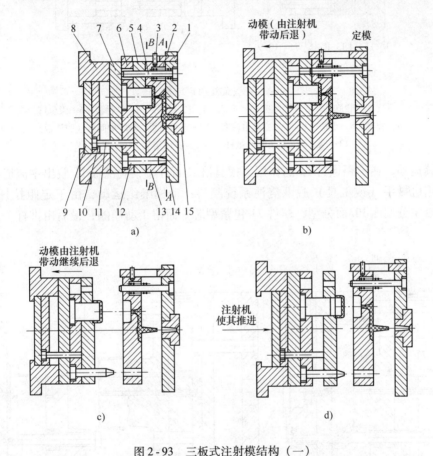

图 2-93　三板式注射模结构（一）

a）合模　b）第一次开模　c）第二次开模　d）推出塑件

1—定距拉板　2—弹簧　3—限位钉　4、12—导柱　5—推件板

6—型芯固定板　7—支承板　8—支架　9—推板　10—推杆固定板

11—推杆　13—中间板　14—定模座板　15—主流道衬套

图 2-94 为典型的单型腔三板模结构，开模时，由于弹簧 7 的作用，模具首先沿 A 面分型拉出主流道凝料；动模继续运动，由于定距拉板 8 的限制，模具沿主分型面 B 面分型，塑件包紧型芯 3 留在动模侧，再利用推件板 5 推出。

图 2-95 为三板式注射模的另一种结构，该模具开模时需要三次分型。由于弹簧 19 和开闭器 9 的作用，开模时模具首先沿 A 面分型，固定在定模的拉料杆 12 拉断点浇口凝料；随

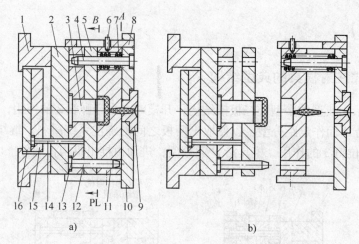

图 2-94　三板式注射模结构（二）

1—支架（模脚）　2—支承板　3—型芯　4、12—导柱　5—推件板　6—限位钉
7—弹簧　8—定距拉杆　9—主流道衬套　10—定模座板　11—中间板（脱浇板）
13—型芯固定板　14—推杆　15—推杆固定板　16—推板

着动模继续运动，在定距螺钉 15 的作用下模具沿 B 面分型，脱浇板 11 脱出主流道衬套中的凝料，再用机械手（或工具）脱下浇注系统凝料；动模继续运动，由于定距拉杆 24 的限制，模具沿主分型面 PL 面分型，塑件 21 包紧型芯 8 而留于动模侧，最后由推杆 7 从型芯上推出。

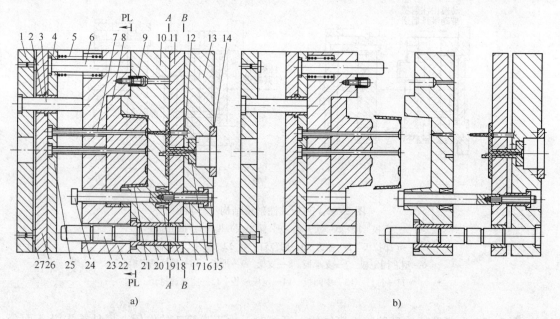

图 2-95　三板式注射模结构（三）

1—动模座板　2—推板导套　3—推板导柱　4—推杆固定板　5、19—弹簧　6—复位杆
7—推杆　8—型芯　9—开闭器　10—定模板　11—脱浇板　12—拉料杆　13—定模座板
14—定位圈　15—定距螺钉　16—主流道衬套　17—套筒　18—直导套　20—带肩导套
21—塑件　22—动模板　23—导柱　24—定距拉杆　25—推杆固定板　26—推板　27—限位钉

三板式注射模具能在塑件中心设置点浇口，但必须设计定距（顺序）分型拉紧机构，以保证模具的开模顺序，其结构复杂，制造成本高。

二、三板式注射模具设计

三板式注射模型腔数目的确定、多型腔的布置以及分型面的设计等也参看任务1中的内容。下面就本任务讲解必须了解的知识要点。

1. 定距（顺序）分型机构

保证模具的开模顺序和开模距离的结构，称为定距分型机构。

由于三板模在开模时，模具是从不同的分型面打开的，以便取出塑件和浇注系统凝料，因此，要求在三板模结构上增加一些保证模具准确实现开模顺序的特殊结构，这些结构有时也称为定距顺序分型机构或顺序开模机构。常见的定距顺序分型机构类型主要有以下几种：

（1）摆钩式定距顺序分型机构 摆钩式定距顺序分型机构的注射模是利用摆钩机构控制分型面的开模顺序的。如图2-96所示，该模具利用摆钩来控制 A 和 B 分型面的打开顺序，以保证点浇口浇注系统凝料和塑件顺利脱出。在图2-96中，摆钩式定距顺序分型机构由挡块1、摆钩2、压块4、弹簧5和限位螺钉14组成。模具开模时，由于固定在中间板8上的摆钩2拉住支承板11上的挡块1，模具只能从 A 分型面分型，这时点浇口被拉断，浇注系统凝料脱出。模具继续开模到一定距离后，压块4与摆钩2接触，在压块4的作用下摆钩2摆动，并与挡块1脱开，模具沿动、定模主分型面 B 面打开。同时中间板8在限位螺钉14的限制下停止移动。

在模具设计时，应注意挡块1与摆钩2钩接处应有1°~3°的斜度，并把摆钩和挡块对称布置在模具的两侧。

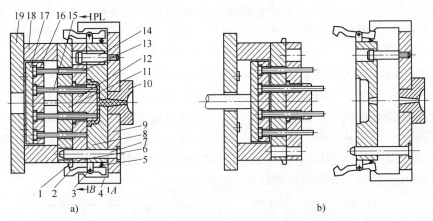

图2-96 摆钩式定距顺序分型机构注射模

a）模具闭合 b）模具打开

1—挡块 2—摆钩 3—转轴 4—压块 5—弹簧 6—型芯固定板 7—导柱
8—型腔板（中间板） 9—定模座板 10—浇口套 11—支承板 12—型芯 13—复位杆
14—限位螺钉 15—推杆 16—推杆固定板 17—推板 18—垫块 19—动模座板

（2）弹簧式定距顺序分型机构 弹簧式定距顺序分型机构注射模是利用弹簧机构控制注射模分型面的开模顺序的。图2-97所示为弹簧式定距顺序分型机构的注射模。如图2-97a所示，模具有 A 和 B 两个分型面，A 分型面作为取出浇注系统凝料之用，B

分型面的作用是为了取出塑件。

图 2-97 所示的弹簧式定距分型机构由弹簧 8 和限位拉杆 7 组成，模具开模时，弹簧 8 的弹力使 A 分型面首先分型，中间板 9 随动模一起移动，主流道凝料随之被拉出。当动模部分移动一定距离后，限位拉杆 7 端部的螺母挡住了中间板 9，使中间板 9 停止移动。动模继续移动，模具沿动、定模主分型面 B 面分型。因塑件包紧在型芯 11 上，这时浇注系统凝料在浇口处自动拉断，然后在 A 分型面之间自动脱落或人工取出。动模继续移动，当注射机的推杆接触推板 2 时，推出机构开始工作，推件板 6 在推杆 13 的推动下将塑件从型芯 11 上推出，塑件在 B 分型面之间自行落下，如图 2-97b 所示。在该模具中，限位拉杆 7 还兼作定模导柱，此时，它与中间板 9 应按导向机构的要求进行配合导向。

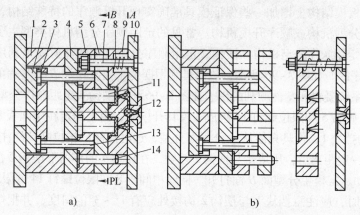

图 2-97　弹簧式定距顺序分型机构注射模

a）模具闭合　b）模具打开

1—垫块　2—推板　3—推杆固定板　4—支承板　5—型芯固定板　6—推件板　7—限位拉杆
8—弹簧　9—中间板　10—定模座板　11—型芯　12—浇口套　13—推杆　14—导柱

（3）滑块式定距顺序分型机构　滑块式定距顺序分型机构的注射模利用滑块的移动控制模具分型面的开模顺序。图 2-98 所示为滑块式定距顺序分型机构，模具闭合时，滑块 3 在弹簧 8 的作用下伸出模外，被拉钩 2 钩住，分型面 B 被锁紧，如图 2-98a 所示。

模具开模时，首先从开模力较小的 A 分型面分型，当开模到一定距离后，拨杆 1 与滑块 3 接触，并压迫滑块 3 后退且与拉钩 2 脱开，同时由于限位螺钉 6 的作用，使定模板 5 停止运动；模具继续开模时，分型面 B 被打开，如图 2-98b 所示。

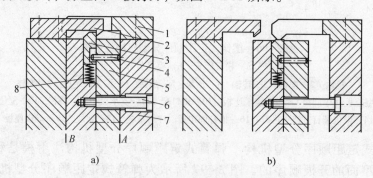

图 2-98　滑块式定距顺序分型机构

1—拨杆　2—拉钩　3—滑块　4—限位销　5—定模板　6—限位螺钉　7—定模座板　8—弹簧

（4）摩擦式定距顺序分型机构 图2-99所示为胶套式定距顺序分型机构，主要由胶套3、调节螺钉4和限位螺钉2组成。靠调节螺钉的斜度调整，使模板与胶套间产生摩擦力，从而具有缓冲模板开闭的作用。这种机构简称树脂开闭器或尼龙套，它是摩擦式定距顺序分型机构中最常用的形式。

胶套式定距顺序分型机构中胶套的材料可以是橡胶、聚氨酯或尼龙，胶套3用调节螺钉4固定在动模板1上，螺钉4的锥面与胶套3的锥孔一致，拧紧螺钉4可使胶套3的直径向外涨大，其与模板孔的摩擦力增大；反之摩擦力会减小，如图2-99a所示。模具闭合时，胶套3完全进入定模板5的孔内。模具开模时，由于胶套摩擦力的作用，使B分型面锁紧，A分型面打开，即定模座板6与定模板5脱开，主流道凝料被拉出，如图2-99b所示。当限位螺钉2的头部与定模板5接触后，强迫定模板5与动模板1分开，模具沿B分型面开模，取出塑件，如图2-99c所示。

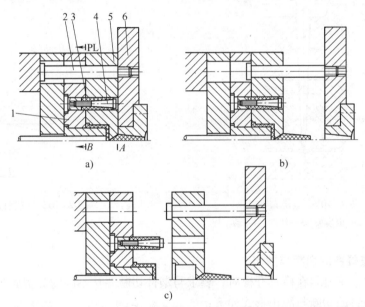

图2-99 胶套式定距顺序分型机构注射模

1—动模板 2—限位螺钉 3—胶套 4—调节螺钉 5—定模板 6—定模座板

利用胶套与模具孔壁间的摩擦力，控制模具分型面的开模顺序，是一种简单、方便、实用的方法，特别适合于中、小型注射模。一般模具质量为100kg以下用ϕ12mm×4个；500kg以下用ϕ16mm×4个；1000kg以下用ϕ20mm×4个；1000kg以上用ϕ20mm×6个。树脂开闭器或尼龙套装配图如图2-100所示。

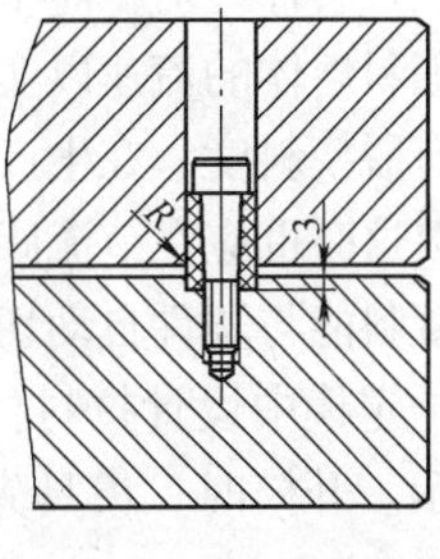

2. 浇注系统设计

三板模具主要采用点浇口浇注系统，熔体可以由型腔任何位置的一点或者多点充填型腔。点浇口又称针状浇口、橄榄形浇口或细水口，使用的是三板模架。

图2-100 尼龙套装配图

如图2-101所示，点浇口是一种在塑件中央开设浇口时使用的圆形限制性浇口，由于浇口前后两端存在较大的压力差，能有效地增大塑料熔体的剪切速率并产生较大的剪切热，从而导致熔体的表观黏度下降，流动性增加，利于充模，常用于成型各种壳类、盒类塑件。点浇口的优点是浇口位置选择灵活，浇口残留痕迹小，易取得浇注系统的平衡，也利于自动化操作；但是由于浇口的截面积小，流动阻力大，需提高注射压力，宜用于成型流动性好的塑料，为了取出流道凝料，必须使用三板式模具结构，成本较高。

点浇口的截面为圆形，其尺寸参数为：大端直径 D 与梯形分流道宽度相等，小端直径 d 常为 $\phi 0.8 \sim \phi 1.5 \text{mm}$，为防止加工误差造成两板之间孔径的偏差，$d_1$ 比 d_2 大 $0.6 \sim 1 \text{mm}$，浇口长度 l 取 $1.5 \sim 2.5 \text{mm}$，r 常为 $1 \sim 1.5 \text{mm}$，锥角 α 为 $20° \sim 30°$。

采用点浇口成型薄壁塑件时，易在点浇口附近处产生变形甚至开裂。为了改善这一情况，在不影响使用的前提下，可将浇口对面的壁厚增加并以圆弧 R 过渡，深度 h 常为 $0.5 \sim 1.5 \text{mm}$，如图 2-102 所示，此处圆弧还有储存冷料的作用。

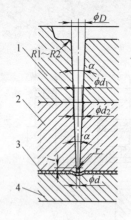

图 2-101　点浇口
1—脱浇板　2—定模板　3—塑件　4—动模板

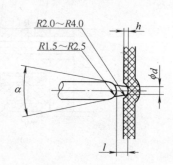

图 2-102　点浇口的应用

3. 浇注系统凝料的切断与脱出

点浇口浇注系统凝料在模具开模时，要求与塑件切断并从不同的分型面脱出。常见的点浇口浇注系统凝料的切断与脱出形式如下：

（1）拉料杆拉断点浇口凝料　在三板模中，为了保证浇注系统凝料与塑件的自动切断，常常在浇口处分流道上的定模一侧设计拉料杆。对于非平衡式的多型腔模，当采用节流阀调节流道中塑料熔体的流速以实现人工平衡时，由于节流阀表面较粗糙且没有脱模斜度，在生产实际和试模过程中常常使凝料粘附其上，所以这时也应在节流阀上方的定模侧设计拉料杆，以保证浇注系统凝料能与塑件自动切断，并顺利脱出，如图 2-103 所示。

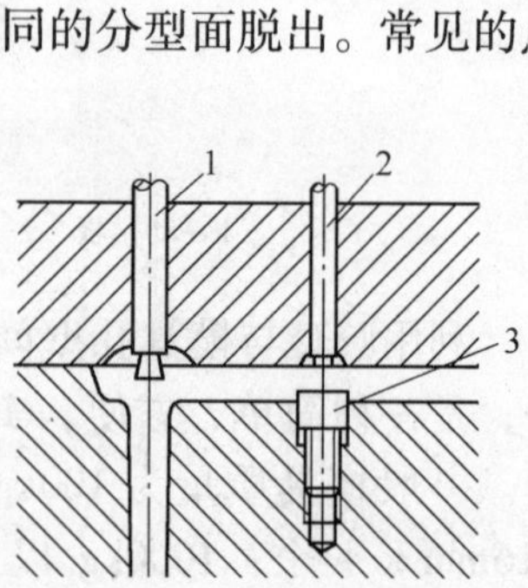

图 2-103　拉料杆的位置
1、2—拉料杆　3—节流阀

定模中设计拉料杆拉断点浇口凝料的典型结构如图 2-104 所示。开模时，模具先沿动、定模主分型面 A 分型，点浇口凝料在拉料杆 4 的作用下与塑件切断；动模继续运动，在定距拉板 7 的作用下，再沿 B 面分型，点浇口凝料被拉出；由于拉杆 1 和限位螺钉 3 的作用，使模具沿 C 面实现第三次分型，由脱浇板 6 将浇注系统凝料从拉料杆及主流道衬套中脱出。

（2）斜窝拉断点浇口凝料　如图 2-105 所示，在分流道末端钻一斜孔，开模时，定模板 4 与定模座板 5 沿 A 面先分型，由于斜窝内凝料的限制而使浇口与塑件自动切断，并由拉料杆 2 拉出主流道衬套和斜窝内的凝料；动模继续运动，在定距螺钉 3 的作用下，动、定模沿 B 面分型，使浇注系统凝料由拉料杆 2 上脱出，塑件由推杆 1 脱出。这种结构设计时，应注意分流道长度 L 比点浇口深度 l 要长，否则点浇口凝料不易拉出。

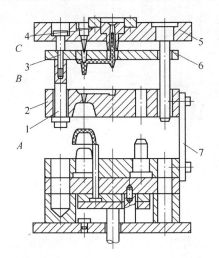

图 2-104　拉料杆拉断点浇口凝料
1—拉杆　2—定模板　3—限位螺钉　4—拉料杆
5—定模座板　6—脱浇板　7—定距拉板

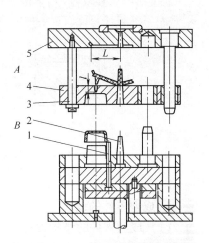

图 2-105　斜窝拉断点浇口凝料
1—推杆　2—拉料杆　3—定距螺钉
4—定模板　5—定模座板

（3）托板拉断点浇口凝料　如图 2-106 所示，在定模板 3 型腔内镶有托板 5，开模时，定模板与定模座板先分型，球形头拉料杆 2 拉出主流道衬套内的凝料；动模继续运动，在定距螺钉 1 的作用下，托板将浇注系统凝料与塑件切断并从球形头拉料杆 2 上脱下。

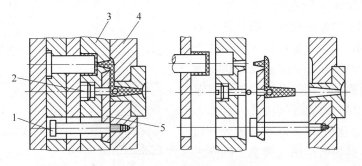

图 2-106　托板拉断点浇口凝料（一）
1—定距螺钉　2—拉料杆　3—定模板　4—定模座板　5—托板

如图 2-107 所示为采用点浇口的单型腔注射模，其浇注系统凝料由定模板 1 和定模座板 5 之间的托板自动脱出。图 2-107a 为闭模注射状态，注射机喷嘴压紧主流道衬套 7，主流道衬套下面的压缩弹簧 6 被压缩。注射完后，注射机喷嘴后退，主流道衬套 7 在压缩弹簧 6 的作用下弹起，使得主流道衬套与主流道凝料分离，如图 2-107b 所示。图 2-107c 为模具打开的情况，在开模力的作用下，模具首先沿 A 面分型，当定模座板 5 上的台阶与限位螺钉 4 头部相接触时，定模座板 5 通过限位螺钉 4 带动托板 3 运动，托板 3 将点浇口拉断，并使点浇口凝料由定模板拉出，当点浇口凝料全部拉出后，在重力作用下自动落下。

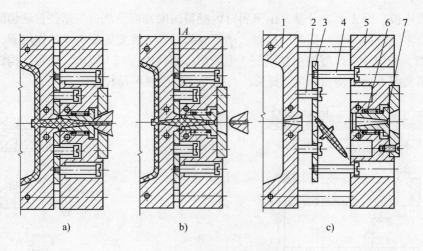

图 2-107　托板拉断点浇口凝料（二）

1—定模板　2、4—限位螺钉　3—托板　5—定模座板　6—弹簧　7—主流道衬套

4. 成型零件的设计

（1）成型零件的结构设计　二板式注射模设计与制作中已介绍了整体结构的成型零件（凹模和型芯），下面主要介绍组合式凹模和型芯结构。

① 组合式凹模。组合式凹模指凹模由两个以上零件组合而成。当塑件外形复杂时，采用组合式凹模加工工艺性好，热处理变形小，节省优质钢材。组合式凹模类型多样，如图 2-108 所示。图 2-108a 为整体嵌入式，凹模被单独加工为镶块，然后嵌入凹模固定板，常用于多型腔模或外形较复杂的塑件。图 2-108b、c 为局部镶嵌式，除便于加工外，还方便磨损后更换。图 2-108d 为底部镶拼式，将底部与侧壁分别加工后用螺钉联接。图 2-108e 为侧壁镶拼式，对于大型和形状复杂的凹模，可将四壁与底板分别加工、热处理，经研磨后压入模套，侧壁之间采用扣锁连接，以保证连接的准确性。

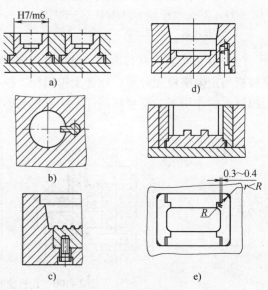

图 2-108　组合式凹模结构

采用组合式凹模易在塑件上留下拼接痕迹，因此设计时应合理选择拼接缝的部位、拼接结构和配合性质，使拼块数量减少，拼接紧密，以减少塑件上的拼接痕迹，同时还应尽可能使拼接缝的方向与塑件脱模方向一致，以免影响塑件脱模。

② 组合式型芯。组合式型芯如图 2-109 所示，主要用于大、中型模具。其中图 2-109a 为通孔台肩式，型芯利用台肩通过型芯固定板与垫板连接，若固定部分是圆柱面而型芯有方向性，可采用销钉或键止转定位；图 2-109b 为通孔无台肩式；图 2-109c 为局部嵌入式结构。

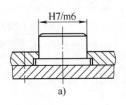 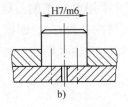

图 2-109　组合式型芯结构

③ 小型芯的结构。小型芯常常单独制造，再嵌入固定板中。其连接方式多样，如图 2-110 所示。其中图 2-110a 是用台肩紧配合压入的形式；图 2-110b 是型芯镶入后在另一端采用铆接固定的形式；图 2-110c 为在固定板上减少配合长度固定的形式；图 2-110d 是型芯细小而固定板太厚的形式，型芯镶入后，在下端用圆柱垫平；图 2-110e 是用于固定板厚而无垫板的场合，在型芯的下端用螺塞紧固。

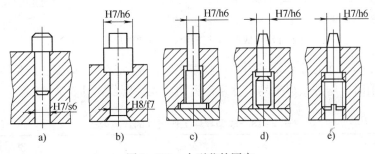

图 2-110　小型芯的固定

对于异形型芯，为便于加工，常将型芯做成两段，其连接固定段做成圆柱形，并用凸肩和模板连接，如图 2-111a 所示；也可用螺母紧固，如图 2-111b 所示。

对于多个相互靠近的型芯，当采用台肩固定时，如果台肩互相干涉，可将台肩相碰的一面磨去，将型芯固定板的台阶孔加工成大圆形台阶孔（见图 2-112a）或长腰圆形台阶孔（见图 2-112b），然后再将型芯镶入。

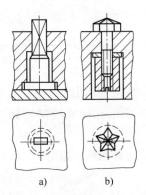 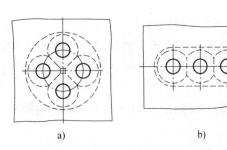

图 2-111　异形型芯的固定　　　　　　图 2-112　多个相互靠近型芯的固定

（2）成型零件工作尺寸的计算　成型零件工作尺寸是指直接用来构成塑件型面的尺寸，主要有凹模和型芯的径向尺寸（包括矩形和异形零件的长和宽）、深度（高度）尺寸和中心距尺寸等。模具成型零件工作尺寸与塑件尺寸的关系如图 2-113 所示，其尺寸偏差规定为：

对包容面（凹模和塑件内表面）尺寸采用单向正偏差标注，基本尺寸为最小。设 Δ 为塑件公差，δ_z 为成型零件制造公差，则塑件内径为 $l_s{}_0^{+\Delta}$，凹模尺寸为 $L_M{}_0^{+\delta_z}$。对被包容面（型芯和塑件外表面）尺寸采用单向负偏差标注，基本尺寸为最大，如型芯尺寸为 $l_M{}_{-\delta_z}^{0}$，塑件外形尺寸为 $l_s{}_{-\Delta}^{0}$。而对于中心距尺寸，则采用双向偏差标注，例如塑件孔中心距为 $C \pm \dfrac{\Delta}{2}$，而型芯间的中心距为 $C \pm \dfrac{\delta_z}{2}$。

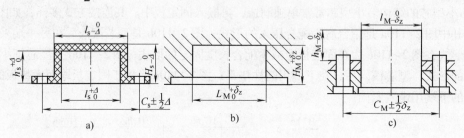

图 2-113　成型零件工作尺寸与塑件尺寸的关系

　　成型零件工作尺寸的计算常采用平均收缩率法，是按塑料收缩率、成型零件制造公差和磨损量为平均值时，塑件获得平均尺寸来计算的。其计算公式见表 2-18。

表 2-18　成型零件工作尺寸的计算公式　（单位：mm）

尺寸类型		计算公式	说　明
径向尺寸	凹模径向尺寸 L_M	$L_M = \left[L_s + L_s S - \dfrac{3}{4}\Delta \right]_0^{+\delta_z}$　(2-17)	式中，S 为平均收缩率，$S = \dfrac{S_{max}+S_{min}}{2}$；$\Delta$ 为塑件公差（mm）；δ_z 为模具制造公差，一般 $\delta_z = \Delta/3$；下标 s、M 分别代表塑件和模具
	型芯径向尺寸 l_M	$l_M = \left[l_s + l_s S + \dfrac{3}{4}\Delta \right]_{-\delta_z}^{0}$　(2-18)	
深度及高度尺寸	凹模深度尺寸 H_M	$H_M = \left[H_s + H_s S - \dfrac{2}{3}\Delta \right]_0^{+\delta_z}$　(2-19)	
	型芯高度尺寸 h_M	$h_M = \left[h_s + h_s S + \dfrac{2}{3}\Delta \right]_{-\delta_z}^{0}$　(2-20)	
中心距尺寸		$C_M = (C_s + C_s S) \pm \dfrac{1}{2}\delta_z$　(2-21)	

5. 模温调节系统的设计

　　模温调节系统的设计主要指设计冷却系统，这里主要介绍型芯冷却回路形式。

　　对于很浅的型芯，通常是在动、定模两侧与型腔表面等距离钻孔构成冷却回路，如图 2-114 所示。

　　对于中等高度的型芯，可在型芯上开设一排矩形冷却沟槽构成冷却回路，如图 2-115 所示。

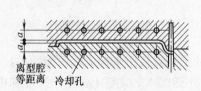

图 2-114　浅型芯的冷却回路

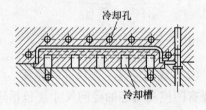

图 2-115　中等型芯的冷却回路

对于较高的型芯，为使型芯表面迅速冷却，应设法使冷却水在型芯内循环流动，其形式有以下几种：

（1）台阶式管道冷却回路　如图 2-116 所示，在型芯内部靠近表面的部位开设出冷却管道，形成台阶式管道冷却回路。

（2）斜交叉式管道冷却回路　如图 2-117 所示，采用斜向交叉的冷却管道在型芯内构成冷却回路，主要用于小直径型芯的冷却。

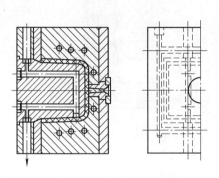

图 2-116　台阶式管道冷却回路

图 2-117　斜交叉式管道冷却回路

（3）隔板式管道冷却回路　如图 2-118 所示，采用与型芯底面相垂直的管道和底部的横向管道形成的冷却回路，为了使冷却水沿着冷却回路流动，在直管道中设置有隔板。

（4）喷流式冷却回路　如图 2-119 所示，在型芯中间装有一个喷水管，冷却水从喷水管中喷出，分流后，向四周流动以冷却型芯侧壁，适用于高度大而直径小的型芯的冷却。

（5）衬套式冷却回路　如图 2-120 所示，冷却水从型芯衬套的中间水道喷出，首先冷却温度较高的型芯顶部，然后沿侧壁的环形沟槽流动，冷却型芯四周，最后沿型芯的底部流出。该形式回路冷却效果好，但模具结构复杂，只适用于直径较大的圆筒形型芯的冷却。

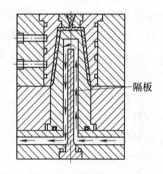

图 2-118　隔板式管道冷却回路

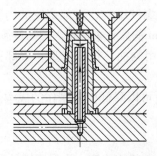

图 2-119　喷流式冷却回路

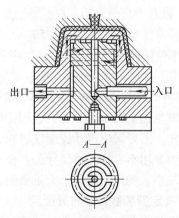

图 2-120　衬套式冷却回路

（6）其他冷却方式　对于细小型芯，如果用水冷却，其管道很小，容易堵塞，可用间接冷却或压缩空气冷却。如图 2 - 121 所示为间接冷却方式，在型芯中心压入热传导性能好的软铜或铍铜芯棒，并将芯棒的一端伸入到冷却水孔中冷却，热量通过芯棒间接传给水而使型芯冷却。图 2 - 122 所示为采用压缩空气冷却的方式。

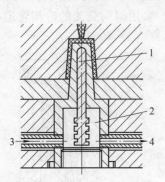 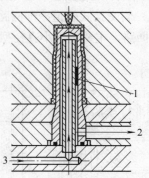

图 2 - 121　间接冷却方式　　　　　　　　图 2 - 122　压缩空气冷却方式

1—铍铜芯棒　2—冷却水　3—入口　4—出口　　　　　1—空气　2—出口　3—入口

【任务实施】

本任务通过分析瓶盖的结构特点和工艺，主要对瓶盖注射模具分型面、浇注系统、冷却系统和脱出凝料的结构等进行设计，并借助 Moldflow 软件确定浇口的最佳位置。该模具成型零件、侧向抽芯机构和自动脱螺纹机构的设计将在本项目任务 3 和任务 4 中完成，遵循由简单到复杂、由局部到整体的规则，使学生接受知识和能力训练有个循序渐进的过程。

本任务的实施，使学生重点掌握多分型面注射模具结构和工作原理等知识，具备正确设计三板式注射模具的能力，并对多分型面注射模具的定距分型拉紧机构和浇注系统凝料的脱出等相关知识有较全面、深入的理解，同时为后续学习较复杂注射模具结构打下坚实的基础。

1. 分析塑件结构工艺性

如图 2 - 91 所示瓶盖，材料为聚丙烯（PP）塑料，大批量生产，要求产品外形美观，无凹陷、变形等成型缺陷。材料 PP，材质耐磨性好，具有突出的延伸性和抗疲劳性能，瓶盖质量为 14g，颜色为白色，还可根据现场实训的实际情况添加色料，以得到不同色泽的瓶盖。

瓶盖整体结构呈桶状，高 50mm，外径 $\phi46$mm。上部中心部位设计了 $\phi20$mm 的大孔，上部边缘部位还设计了 $\phi3$mm 小孔，用来安装吊绳或挂饰，以便于携带。由于瓶盖与中空瓶配合时，要求不漏水，密封性好，所以采用完整（连续）的内螺纹结构，下部螺纹的内径尺寸为 M38.4，平均壁厚 1.5mm，为减少成型缺陷，螺纹和 $\phi20$mm 的大孔采用较大圆弧过渡。

塑料瓶盖上部 $\phi20$mm 的大孔和 $\phi3$mm 小孔，必须采用侧抽芯机构成型，下部完整的内螺纹结构，需要采用机动脱螺纹机构，该瓶盖结构复杂。

作为日用品零件，对尺寸公差没有太严格的要求，故可以降低模具制作的成本。瓶盖本身壁厚较小、均匀，适合于大批量的注射模具生产。

2. 确定型腔数目及布置型腔

塑料瓶盖上部 $\phi20$mm 的大孔和 $\phi3$mm 小孔需采用侧抽芯机构成型，为保证模具受力平衡，瓶盖模具可采用单腔模具结构。考虑瓶盖生产批量大，为了提高生产效率和便于实现机动脱出螺纹，决定采用1模2腔结构，两型腔对称布置，如图2-123所示。

3. 分型面的选择

塑件分型面的选择应保证塑件的质量要求，并有利于塑件脱模。本实例中瓶盖分型面位置如图2-124所示，其中，*A—A* 位置分型面选择在瓶盖中部的台阶面上，结果会使瓶盖表面留下分型痕迹，影响瓶盖的外观表面，而且飞边不易去除；*B—B* 所示分型面选择在瓶盖的底部水平断面轮廓最大处，可避免上述缺点。由于瓶盖上部 $\phi20$mm 的大孔需采用侧抽芯机构成型，所以该模具还必须增加一次沿竖直方向的分型，其分型面位置如图中 *C—C* 所示，该分型面将在瓶盖上留下竖直分型痕迹，通过借助 Moldflow 软件进行模流分析，优化模具设计方案和工艺参数，以使该分型痕迹最小，不影响产品的外观和使用要求。

综合上述分析，瓶盖注射模具的分型面应设计在图2-124所示的 *B—B* 和 *C—C* 处。

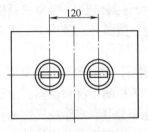

图2-123　型腔布置

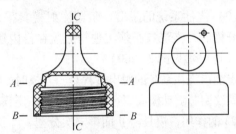

图2-124　分型面位置

4. 浇注系统的设计

（1）浇口形式的确定　瓶盖采用点浇口成型，其浇注系统形式如图2-125所示。主流道为圆锥形，上端直径与注射机喷嘴配合，下端直径为 $\phi8$mm；分流道截面为半圆形，长度为75mm；点浇口尺寸长为 1mm，大端直径为 $\phi5$mm；为保证塑件成型质量，防止注射中产生的冷料进入型腔，在主流道末端设置冷料穴，用于储存未塑化的料和冷料头，冷料穴的曲面半径为 *SR*4mm。

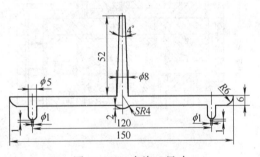

图2-125　点浇口尺寸

由于中心进料的圆柱形点浇口有利于熔体填充，易排气，浇口痕迹小，开模过程能实现浇注系统凝料与塑件的自动切断，生产效率高，所以，选择点浇口浇注系统。又由于瓶盖螺纹部位反复与中空瓶口配合，为增加其强度和刚度，螺纹部分壁厚较厚，为防止成型过程出现表面凹陷、真空泡或变形等成型缺陷，需要采用模流分析软件 Moldflow 来确定浇口的具体位置。

将瓶盖模型以 IGES 格式导入，并对导入的瓶盖模型进行网格划分，分别如图2-126和图2-127所示，然后设定分析类型为"浇口位置"，分析的结果显示浇口的最佳位置为瓶盖的下部外圆表面和上部吊环的中央。

图2-126　瓶盖模型

由于产品外形要求美观，下部外圆表面的浇口位置只能采用侧浇口，浇口不但去除困难，而且影响瓶盖外圆表面质量，所以浇口的最佳位置选在瓶盖上部吊环的中央，如图 2 - 128 所示。

图 2 - 127　瓶盖网格模型

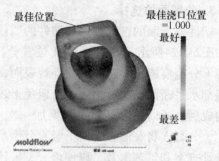

图 2 - 128　浇口最佳位置

（2）浇注系统的脱出　瓶盖注射模具采用点浇口浇注系统，其模具结构为三板模，所以在开模时，点浇口必须实现与瓶盖在模内切断，并沿不同的分型面分别脱出，如图 2 - 129 所示（也可参见图 2 - 200）。

点浇口浇注系统的脱出过程是：开模时，在开模弹簧的作用下，模具沿Ⅰ面处分型，塑件包紧螺纹型芯随动模向下运动，则装配在定模座板上的拉料杆 27 拉断点浇口凝料；由于定距拉杆 23 的作用，模具沿Ⅱ面第二次分型，即脱浇板 33 和定模座板分开，定距拉杆使脱浇板 33 向下运动，把浇注系统凝料从主流道衬套 28 和拉料杆 27 上脱下，完成浇注系统的脱模。

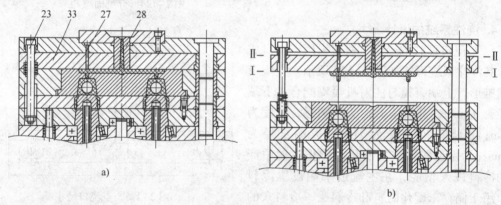

图 2 - 129　点浇口浇注系统的脱出
a）注射过程　b）脱出凝料

5. 模温调节系统的设计

一般生产 PP 材料塑件的注射模具不需要加热。

塑料瓶盖尺寸不大，型腔较浅，且模具的定模型腔部分设计有侧抽芯机构，所以模具的冷却系统主要考虑型芯的冷却。考虑到该模具采用机动旋转脱螺纹机构，型芯高度较大，因此型芯的冷却采用喷流式冷却回路，如图 2 - 130 所示。在型芯中间装有一个喷水管，喷水管与垫板中的冷却水孔相连接，冷却水从模具进入，并从喷水管中喷出，分流后，向四周流动以冷却型芯侧壁，最后再由垫板上另一条冷却水孔流出模外。

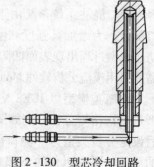

图 2 - 130　型芯冷却回路

教学组织实施建议：由观察不同种类、形状及颜色的瓶盖（见图 2 - 131）引出问题。可采用分组讨论法、卡片式教学法、归纳总结教学法。

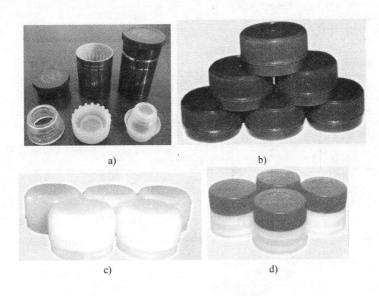

a)　　　　　　　　　b)

c)　　　　　　　　　d)

图 2 - 131　各种瓶盖塑件

a）酒瓶盖　b）矿泉水瓶盖　c）饮料瓶盖　d）调味品瓶盖

【完成学习工作页】

根据教学目标要求，下达表 2 - 19 所示塑料瓶盖注射模具设计与制作完成学习工作页，根据工作页的要求，完成教学任务。

表 2 - 19　塑料瓶盖注射模具设计与制作完成学习工作页

<table>
<tr><td rowspan="2">项目名称</td><td rowspan="2">注射模具的设计与制作</td><td>校内导师</td><td></td></tr>
<tr><td>校外导师</td><td></td></tr>
<tr><td>任务单号</td><td>Sj - 004</td><td colspan="2">校企合作企业</td></tr>
<tr><td>任务名称</td><td>瓶盖注射模具设计与制作</td><td>填表人</td><td>负责人</td></tr>
<tr><td rowspan="2">任务资讯</td><td>产品类型</td><td>日用型</td><td>客户资料</td><td>产品图样（1）张，样品（1）件</td></tr>
<tr><td>任务要求</td><td colspan="3">1. 模具设计按实训室卧式注射机设计（　　）
2. 模具与注射机连接方式：螺钉固定（　　），压板固定（　　）
3. 模具一模（　　）腔，产品材料（　　），收缩率（　　）
4. 模具结构：二板模（　　），三板模（　　），热流道模（　　），其他形式（　　）
5. 浇口形式：直浇口（　　），侧浇口（　　），点浇口（　　），其他（　　）
6. 限位零件：限位螺钉（　　），定距拉杆（　　），限位拉环（　　），其他形式（　　）
7. 模具冷却回路：型芯冷却回路（　　），型腔冷却回路（　　）
任务下达时间：＿＿＿＿＿＿＿；要求完成时间：＿＿＿＿＿＿＿</td></tr>
</table>

（续）

任务计划	识读任务	
	必备知识	
	模具设计	
	塑料准备	
	设备准备	
	工具准备	
	劳动保护准备	
	制订工艺参数	
决策情况		
任务实施		
检查评估		
任务总结		

任务单会签	项目组同学	校内导师	校外导师	教研室主任

【知识拓展】

一、点浇口的变异形式

潜伏式浇口是由点浇口演变而来的，又称剪切浇口，这类浇口的分流道位于分型面上，而浇口位置选择在塑件外侧（如图 2 - 132a、b 所示，其中图 2 - 132a 为浇口开设在定模部分的形式；图 2 - 132b 为浇口开设在动模部分的形式）或内侧（图 2 - 132c）非分型面处，推出塑件时能实现浇口的自动切断；脱模后浇口处平整，无需后加工，多用于塑件外观不允许有浇口痕迹且四侧有配合要求的场合；其缺点是加工较困难，不宜推出。当浇口须潜伏塑件内侧时，可在推杆上开设二次浇口，使二次浇口的末端与塑件内壁相通。图 2 - 133 所示为潜伏浇口实物与潜伏浇口模具。

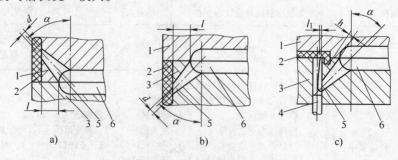

图 2 - 132　潜伏浇口

a）外侧潜伏（定模部分）　　b）外侧潜伏（动模部分）　　c）内侧潜伏

1—定模板　2—塑件　3—动模板　4—推杆　5—浇口　6—分流道

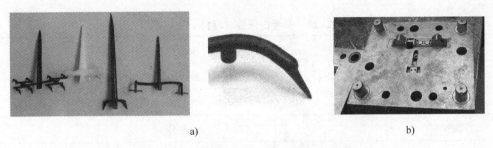

图 2 - 133   潜伏浇口实物与潜伏浇口模具
a) 潜伏浇口实物   b) 潜伏浇口模具

潜伏浇口采用圆形或椭圆形截面，浇口直径 d 取 $\phi 0.8 \sim \phi 1.5 mm$，$l$ 取 $2.0 \sim 4.0 mm$，l_1 取塑件壁厚的 $0.6 \sim 0.8$ 倍，h 为 $2 \sim 3 mm$，锥角与分流道中心线的夹角 α 一般取 $30° \sim 60°$。

二、护耳浇口

如图 2 - 134 所示，护耳浇口由矩形浇口和耳槽组成，耳槽的截面和水平面积均比较大，在耳槽前部的矩形小浇口能使熔体因摩擦发热而使温度升高，熔体在冲击耳槽壁后，能调整流动方向，平衡地注入型腔，因而塑件成型后残余应力小。这种浇口适用于高透明度平板类塑件，以及要求变形很小的塑件，适合于硬质 PVC、POM、AS、ABS、PMMA 等塑料。

设计参数 $H = 10 \sim 13 mm$，$b_0 = 6 \sim 8 mm$，$t_0 = 0.8 \sim 1.5 mm$，$L \leqslant 150 mm$，$L_0 \leqslant 300 mm$。

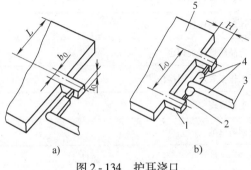

图 2 - 134   护耳浇口
a) 单个浇口   b) 多个浇口
1—耳槽 2—浇口 3—主流道 4—分流道 5—塑件

【小贴士】

☞ 三板模的开模顺序，可以使塑件在模内的冷却时间、脱浇板和定模板打开时间、脱浇板和定模座板打开时间重叠，从而缩短模具的注射周期，提高生产效率。

☞ 三板模的开模距离，一般"脱浇板和定模板打开的距离 = 流道凝料总高度 + 30mm；脱浇板和定模座板打开的距离为 6 ~ 10mm；定距分型机构中限位拉杆移动距离 = 定模板打开的距离；限位钉移动距离 = 脱浇板和定模座板打开的距离加定模板打开的距离"。

☞ 注射模具中弹簧的主要作用有：推出机构自动复位；侧抽芯机构滑块的定位；活动板、脱浇板等活动零件的辅助动力。

☞ 模具所用的弹簧一般为圆形弹簧和矩形弹簧两种，相对于圆弹簧，矩形弹簧弹力较大，压缩比也较大，且不易疲劳失效。

【教学评价】

完成任务后，学生应进行自我评价和小组成员间的评价，分别见表 2 - 20 和表 2 - 21。

表 2 - 20　学生自评表（项目 2 任务 2）

项目名称	注射模具的设计与制作		
任务名称	三板式注射模具设计与制作		
姓名		班级	
组别		学号	
评价项目		分值	得分
材料选用		10	
塑件成型工艺分析		10	
注射成型工艺参数确定		10	
模具结构设计		10	
模具安装与调试		10	
注射机操作规范		10	
产品质量检查评定		10	
工作实效及文明操作		10	
工作表现		10	
创新思维		10	
总计		100	
个人的工作时间：		提前完成	
		准时完成	
		超时完成	
个人认为完成的最好的方面			
个人认为完成的最不满意的方面			
值得改进的方面			
自我评价：		非常满意	
		满意	
		不太满意	
		不满意	
记录			

表 2-21　小组成员互评表（项目 2 任务 2）

表 2-21　小组成员互评表（项目 2 任务 2）

项目名称		注射模具的设计与制作					
任务名称		三板式注射模具设计与制作					
班级				组别			
评价项目	分值	小组成员					
		组长	组员 1	组员 2	组员 3	组员 4	组员 5
分析问题的能力	10						
解决问题的能力	20						
负责任的程度	10						
读图、绘图能力	10						
文字叙述及表达	5						
沟通能力	10						
团队合作精神	10						
工作表现	10						
工作实效	10						
创新思维	5						
总计	100						
小组成员		组长	组员 1	组员 2	组员 3	组员 4	组员 5
签名							
记录							

任务 3　侧抽芯机构注射模具设计与制作

一般塑件的脱模方向都与开合模方向相同。但是，当注射成型侧壁带有与开模方向不一致的孔、凹槽或凸台的塑件时，如图 2-135a、c 所示，模具上成型该处的零件就必须做成可侧向移动的零件，以便在脱模之前或脱模之时抽出侧向成型零件，否则塑件就无法脱模。侧向抽芯机构注射模具如图 2-135b、d 所示。

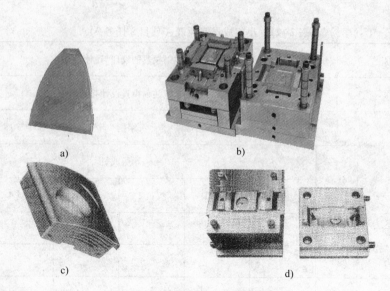

图 2 - 135　侧向抽芯注射模具图

a)、c) 塑件图　　b)、d) 模具图

完成侧向成型零件抽出和复位的整个机构称为侧向分型与抽芯机构，简称侧向抽芯机构或侧抽芯机构。如图 2 - 136 所示瓶坯，材料为聚碳酸酯（PC），采用注射成型大批量生产，瓶坯为中空杯的半成品，口部为外螺纹和小凸台，它们垂直于脱模方向，阻碍注射成型后塑件从模具中脱出。因此，成型外螺纹和小凸台的零件必须做成活动的型芯，即该模具需要设计侧抽芯机构。

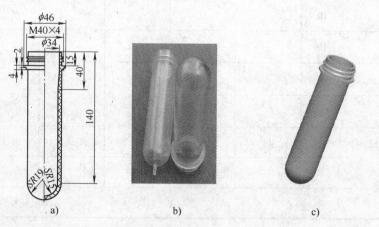

图 2 - 136　瓶坯

a) 零件图　b) 实物图　c) 三维实体图

【知识准备】

一、侧抽芯机构注射模具的典型结构

斜导柱抽芯机构是最常用的抽芯形式，根据斜导柱和滑块在模具上的安装位置不同，侧

抽芯机构注射模主要有以下典型结构。

1. 斜导柱在定模侧、滑块在动模侧的结构

典型结构如图 2-12 和图 2-137 所示。

图 2-137 所示模具工作原理为：斜导柱 8 和 12 固定在定模板上，侧型芯 7 固定在侧型芯滑块 5 上。开模时，塑件包紧型芯 9 随动模部分一起向左移动，在斜导柱 8 和 12 的作用下，迫使侧型芯滑块 5 和侧型腔滑块 11 在推件板 1 的导滑槽内分别向两侧移动，完成抽芯动作，如图 2-137b 所示。限位挡块 4、螺杆 3 和弹簧 2 构成滑块的定位装置，使滑块保持抽芯后的最终位置，以便合模时斜导柱能准确地进入滑块的斜孔，实现活动型芯的复位。侧型腔滑块 11 的定位是利用自身的重量而停留于挡块 15 上。楔紧块 6、14 用于防止成型时滑块受到侧向压力而发生位移。

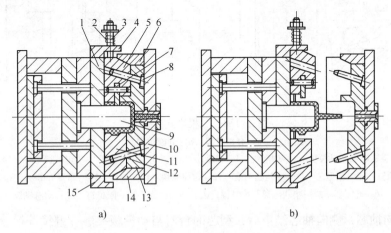

a)   b)

图 2-137 斜导柱侧抽芯机构模具（一）

1—推件板 2—弹簧 3—螺杆 4—限位挡块
5—侧型芯滑块 6、14—楔紧块 7—侧型芯 8、12—斜导柱
9—型芯 10—定模座板 11—侧型腔滑块 13—定模板 15—挡块

这类模具是典型的二板模，也是最为常见、应用最为广泛的侧抽芯机构注射模具。

2. 斜导柱和滑块同在定模侧的结构

当斜导柱（或者弯销）和滑块同时设计在定模一侧，开模时，定模必须先分型一次，以使斜导柱驱动侧滑块而抽出侧型芯，然后动、定模沿主分型面分开，用于脱出塑件，这类模具是典型的二板半式注射模，简称二板半模。

二板半模典型结构如图 2-138 所示，开模时，由于弹簧 14 和开闭器 16 的共同作用，模具首先沿 A 面分型，定模上的弯销 6 驱动侧滑块 3 向下运动抽出侧型芯 10；随着动模继续运动，由于定距螺钉 15 的限制，模具沿主分型面 B 面分开，以脱出塑件（图中未画出）。合模时，弯销 6 驱动滑块向上移动，使侧型芯 10 回到成型位置。

二板半模也需设计定距顺序分型拉紧机构，结构较复杂，所以尽量不用。

3. 斜导柱在动模侧、滑块在定模侧的结构

如图 2-139 所示为斜导柱设计在动模一侧、滑块设计在定模一侧的侧抽芯机构注射模结构。开模时，斜导柱和侧型芯滑块产生相对运动，实现侧型芯的抽芯。

其工作原理为：开模时，先从 A 面分型，塑件包紧型芯不动，斜导柱 12 驱动侧型芯滑

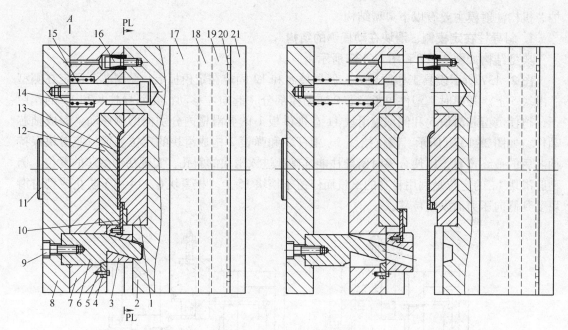

图 2 - 138　二板半式注射模

a）合模过程　b）开模过程

1—动模镶块　2—动模板　3—侧滑块　4—锁紧块　5—挡钉　6—弯销　7—定模板　8—定模座板

9—螺钉　10—侧型芯　11—主流道衬套　12—定模镶块　13—塑件　14—弹簧　15—定距螺钉

16—开闭器　17—垫块　18—推杆固定板　19—推板　20—限位钉　21—动模座板

块 14 进行侧向抽芯；侧向抽芯结束后，型芯的台肩与动模板接触。继续开模，模具从 *B* 面分型，塑件包紧在型芯 13 上随动模一起移动，从定模镶件 2 中脱出，最后在推杆 9 的作用下，推件板 4 将塑件从型芯上脱出。

4. 斜导柱和滑块同在动模侧的结构

如图 2 - 140 所示为斜导柱和滑块同时设计在动模一侧的侧抽芯机构注射模结构。开模时，斜导柱和侧型芯滑块没有相对运动，无法实现侧型芯的抽芯和复位。

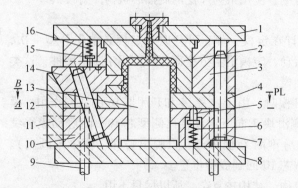

图 2 - 139　斜导柱侧抽芯机构模具（二）

1—定模座板　2—定模镶件　3—定模板　4—推件板

5—顶销　6、16—弹簧　7—导柱　8—动模座板

9—推杆　10—动模板　11—锁紧块　12—斜导柱

13—型芯　14—侧型芯滑块　15—定位销

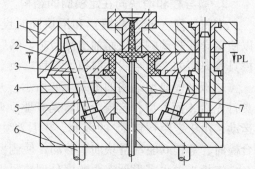

图 2 - 140　斜导柱侧抽芯机构模具（三）

1—锁紧块　2—侧型芯滑块　3—斜导柱

4—推件板　5、6—推杆　7—型芯

其工作原理为：开模时，模具沿动、定模主分型面分型，塑件包紧型芯 7 留于动模侧；当推出机构开始工作时，推杆 6 推动推件板 4 使塑件脱模的同时，侧型芯滑块 2 在斜导柱 3 驱动下沿推件板 4 内的导滑槽向两侧运动而抽出侧型芯。

这种模具结构是通过推出机构实现斜导柱与滑块的相对运动，使侧向型芯抽出的。

二、抽芯距和抽芯力的计算

1. 抽芯距的确定

抽芯距是指侧型芯从成型位置抽到不妨碍塑件取出的位置时，侧型芯在抽拔方向所移动的距离。抽芯距一般应大于塑件的侧孔深度或凸台高度 2～3mm，如图 2-141 所示，塑件上的侧孔深度为 h，此时抽芯距为

$$S_{抽} = h + (2 ～ 3) \text{mm} \qquad (2-22)$$

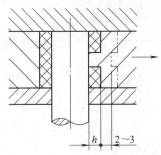

图 2-141　带有侧孔塑件
抽芯距的确定

2. 抽芯力的确定

塑件在冷却收缩时，对侧型芯产生包紧力，侧抽芯机构所需的抽芯力，必须克服因包紧力所引起的抽芯阻力及抽芯机构机械滑动时的摩擦力，才能把活动侧型芯抽拔出来。对于不带通孔的壳体塑件，侧型芯抽拔时还需克服表面大气压造成的阻力。在抽拔过程中，开始抽拔的瞬间，使塑件与侧型芯脱离所需的抽拔力称为起始抽芯力，之后使侧型芯抽到不妨碍塑件取出的位置时所需的抽芯力称为相继抽芯力，前者比后者大。因此计算抽芯力时应以起始抽芯力为准。

当塑件收缩包紧侧型芯时，脱模时抽芯力的计算公式同式（2-11）。

三、侧抽芯机构注射模具设计

1. 斜导柱抽芯机构的设计

（1）斜导柱的设计

1）斜导柱的形状。斜导柱的形状如图 2-142所示，其工作端的结构可以设计成锥台形或半球形。当设计成锥台形时，必须注意斜角 θ 应大于斜导柱倾斜角 α，一般 $\theta = \alpha + (2° ～ 3°)$，以免端部锥台参与侧向抽芯。为了减少斜导柱与滑块上斜导孔之间的摩擦，可在斜导柱工作长度部分的外圆轮廓铣出两个对称平面。

斜导柱与固定模板之间采用的配合一般为 H7/m6。为了保证运动的灵活，滑块上斜导孔与斜导柱之间可以采用较松的间隙配合或取 0.5～1mm 间隙。表 2-22 列出了斜导柱的固定形式。

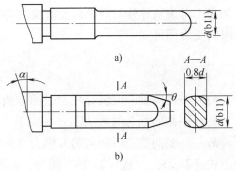

图 2-142　斜导柱的形状

表 2 - 22　斜导柱的固定形式

简　图	说　明	简　图	说　明
	配合面较长，稳定性较好 适用于模板较薄、且定模座板与定模板为一起的场合；二板模较多采用		配合长度为 $L \geqslant 1.5d$，稳定性较差，加工困难 适用于模板厚度较大的场合；二板模、三板模均可用
	配合长度为 $L \geqslant 1.5d$，稳定性较好 适用于模板较厚、模具空间较大的场合；二板模、三板模均可用		配合面较长，稳定性好 适用于模板较薄、且定模座板与定模板可分开的场合；二板模较多采用

注：d 为斜导柱直径。

2）斜导柱的斜角。斜导柱轴向与开模方向的夹角称为斜导柱的倾斜角 α。确定 α 时要综合考虑抽芯距及斜导柱所受的弯曲力。

由图 2 - 143 可知

$$l_2 = S/\sin\alpha \tag{2-23}$$

$$H_2 = S\cot\alpha \tag{2-24}$$

式中　α——斜导柱的斜角；

　　　l_2——斜导柱工作部分长度（mm）；

　　　S——抽芯距，一般比塑件厚度大 3mm；

　　　H_2——完成抽芯距所需的开模行程（mm）。

如果不考虑斜导柱与滑块以及滑块与导滑槽之间的摩擦力，则由图 2 - 143 所示斜导柱抽芯时的受力图可知

$$F_w = F_c/\cos\alpha \tag{2-25}$$

$$F_k = F_c\tan\alpha \tag{2-26}$$

式中　F_w——侧向抽芯时斜导柱所受的弯曲力（N）；

　　　F_c——侧向抽芯时的抽芯力（N）；

　　　F_k——侧向抽芯时所需的开模力（N）。

由式（2 - 23）~ 式（2 - 26）可知，α 增大，l_2 和 H_2 减小，有利于减小模具尺寸，但 F_w 和 F_k 增大，影响斜导柱和模具的强度和刚度；反之，α 减小，斜导柱和模具受力减小，但要在获得相同抽芯距的情况下，斜导柱的长度就要增大，开模距就要变大，因此模具尺寸会增大。综合两者考虑，通常 α 取 15°~20°，一般不大于 25°。

3）斜导柱的直径。斜导柱的直径取决于它所承受的最大弯曲力，按斜导柱所受的最大弯曲应力应小于其许用弯曲应力的原则，参见图 2 - 143，可以推导出斜导柱直径的计算公

式为

$$d = \sqrt[3]{\frac{M_{max}}{0.1[\sigma]}} = \sqrt[3]{\frac{F_w L_w}{0.1[\sigma]_{弯}}} \qquad (2-27)$$

也可表示为

$$d = \sqrt[3]{\frac{F_w H_w}{0.1[\sigma]_{弯} \cos\alpha}} \qquad (2-28)$$

式中　d——斜导柱直径（mm）；

F_w——斜导柱所受弯曲力（N），见式（2-25）；

L_w——斜导柱弯曲力臂（mm）；

H_w——抽芯力作用线与斜导柱根部的垂直距离（mm）；

$[\sigma]_{弯}$——斜导柱材料的许用弯曲应力（MPa）。

也可根据斜导柱斜角及所承受的最大弯曲力 F_w，直接查表得出斜导柱直径。

4）斜导柱的长度。斜导柱的长度如图2-144所示，斜导柱的长度根据活动型芯的抽芯距 S、倾斜角 α 及定模板厚度 H 来确定。其计算式为

$$L = l_1 + l_2 + l_3 = \frac{H}{\cos\alpha} + \frac{S}{\sin\alpha} + (5 \sim 10)\text{mm} \qquad (2-29)$$

式中　l_1——斜导柱固定部分长度（mm）；

l_2——斜导柱工作部分长度（mm）；

l_3——斜导柱引导部分长度（mm）；

L——斜导柱总长度（mm）；

H——斜导柱固定板厚度（mm）；

S——抽芯距（mm）。

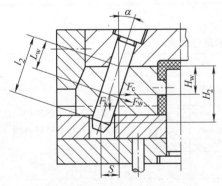

图2-143　斜导柱抽芯时的受力状态

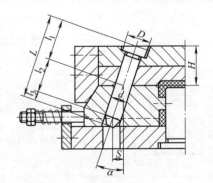

图2-144　斜导柱的长度

（2）滑块的设计

1）滑块结构。滑块分为整体式和组合式两种。在实际中广泛采用组合式结构，这种结构的特点是滑块和侧型芯分开制造，然后安装在一起，这样既可以节省钢材，又方便于机械加工。滑块与侧型芯的连接形式见表2-23。

2）滑块与导滑槽的配合。常见的滑块与导滑槽的配合形式见表2-24。导滑槽应使滑块在侧抽芯和复位过程中运动平稳可靠，不应发生上下窜动和卡紧现象，二者上下、左右各有一对平面配合，配合取 H7/f7，其余各面留有间隙。滑块的导滑槽深度一般为 5～8mm。

表 2 - 23　滑块与侧型芯的连接形式

简　图	说　明	简　图	说　明
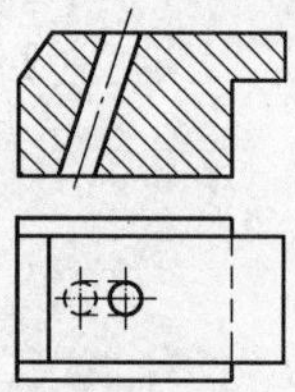	滑块采用整体式结构，一般适用于侧型芯较大、形状简单、强度较大的场合	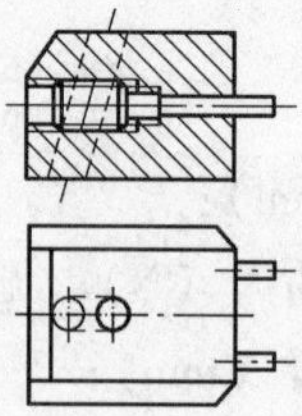	将型芯从滑动后部以过渡配合镶入，并用螺塞固定，适用于圆形型芯、且型芯细小的场合
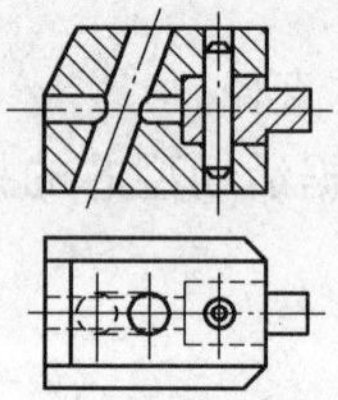	将型芯嵌入滑块部分，嵌入部分的尺寸增大，并用圆柱销定位，适用于小型芯的固定	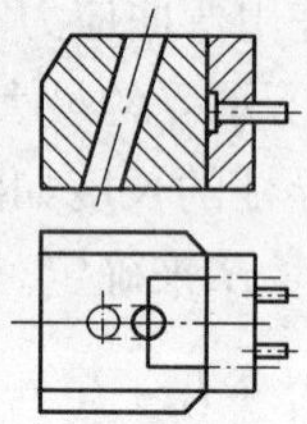	采用压板固定形式，适用于多个型芯的固定
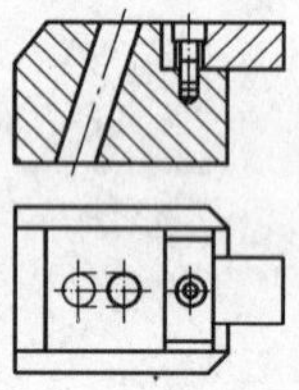	采用螺钉固定，适用方形型芯、且型芯不大的场合	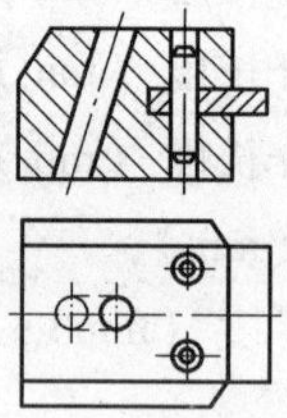	将型芯嵌入通槽，并采用销钉定位，适用于薄片型芯的固定

表 2 - 24　滑块与导滑槽的配合形式

简　图	说　明	简　图	说　明
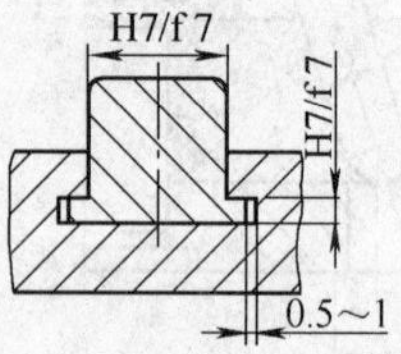	T 形整体的导滑槽，结构紧凑，但加工困难，精度不易保证，适用于模具较小的场合	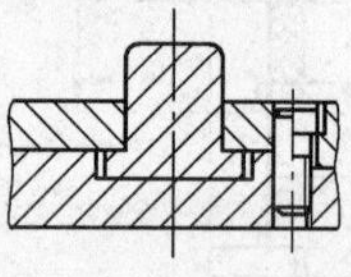	整体压板式导滑槽，在模板上加工出 T 形台肩的导滑部分
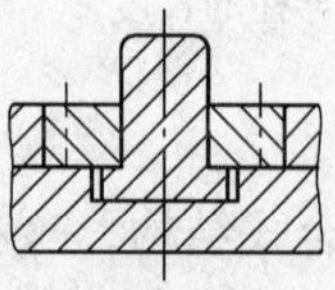	局部矩形压板式导滑槽，导滑部分淬硬后便于磨削加工，精度也容易保证，而且装配方便，应用广泛	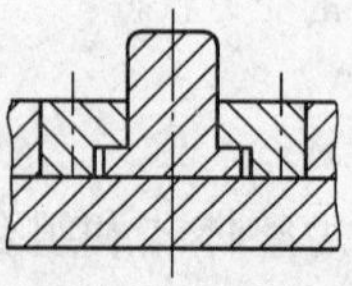	局部 "7" 字形压板式导滑槽，加工简单，强度较好，需装销钉定位
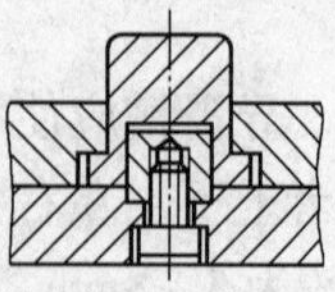	T 形槽形式的导滑槽，导滑部分设在中间的镶块上，适用于滑块较长的场合	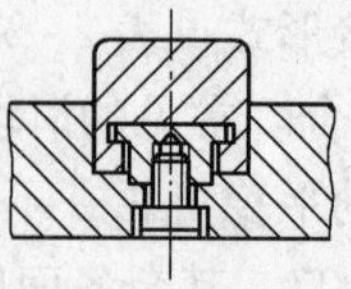	T 形槽的导滑槽，且装在滑块内部，适用于模具空间较小、内侧抽芯的场合

导滑槽与滑块要保持一定的配合长度，当滑块完成抽芯动作后，其滑动部分仍应全部或有部分的长度留在导滑槽内，滑块的滑动配合长度通常要大于滑块宽度的1.5倍，而保留在导滑槽内的长度不应小于导滑配合长度的2/3，否则滑块开始复位时容易偏斜，甚至损坏模具。

3）滑块的定位装置。滑块的定位装置用于保证滑块在开模后停留在一定的位置，不再发生任何移动，以免合模时斜导柱不能准确地进入滑块的斜导孔内，造成模具损坏。因模具结构和滑块位置不同，滑块定位装置的形式也不同。常用的定位装置形式见表2-25。

表2-25 滑块的定位装置

简 图	说 明	简 图	说 明
	利用弹簧、螺钉和挡板定位，弹簧的弹力应是滑块自重力的1.5~2倍，适用于滑块在模具上面或侧面的情况		利用滑块自重力停留在挡板上，仅适用于滑块在模具下面的情况
	利用弹簧和螺钉定位，弹簧装入滑块的内部，弹簧的弹力是滑块自重力的1.5~2倍，适用于滑块较大、滑块在模具上面或侧面的情况		利用弹簧、螺钉和挡板定位，弹簧的弹力应是滑块自重力的1.5~2倍，适用于滑块较小，滑块在模具上面或侧面的情况
	利用弹簧和销定位，适用于滑块较小，滑块在模具左、右侧的情况		利用弹簧和钢球定位，适用于滑块较小，滑块在模具左、右侧的情况

（3）锁紧块的设计　锁紧块用于在模具闭合后锁紧滑块，承受注射成型时塑料熔体对滑块的推力，以免斜导柱弯曲变形；但开模时，又要求能迅速让开滑块，以免阻碍斜导柱驱动滑块抽芯。因此，锁紧块的楔紧角β应大于斜导柱倾斜角α，在一般情况下，楔紧角β应比斜导柱倾斜角α大2°~3°。

常用锁紧块的结构形式见表2-26。

表 2 - 26　锁紧块的结构形式

简　图	说　明	简　图	说　明
	采用整体式锁紧方式，结构牢固可靠，但钢材消耗多，适用于侧向推力较大的场合		采用螺钉和销钉固定在定模板上固定锁紧块的形式，结构简单，制造方便，应用较广，但承受的侧向力较小
	采用嵌入式锁紧方式，锁紧块从模板上方嵌入，适用于滑块较宽、侧向推力较大的场合		采用嵌入式锁紧方式，锁紧块从模板下方嵌入，适用于滑块较宽、侧向推力较大的场合
	采用楔形块和螺钉固定楔紧块的形式，适用于侧向推力非常大的场合		采用镶入式锁紧方式，加工容易，适用于空间较大、侧向推力较大的场合

2. 弯销侧抽芯机构的设计

　　弯销是斜导柱的一种变异形式，其动作原理与斜导柱抽芯机构相同。所不同的是，弯销常采用矩形截面，抗弯截面系数较大，所以能承受较大的弯矩，可采用较大的倾斜角，在开模距离相同的条件下，弯销可获得比斜导柱大的抽芯距。

　　如图 2 - 145 所示为弯销侧抽芯机构的典型结构。弯销固定在定模板上，开模时，侧型芯滑块 6 在弯销 4 的驱动下在动模板 1 的导滑槽内移动，完成侧向抽芯。抽芯结束后，侧型芯滑块 6 由弹簧和定位销 3 定位；合模时，侧型芯滑块 6 通过弯销 4 的作用进行复位，锁紧块 2 （见图 2 - 145a）或支承块 5 （见图 2 - 145b）能有效阻止滑块在注射成型时可能产生的位移。

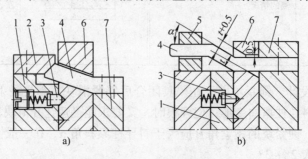

图 2 - 145　弯销侧抽芯机构

1—动模板　2—锁紧块　3—定位销　4—弯销　5—支承块　6—侧型芯滑块　7—定模板

（1）弯销的结构和固定形式 如图2-146所示，图2-146a用螺钉和圆柱销固定，便于加工和装配，但螺钉容易松动，侧抽芯的强度较低，多用于抽芯斜孔入口端面离主分型面较远、抽芯力不大的场合。图2-146b的形式提高了侧抽芯强度，能承受较大的抽芯力，但加工和装配比较复杂，用于抽芯斜孔的入口端面设在主分型面上的侧抽芯机构。图2-146c将弯销的直段装入模板一段深度，确定弯销的相对位置后，从背面用螺钉固定。但当弯销受力较大时，稳定性较差。因此，应尽量加深伸入模板的深度。图2-146d将弯销装入模板的通孔中，用横销固定，其稳定性能好，并能承受较大的抽芯力，是常用的结构形式。

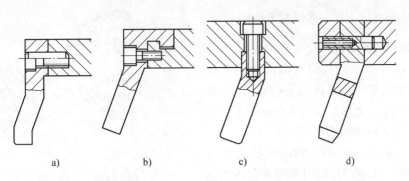

a)   b)   c)   d)

图2-146 弯销的结构和固定形式

（2）侧滑块的楔紧形式 如图2-147所示，图2-147a中将锁紧块设置在侧滑块的尾部；根据弯销安装位置不同，也可将锁紧块设置在图2-147b所示的位置上；如图2-147c所示，当侧滑块的反压力不大时，可直接用弯销锁紧侧滑块；当侧滑块反压力较大时，可在弯销末端加装支承块以增加弯销的抗弯能力，如图2-147d所示。

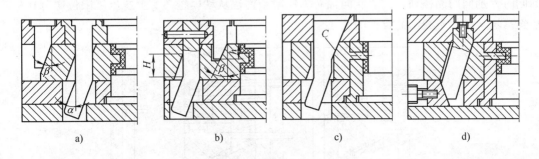

a)   b)   c)   d)

图2-147 侧滑块的楔紧形式

弯销锁紧块的锁紧角 β 比弯销的工作角度 α 大 3°~5°，一般 β 可取 5°~10°。

（3）弯销的工作角度 一般情况下，弯销的工作角度 α 的选取范围为 10°~30°。在相同情况下，弯销的工作角度越大，抽芯距离 S 也越大，但增大了弯销所承受的弯曲力，也会使滑块移动不稳定，所以尽量将弯销工作角度选得小些。

（4）弯销的工作段尺寸 它主要包括工作段截面的厚度 a 和宽度 b，弯销的受力状况与斜导柱相同，由于弯销的断面是矩形，可按下式计算弯销的工作段厚度 a

$$a = \sqrt[3]{\frac{9FH}{[\sigma]\cos^2\alpha}} \qquad\qquad (2-30)$$

式中　a——弯销工作段厚度（mm）；

　　　F——抽芯力（N）；

　　　H——作用点与斜孔入口的垂直距离（mm）；

　　$[\sigma]$——弯销许用弯曲应力（MPa），取$[\sigma]_w = 137.2\text{MPa}$；

　　　α——弯销工作角度（°）。

弯销工作段宽度 b 在一般情况下取$b = \frac{2}{3}a$，以保持弯销工作的稳定性。

如图 2 - 148 所示，弯销与侧滑块斜孔在斜孔方向上的配合尺寸为$a_1 = a + 1\text{mm}$，在垂直方向上的配合尺寸为$\delta_1 = 0.5 \sim 1\text{mm}$。

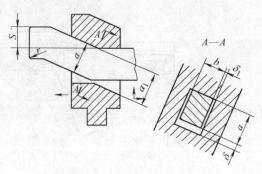

图 2 - 148　弯销工作段尺寸

3. 其他形式抽芯机构

（1）斜滑块抽芯机构　斜滑块抽芯机构适用于塑件侧孔或侧凹较浅但成型面积较大的场合。其特点是利用推出机构的推力驱动斜滑块侧向运动，在塑件被推出的同时由斜滑块完成侧向抽芯动作。一般分为外侧抽芯和内侧抽芯两种。

如图 2 - 149 所示为斜滑块外侧抽芯机构。该塑件外侧有深度浅但面积大的侧凹，斜滑块设计成对开式（瓣合式）凹模镶块，开模后，塑件包在动模型芯 5 上随斜滑块 2 一起运动，留在动模侧；推出时，在推杆 3 的作用下，斜滑块 2 在模套 1 的导滑槽内相对向右运动的同时分别向两侧移动，完成侧向抽芯，同时塑件也从动模型芯 5 上脱出。限位螺钉 6 是防止斜滑块从模套中脱出而设置的。

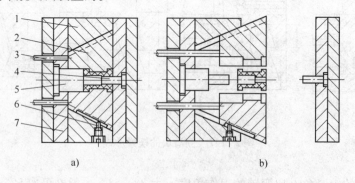

图 2 - 149　斜滑块外侧抽芯机构

a）合模状态　b）推出状态

1—模套　2—斜滑块　3—推杆　4—定模型芯
5—动模型芯　6—限位螺钉　7—型芯固定板

图 2 - 150 为斜滑块内侧抽芯机构，其特点是推出机构工作时，斜滑块 2 在推杆 4 的作用下推出塑件，同时又在动模板 3 的导滑槽里向内移动而完成内侧抽芯动作。

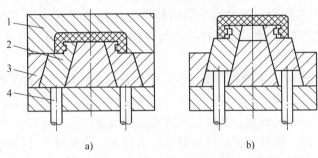

图2-150　斜滑块内侧抽芯机构

a）合模状态　b）推出状态

1—定模板　2—斜滑块　3—动模板　4—推杆

（2）斜推杆抽芯机构　斜推杆是斜滑块的一种变异形式，其动作原理与斜滑块抽芯机构相同，所不同的是斜推杆是矩形截面的细长杆件，刚度较差，故适用于抽芯力较小的场合。

如图2-151所示为斜推杆内侧抽芯机构，主要由斜推杆2和斜推杆座6组成。斜推杆2的上端为塑件内侧凹的成型部位，型芯3上开有斜孔，在推板8的作用下，斜推杆2沿斜孔运动进行侧向抽芯；同时推板8推动推杆4，使塑件脱模。

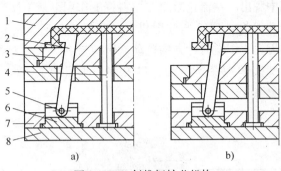

图2-151　斜推杆抽芯机构

a）合模状态　b）推出状态

1—定模板　2—斜推杆　3—型芯　4—推杆

5—转销　6—斜推杆座　7—推杆固定板　8—推板

（3）斜导槽抽芯机构　将弯销做成中间带有导槽的形式，便构成斜导槽抽芯机构，这时在滑块上装入圆柱销，可沿斜导槽滑动，使滑块产生侧向运动。如图2-152所示为斜导槽侧抽芯机构的典型结构。开模时，侧型芯滑块6随动模同时移动，待止动销7全部离开侧型芯滑块6后，侧型芯滑块6才在斜导槽的作用下侧向移动，将侧型芯从塑件侧凹中抽出，然后推杆1将塑件推出。止动销7的作用是在成型时锁紧滑块，以防止其可能产生的位移。

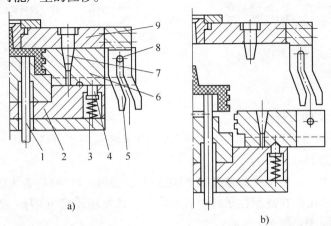

图2-152　斜导槽侧抽芯机构

1—推杆　2—动模板　3—弹簧　4—顶销　5—斜导槽板　6—侧型芯滑块　7—止动销　8—圆柱销　9—定模板

（4）齿轮齿条抽芯机构　斜导柱、斜滑块等侧向抽芯机构适用于抽芯距较短的塑件，当塑件上的侧向抽芯距较长时，特别是抽芯与开模方向成夹角时，可采用齿轮齿条侧抽芯机构。

如图 2 - 153 所示是应用于带斜孔塑件的齿轮齿条抽芯机构。传动齿条 5 固定在定模板 3 上，齿轮 4 和齿条型芯 2 固定在动模板 7 内。开模时，动模部分向下移动，齿轮 4 在传动齿条 5 的作用下作逆时针方向转动，从而使与之啮合的齿条型芯 2 向右下方向运动而抽出侧向型芯。推出机构动作时，推杆 9 将塑件从型芯 1 上脱下。合模时，传动齿条 5 插入动模板 7 上对应孔内与齿轮 4 啮合，顺时针转动的齿轮 4 带齿条型芯 2 复位，然后锁紧装置将齿轮 4 或齿条型芯 2 锁紧。

图 2 - 154 所示是传动齿条固定在动模侧的结构。开模时，包在齿条型芯 2 上的塑件从型腔中脱出，主流道凝料在拉料杆 1 作用下从主流套衬套中脱出，与塑件一起留在动模侧。当传动齿条推板 12 与注射机上的顶杆接触时，传动齿条 8 静止不动，而动模部分继续后退，使齿轮 4 作逆时针方向转动，带动与之啮合的齿条型芯 2 作斜侧方向抽芯；抽芯完毕后，顶杆推板 10 与齿条固定板 11 接触，顶出动作开始，推杆 3 将塑件从动模板中推出。

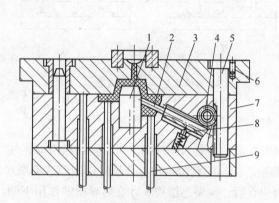

图 2 - 153　传动齿条固定在定模侧的结构
1—型芯　2—齿条型芯　3—定模板
4—齿轮　5—传动齿条　6—止转销
7—动模板　8—定位销　9—推杆

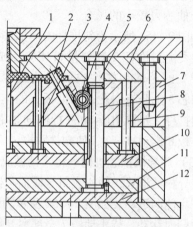

图 2 - 154　传动齿条固定在动模侧的结构
1—拉料杆　2—齿条型芯　3—推杆
4—齿轮　5—传动齿条复位杆　6—定模板
7—动模板　8—传动齿条　9—推杆复位杆
10—推板　11—传动齿条固定板
12—传动齿条推板

【任务实施】

1. 分析塑件的结构工艺性

如图 2 - 136 所示瓶坯为中空水瓶的半成品。由于该瓶用于日常饮用水的储存携带，所以必须用无味无毒的塑料成型。

生产实训过程中，瓶坯选择的是聚碳酸酯（PC）塑料，PC 材料为无色无味无毒的透明粒料，韧而刚，抗冲击性在热塑性塑料中名列前茅，该瓶坯质量为 67g，颜色为白色（也可添加色料，获得不同颜色瓶坯）。

瓶坯整体呈试管状，长度为 159mm，口部为 M40 的外螺纹，用以与瓶盖连接。最外端

为 $\phi46\text{mm}$ 的凸台，口部螺纹壁厚较大，管状部分壁厚较小，从薄壁到厚壁以圆弧过渡，其平均壁厚4mm，壁厚较均匀，可以大批量注射成型生产。为便于脱模，瓶坯上部40mm处设置30′的脱模斜度。瓶坯的成型质量直接决定中空瓶的质量高低，为保证瓶坯质量，同时减少浇注系统凝料的消耗，模具采用点浇口热流道模具结构。

根据瓶坯的结构特点和注射机工艺参数，为了减少模具开模行程，采用侧抽芯机构注射模具成型。

2. 分型面的选择

瓶坯质量小，生产批量较大，采用1模2腔结构，对称布置型腔。

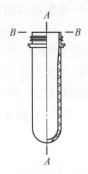

图2-155　分型面位置

考虑分型面选择原则及塑件的质量要求，本实例中瓶坯分型面的位置如图2-155所示。水平分型面选在瓶坯的口部断面处，如图2-155中 B—B 所示的位置；垂直分型面选在瓶坯管状中心线所在位置，如图2-155中 A—A 所示，使管状型腔为对称结构。

A—A 分型面将在瓶坯外表面上留下垂直分型痕迹，一方面可借助 Moldflow 软件优化模具设计方案和工艺参数，使分型痕迹减小；另一方面，瓶坯是中间产品，经生产实践验证，该瓶坯成型的最终产品——中空瓶，完全满足外观质量要求。

3. 浇注系统的设计

瓶盖一级浇口采用点浇口成型，其结构形式如图2-156所示。点浇口长为8mm，大端直径 $\phi2\text{mm}$，分流道截面为半圆形，分流道长度为80mm，主流道为圆锥形，上端直径与注射机喷嘴配合，下端直径为 $\phi6\text{mm}$，该模具属于多型腔热流道注射模具，增加了热流道板，用于对主流道和分流道内的塑料熔体加热，确保其在成型周期内始终保持熔融状态。由于二级浇口为主流道型浇口，所以成型后的瓶坯上仍有小段二级直浇口的凝料产生，该小段凝料需借助工具手工切除，浇口痕迹需磨平。

因为 PC 材料的瓶坯外观要求较高，浇口位置应用 Moldflow 选取。首先，将瓶坯模型以 IGES 格式导入，如图2-157所示。其次对导入的瓶坯模型进行网格划分，如图2-158所示。然后设定分析类型为"浇口位置"，其目的是根据"最佳浇口位置"的分析结果设定浇口位置，避免了由于浇口位置设置不当导致瓶坯的缺陷，分析的结果图像如图2-159所示，最佳位置为瓶坯的中部外表面和瓶坯下部中央，但是浇口设置在中部外表面影响外表美观，所以最佳位置在瓶坯下部中央。

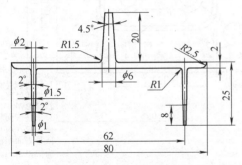

图2-156　点浇口浇注系统

图2-157　瓶坯模型

图 2-158　瓶坯网格模型　　　　　　图 2-159　结果图像

4. 成型零件的设计

（1）成型零件的结构设计　成型零件的结构设计主要包括型芯和凹模的结构设计。型芯采用整体式结构，主要成型瓶坯内部形状，如图 2-160 所示。凹模采用组合式结构，在定模板上加工出型腔（见图 2-161），用于成型瓶坯的大部分外部形状，口部螺纹部分采用动模镶件成型，镶件采用对拼结构，分别装配于左右两侧的滑块上，由弯销驱动滑块，使动模镶件动作（见图 2-162）。

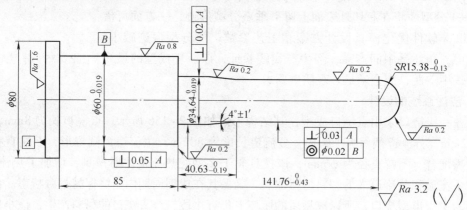

图 2-160　型芯结构

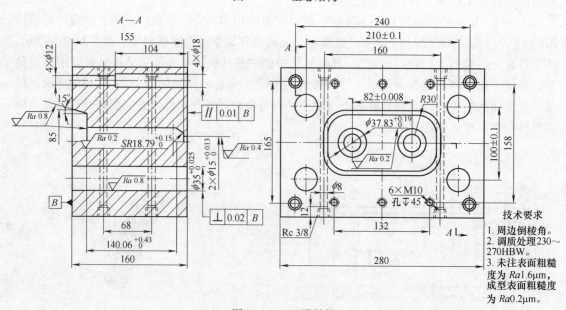

技术要求
1. 周边倒棱角。
2. 调质处理230～270HBW。
3. 未注表面粗糙度为 Ra1.6μm，成型表面粗糙度为 Ra0.2μm。

图 2-161　凹模结构

（2）成型零件工作尺寸的计算　瓶坯塑件尺寸未注公差参照 GB/T 14486—2008，等级公差选取 IT5 级，其结果见表 2 - 26 中"标注公差的塑件尺寸"。

由于瓶坯材料为 PC，其最小收缩率为 0.5%，其最大收缩率为 0.8%，所以平均收缩率为 $S = \dfrac{S_{max} + S_{min}}{2} = 0.65\%$，按平均收缩率计算瓶坯凹模和侧型芯的工作尺寸，其结果见表 2 - 27。

表 2 - 27　瓶坯尺寸公差及成型零件工作尺寸计算　　　　　（单位：mm）

零件名称	尺寸类别	塑件基本尺寸	标注公差的塑件尺寸	计算公式	成型零件工作尺寸
凹模	径向尺寸	SR19.00	$SR\,19.00^{\ 0}_{-0.44}$	$L_{M} = \left[L_{s} + L_{s}S - \dfrac{3}{4}\Delta \right]^{+\delta_{z}}_{0}$	$SR18.79^{+0.15}_{\ 0}$
		$\phi38.00$	$\phi\,38.00^{\ 0}_{-0.56}$		$\phi37.83^{+0.19}_{\ 0}$
	深度尺寸	140.00	$140.00^{\ 0}_{-1.28}$	$H_{M} = \left[H_{s} + H_{s}S - \dfrac{2}{3}\Delta \right]^{+\delta_{z}}_{0}$	$140.06^{+0.43}_{\ 0}$
型芯	径向尺寸	$\phi34.00$	$\phi\,34.00^{+0.56}_{\ 0}$	$l_{M} = \left[l_{s} + l_{s}S + \dfrac{3}{4}\Delta \right]^{0}_{-\delta_{z}}$	$\phi34.64^{\ 0}_{-0.19}$
		SR15.00	$SR\,15.00^{+0.38}_{\ 0}$		$SR15.38^{\ 0}_{-0.13}$
	高度尺寸	40.00	$40.00^{+0.56}_{\ 0}$	$h_{M} = \left[h_{s} + h_{s}S + \dfrac{2}{3}\Delta \right]^{0}_{-\delta_{z}}$	$40.63^{\ 0}_{-0.19}$
		140.00	$140.00^{+1.28}_{\ 0}$		$141.76^{\ 0}_{-0.43}$
侧型芯	径向尺寸	$\phi46.00$	$\phi\,46.00^{\ 0}_{-0.84}$	$l_{M} = \left[l_{s} + l_{s}S + \dfrac{3}{4}\Delta \right]^{0}_{-\delta_{z}}$	$\phi46.86^{\ 0}_{-0.28}$
		M40.00	$M\,40.00^{\ 0}_{-0.76}$	$D_{M} = \left[d_{s}(1 + S) - \Delta \right]^{+\delta_{z}}_{0}$	$M39.50^{\ 0}_{-0.76}$
	高度尺寸	15.00	$15.00^{\ 0}_{-0.38}$	$h_{M} = \left[h_{s} + h_{s}S + \dfrac{2}{3}\Delta \right]^{0}_{-\delta_{z}}$	$15.35^{\ 0}_{-0.13}$
		2.00	$2.00^{\ 0}_{-0.20}$		$2.15^{\ 0}_{-0.07}$
		4.00	$4.00^{\ 0}_{-0.24}$		$4.19^{\ 0}_{-0.08}$

5. 侧抽芯机构的设计

瓶坯口部 M40 的外螺纹，采用侧抽芯机构成型。

由于瓶坯侧向抽芯距离较长，抽芯力较大，所以选用弯销抽芯机构抽芯。

（1）抽芯力和抽芯距的计算

1）抽芯力 F_{c} 的计算。由式（2 - 11）可计算侧抽芯力为

$$F_{c} = Ap(\mu\cos\alpha - \sin\alpha)$$

$$= 6.5 \times 10^{-2} \times 1 \times 10^{7} \times (0.2 \times \cos0.5° - \sin0.5°)N$$

$$= 3.23 \times 10^{4}N$$

2）抽芯距的计算。瓶坯螺纹牙型高度只有 1mm，但开模时侧型芯滑块要抽出到不妨碍瓶坯脱模的位置，所以，抽芯距至少要大于瓶坯的半径再加安全值，即抽芯距 $S = (40/2 + 3)$ mm $= 23$mm。

（2）弯销的设计

1）弯销的结构和固定方式。弯销结构如图 2 - 162 所示，由于瓶坯进料口选在底部中央位置，模具所需的开模行程大，为了便于脱模，将弯销装配于动模一侧的型芯固定板上，对

称布置在模具两侧面。

　　2) 弯销侧抽芯的相关尺寸。根据抽芯力和抽芯距的计算结果，弯销的倾斜角 α 确定为23°。弯销的工作段尺寸包括工作段厚度、工作段宽度及弯销与滑块孔之间的配合间隙。

　　弯销的工作段厚度 a 可按式（2-30）计算

$$a = \sqrt[3]{\frac{9FH}{[\sigma]\cos^2\alpha}}$$

$$= \sqrt[3]{\frac{9 \times 1.24 \times 10^5 \times 26}{\cos^2 23° \times 137.2}}\text{mm} = 63\text{mm}$$

　　为保持弯销工作的稳定性，在一般情况下，弯销工作段宽度按下式计算

$$b = \frac{2}{3}a = \frac{2}{3} \times 63\text{mm} = 42\text{mm}$$

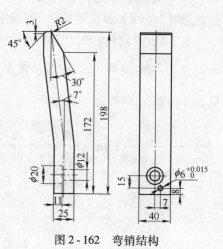

图 2-162　弯销结构

　　弯销与侧滑块上连接的支承块在孔方向上的配合尺寸（见图2-148）为 $a_1 = a + 1\text{mm} = 64\text{mm}$，在垂直方向上与滑块孔之间的配合间隙为 $\delta_1 = 0.8\text{mm}$。

　　6. 推出机构的设计

　　由于瓶坯整体为试管形，内孔深155mm，所需推出行程较大，所以利用模具的开模过程来实现塑件的脱模。

　　由于推件板推出力大而均匀，塑件不易变形，表面无推出痕迹，所以采用推件板推出机构。如图2-164所示，开模时，在定距拉杆15的作用下，使推件板4把塑件从型芯6上脱下。

　　7. 模温调节系统的设计

　　瓶坯是水瓶的半成品，且PC材料是无色透明的，要求模具温度较高，为了保证中空水瓶成型的质量，避免壁厚不均、表面产生熔接痕和底部裂纹等成型缺陷；同时由于PC材料价格较贵，为了减少浇注系统凝料的消耗，降低生产成本，瓶坯模具采用热流道注射模具成型。

　　由于该瓶坯生产量较大，为了提高生产效率，又设计了冷却系统，所以该模具模温调节系统包括加热系统和冷却系统的设计。

　　（1）加热系统的设计　在定模座板和定模板之间加设加热流道板，流道板中开设有加热孔道，孔内插入电热棒，对浇注系统流道内的塑料熔体实施加热，确保其在整个成型周期内塑料始终保持熔融状态，以减少浇注系统凝料的产生。

　　由于该模具二级浇口为主流道型浇口，其补缩作用好，但浇口设计在型腔板上，所以成型后的瓶坯上带有一小段直浇口的冷料头。

　　（2）冷却系统的设计　瓶坯模具的冷却采用凹模冷却回路，采用与型芯底面相垂直的管道及底部的横向管道形成的冷却回路，为了使冷却水沿着冷却回路流动，在直管道中设置有隔板。

　　8. 设计和制作瓶坯注射模具结构

　　（1）注射模具装配图的绘制　绘制塑料模具装配图，需要注意以下几点：

1）布置图面及选定比例。遵守有关制图的国家标准的规定（GB/T 14689—2008），按照模具设计中习惯或特殊规定的绘制方法作图。塑料模具装配图的布置如图2-163所示。

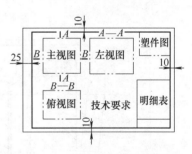

图2-163　塑料模具装配图的布置

2）塑料模具装配图绘制顺序。绘制主视图时，按"先里后外，由上而下"的次序，即先绘制产品零件图、型芯、型腔及镶件等；绘制俯视图时，将模具沿注射方向"打开"定模，沿着注射方向分别从上往下看已打开的定模和动模，绘制俯视图，并与主视图长对正；模具工作位置的主视图一般应按模具闭合状态画出。绘制时，应与计算工作联合进行，画出它的各部分模具零件结构图，并确定模具零件的尺寸。

3）塑料模具装配图绘制要求。一般用主视图和俯视图表示模具结构。主视图上尽可能将模具的所有零件画出，可采用全剖视或阶梯剖视；在剖视图中剖切到型芯等旋转体时，其剖面不画剖面线，有时为了结构清晰，非旋转形的型芯也可不画剖面线；绘制的模具要处于闭合状态，也可一半处于工作状态，另一半处于非工作状态；俯视图可只绘出动模或定模、动模各半的视图。

4）塑件图绘制要求。塑件图一般布置在装配图的右上角，并注明材料名称、厚度及必要的尺寸；塑件图的比例与装配图上的一致，特殊情况可放大或缩小；塑件图的方向应与模塑成型方向一致。

5）塑料模具装配图的技术条件。在塑料模具装配图中，要注明的技术条件主要包括所选设备型号，该模具的结构特征、动作原理、模具的闭合高度，以及模具打的印记、模具的装配要求等。

6）塑料模具装配图上应标注的尺寸。如模具闭合的外形尺寸、特征尺寸（与成型设备配合的定位尺寸）、装配尺寸（安装在成型设备上的螺钉孔中心距）、极限尺寸（活动零件移动起止点）。

（2）瓶坯模具总装图的绘制　瓶坯模具结构为侧抽芯热流道注射模具，为保证PC材料瓶坯的成型质量，加设热流道板和凹模冷却的方式控制模具温度。浇口类型选用点浇口，具有两个分型面，为控制分型面打开的先后顺序和打开的距离，设置定距顺序分型机构。采用弯销抽芯机构抽芯脱出螺纹。由于瓶坯内孔深155mm，所需推出行程较大，所以当推件板把塑件从型芯上脱离后采用手动取出产品。该模具结构装配图、模具三维图及模具实体图如图2-164、图2-165和图2-166所示。

（3）模具工作原理分析　如图2-164所示，开模时，在注射机开模力的作用下，弯销16随动模部向下运动，延时距离结束后，弯销上倾角部分与支承块18上的孔接触，支承块18驱动侧型芯滑块5使螺纹镶件17分别向模具两侧面运动，当抽芯距达到23mm时，侧型芯滑块5抽出到不妨碍塑件脱模的位置；随着开模行程不断增大，瓶坯从型腔板7脱出，此时，定距拉杆15与型腔板7接触，定距拉杆上的限位螺母20使推件板4把塑件从型芯6上脱下，最后手动取出产品。

在整个开模过程中，弯销16始终不脱离支承块18上的孔，以驱动侧型芯滑块5完成抽芯和复位动作，所以侧型芯滑块5不需要设置锁紧块。

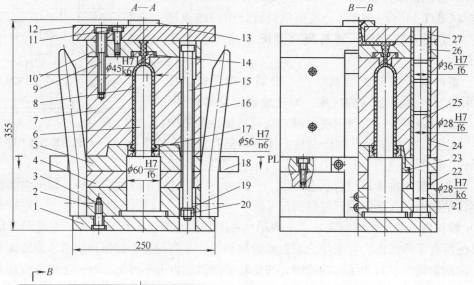

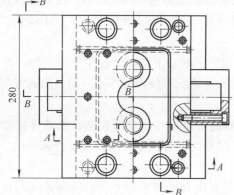

图 2-164　瓶坯模具装配图

1—动模座板　2—型芯固定板　3、9、11、21—螺钉
4—推件板　5—滑块　6—型芯　7—型腔板　8—塑件
10—热流道板　12—定模座板　13——级浇口套
14—二级浇口套　15—定距拉杆　16—弯销
17—镶件　18—支承块　19—垫圈　20—限位螺母
22、23、24、26、27—导套　25—导柱

图 2-165　瓶坯模具三维图

图 2-166　瓶坯模具实体图

　　由于该模具浇注系统设计有加热流道板，使一级主流道、分流道和点浇口中的塑料熔体始终保持熔融状，所以脱模后的瓶坯仅带有二级主流道型浇口的一小段凝料，该段凝料需手工切除，并打磨浇口痕迹。

9. 注射成型工艺卡的编制

　　选用震德 JN168—E 型卧式注射机试模并生产，其注射成型工艺参数可参考表 2-28。

表 2-28 瓶坯注射成型工艺卡片

单位	××××学院			产品名称	水瓶	零件名称	瓶坯	
名称	瓶坯注射成型工艺卡片			产品图号		零件图号		
原料	名称	形状	单件质量	每模件数	每模用量	原料及塑件处理		
	PC	粒料	67g	2	134.05g	名称	设备	温度/℃	时间/h
嵌件	图号		名称		数量	预处理	烘箱	120±5	4~6

工 艺 参 数

温度/℃					射胶/MPa				时间/s		
喷嘴	料筒前段	料筒中段	料筒后段	热流道	段数	压力	速度	位置	注射	保压	冷却
45%	240	250	240	220	第一段	85%	35%	45mm	6.0		35.0
					第二段	80%	45%	10mm			
					第三段	65%	30%	5mm			

储料/熔胶				锁 模			
段数	压力	速度	位置		快速锁模	低压锁模	高压锁模
第一段	85%	35%	45mm	压力	75%	20%	70%
第二段	80%	25%	55mm	速度	65%	25%	40%
松退	30%	30%	5mm	位置	100mm	1500p	100p

保 压			脱 模				开 模			
速度	压力	时间		压力	速度	位置		开模慢速	开模快速	开模终止
20%	40%	2s	顶出	40%	30%		压力	50%	45%	20%
			顶退	30%	30%		速度	30%	66%	20%
			抽芯1				位置	2000p	250mm	300mm
			抽芯2							

车间	工序	工序名称及内容	设备	模具	工具	准备-终结时间/min	单件工时额定/min
	1	生产准备 (1)按图样及工艺文件,领用模具及材料; (2)预烘材料(干燥); (2)安装模具,调整机床	烘箱		搪瓷盘扳手、起重机		
	2	注射成型	JN168—E	注射模			
	3	检验					
	4	去除凝料、飞边、打磨痕迹			自制刀片		
	5	退火处理	烘箱				
	6	检验					
	7	交货					

（续）

塑件简图

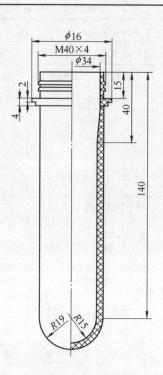

更改标记	数量	更改单号	签名	日期		签名	日期	
								第1页
					制订			
					审核			第1页
					批准			

注：本表工艺卡中各参数含义同表2-13。

10. 选择模架

由于瓶坯高度尺寸较大，模具型腔板的厚度尺寸较大，考虑实训室现有成型设备的工艺参数，决定采用自制模架。

自制模架模具的外形尺寸为280mm×200mm×240mm。

11. 校核注射机有关参数

震德 JN168—E 卧式注射机的有关参数参照本项目任务2，瓶坯注射模具外形尺寸小于注射机拉杆间距和最大模具厚度，可以方便地安装在注射机上。经校核，注射机的最大注射量、注射压力、锁模力和开模行程等参数均能满足使用要求，所选注射机可用。

经实训过程的生产验证，该模具工作原理正确，结构合理，能生产合格的瓶坯制品。

教学组织实施建议：由观察不同种类、形状及颜色的管（瓶）坯（见图2-167）引出问题。可采用分组讨论法、卡片式教学法、逆向思维教学法、分析汇总教学法。

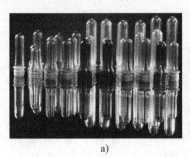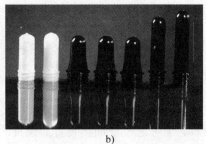

a)   b)

图 2 - 167   不同瓶坯

a) 饮料瓶瓶坯   b) 药瓶瓶坯

【完成学习工作页】

根据教学目标要求,下达表 2 - 29 瓶坯注射模具设计与制作完成学习工作页,根据工作页的要求,完成教学任务。

表 2 - 29   瓶坯注射模具设计与制作完成学习工作页 (项目 2 任务 3)

项目名称		注射模具的设计与制作	校内导师	
			校外导师	
任务单号		Sj – 005	校企合作企业	
任务名称		瓶坯模具设计与制作	填表人		负责人	
任务资讯	产品类型	日用型	客户资料	产品图样 (1) 张,样品 (1) 件
	任务要求	1. 模具设计按实训室卧式注射机设计 ( ) 2. 模具与注射机连接方式:螺钉固定 ( ),压板固定 ( ) 3. 模具一模 ( ) 腔,产品材料 ( ),收缩率 ( ) 4. 模具结构:二板模 ( ),三板模 ( ),热流道模 ( ),其他形式 ( ) 5. 浇口形式:直浇口 ( ),侧浇口 ( ),点浇口 ( ),其他 ( ) 6. 模具排气方式:分型面 ( ),模具配合间隙 ( ),排气槽 ( ) 7. 模具定位圈:需要 ( ),不需要 ( ) 任务下达时间:_____;要求完成时间:_____		
任务计划	识读任务			
	必备知识			
	模具设计			
	塑料准备			
	设备准备			
	工具准备			
	劳动保护准备			
	制订工艺参数			
决策情况				
任务实施				
检查评估				
任务总结				
任务单会签		项目组同学	校内导师	校外导师	教研室主任

【知识拓展】

一、模具加热系统的设计

若注射成型工艺要求模具温度在 80℃ 以上，当对大型模具进行预热时，或者采用热流道模具时，模具必须考虑设置加热装置。模具的加热方法有多种。对大型模具的预热除了采用电加热方法外，还可在冷却水管中通入热水、热油、蒸汽等介质进行预热；对模温高于 80℃ 的注射模或热流道注射模，一般采用电加热的方法。

电加热可分为电阻丝加热和电热棒加热，目前，多采用电热棒加热的方法。电热棒有多种成品规格可供选择。在设计模具时，要先计算加热所需的电功率，加工好安装电热棒的孔，然后将购置的电热棒插入其中，接通电源即可加热。

电加热装置加热模具的总功率也可根据经验先查表，取得单位质量模具所需的电功率 q，然后乘以模具质量即可得到所需的电功率，即

$$Q = mq \qquad (2 - 31)$$

式中　Q——加热模具所需的总功率（W）；

　　　m——模具的质量（kg）；

　　　q——单位质量模具所需的电功率（W/kg），见表 2 - 30。

表 2 - 30　单位质量模具加热所需的电功率　　　　（单位：W/kg）

模具类型	q 值	
	电热棒加热	电热圈加热
大型（>100kg）	35	60
中型（40~100kg）	30	50
小型（<40kg）	25	40

二、先复位机构

当采用斜导柱设计在定模、滑块设计在动模的注射模结构时，设计过程中必须注意避免侧向型芯与推杆（推管）在合模复位过程中发生"干涉"现象，如图 2 - 168 所示。所谓干涉现象，就是指滑块的复位先于推杆的复位，致使活动侧型芯与推杆相碰撞，造成活动侧型芯或推杆损坏。

如图 2 - 169 所示，避免干涉的条件是：推杆端面至侧型芯的最近距离 H 要大于侧型芯与推杆（或推管）在水平方向的重合距离 S 和 $\cos\alpha$ 的乘积，即 $H > S\cos\alpha$，一般大于 0.5mm 左右。

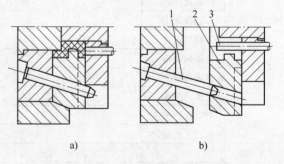

a)　　　　　　　　b)

图 2 - 168　干涉现象

a）在侧型芯投影下设有推杆　b）即将发生干涉现象

1—斜导柱　2—侧型芯滑块　3—推杆

为了避免干涉，常常需要设计先复位机构，以确保推杆先于活动侧型芯复位，常用的有以下几种形式：

（1）弹簧先复位机构 弹簧复位是利用弹簧的弹力使推出机构复位的。复位弹簧的作用是在注射机顶杆退回后，模具的定、动模合模之前，就将推出机构退回原位，如图 2-170 所示。

为了避免工作时弹簧扭斜，可将弹簧安装在导杆（见图 2-170 中件 4）上。复位弹簧宜采用矩形蓝弹簧。

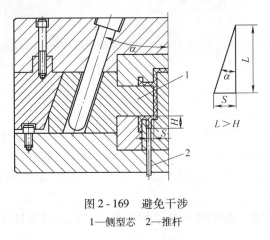

图 2-169 避免干涉
1—侧型芯 2—推杆

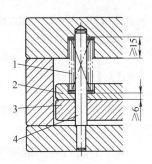

图 2-170 弹簧先复位机构
1—复位弹簧 2—推杆固定板
3—推板 4—导杆

（2）摆杆先复位机构 如图 2-171 所示，模具打开，塑件被推出；模具合模时，装配在定模的楔杆 1 会先接触到摆杆 3，摆杆 3 再推动推出机构使其复位，以避免干涉现象。

摆杆先复位机构通常做两个，一般对称布置于模具两侧或对角布置。由于先复位机构装配在模架的侧面，为了不压坏机构，模架的侧面应加装四个支承柱，见图 2-171a 中件 2。

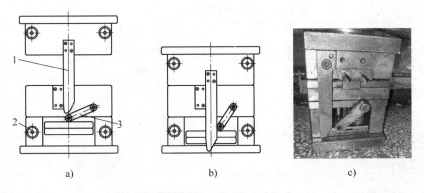

a) b) c)

图 2-171 摆杆先复位机构
a）楔杆接触摆杆初始状态 b）合模状态 c）模具实物图
1—楔杆 2—支承柱 3—摆杆

（3）蝴蝶夹先复位机构 常见的有单蝴蝶夹（见图 2-172）和双蝴蝶夹（见图 2-173）两种形式。其工作原理与摆杆先复位机构相同，但复位效果比摆杆先复位机构好，复位快。通常数量为两件，对称布置于模具两侧或对角布置。

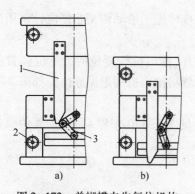

图 2 - 172　单蝴蝶夹先复位机构

a）楔杆接触蝴蝶夹初始状态　b）合模状态

1—楔杆　2—支承柱　3—蝴蝶夹摆杆

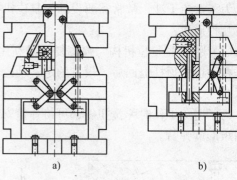

图 2 - 173　双蝴蝶夹先复位机构

【小贴士】

☞ 对于大型深腔壳体塑件的成型或用软塑料成型的塑件，塑料熔体充满整个型腔，型腔内的气体被排除，塑件与型芯间容易形成真空，造成脱模困难，为此应考虑增设引气机构。

☞ 滑块的滑行方向取决于塑件结构和塑件在模具中的摆放位置，其优先原则：能左右，不上下；能下不上；能右不左。

☞ 斜滑块和斜推杆抽芯机构的选择，应遵循"能用外滑块不用斜推杆，能用斜推杆不用内滑块"的原则。

☞ 冷却系统的设计技巧：善于利用隔板和堵头控制水流方向。

【教学评价】

完成任务后，学生应进行自我评价和小组成员间的评价，分别见表 2 - 31 和表 2 - 32。

表 2 - 31　学生自评表（项目 2 任务 3）

项目名称	注射模具的设计与制作		
任务名称	侧抽芯机构注射模具设计与制作		
姓名		班级	
组别		学号	
评价项目		分值	得分
材料选用		10	
塑件成型工艺分析		10	
注射成型工艺参数确定		10	
模具结构设计		10	
模具安装与调试		10	
注射机操作规范		10	
产品质量检查评定		10	
工作实效及文明操作		10	
工作表现		10	
创新思维		10	
总计		100	

（续）

个人的工作时间：	提前完成	
	准时完成	
	超时完成	
个人认为完成的最好的方面		
个人认为完成的最不满意的方面		
值得改进的方面		
自我评价：	非常满意	
	满意	
	不太满意	
	不满意	
记录		

表 2-32　小组成员互评表（项目 2 任务 3）

项目名称		注射模具的设计与制作					
任务名称		侧抽芯机构注射模具设计与制作					
姓名				组别			
评价项目	分值	小组成员					
		组长	组员 1	组员 2	组员 3	组员 4	组员 5
分析问题的能力	10						
解决问题的能力	20						
负责任的程度	10						
读图、绘图能力	10						
文字叙述及表达	5						
沟通能力	10						
团队合作精神	10						
工作表现	10						
工作实效	10						
创新思维	5						
总计	100						
小组成员		组长	组员 1	组员 2	组员 3	组员 4	组员 5
签名							
记录							

任务 4　螺纹塑件注射模具设计与制作

螺纹是用于塑料产品的紧固或装配零件连接的一种常见形式。如图 2 - 174a 所示为内螺纹塑件，图 2 - 174b 所示为外螺纹塑件。通常，塑件上的内螺纹用螺纹型芯成型，外螺纹由螺纹型环成型。由于螺纹的特殊性，螺纹部分的模具结构有所不同，其脱出螺纹的方式也各异。

a)　　　　　　　　　b)

图 2 - 174　螺纹塑件

如图 2 - 91 所示瓶盖，内部为 M38.4 的内螺纹，用来与水瓶瓶口外螺纹相联接，要求联接可靠，配合间隙不漏水，密封性好。在任务 2 中已完成对瓶盖模具类型、浇注系统、成型零件和冷却系统等的设计。本任务主要完成成型 $\phi20mm$ 大孔和 $\phi3mm$ 小孔的侧抽芯机构、脱出机构、旋转方式脱螺纹机构，以及螺纹型芯的尺寸计算等，通过本任务的实施，达到设计与制作瓶盖三板式注射模具的目的。

【知识准备】

一、推出系统的设计

塑件的推出是注射过程中的最后一个环节，推出质量好坏将直接影响塑件的质量。在任务 2 中已介绍了推出系统的组成、脱模力的确定及推杆推出机构的设计等内容，这里主要介绍其他推出机构的设计。

1. 推管推出机构

推管推出机构的模具结构如图 2 - 175 所示，其推出运动方式和推杆推出机构基本相同。推管的装配方法和推杆一样，而型芯装在模架座板上，当型芯数量较多时，用压板固定（见图 2 - 175a），单个型芯可用无头螺钉紧固（见图 2 - 175b）。

由于推管是一种空心推杆，故整个周边接触塑件，推出塑件的力量较大且均匀，塑件不易变形，也不会留下明显的推出痕迹。但推管制造和装配麻烦，成本高；推出塑件时，内外圆柱面同时摩擦，易磨损出飞边。它主要用于圆筒形塑件、环形塑件和塑件带孔部分的推出。

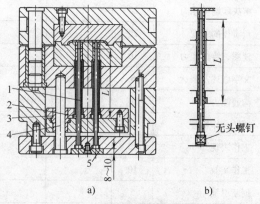

a)　　　　　　　　b)

图 2 - 175　推管推出机构
1—型芯　2—推管　3—推板导套
4—推板导柱　5—压板

常用的推管形状如图 2 - 176 所示，其中图 2 - 176a 为直推管，图 2 - 176b 为阶梯推管，对于细长推管，为提高其刚度，应做成底部加粗的阶梯形。

推管长度 L 取决于模具大小和塑件的结构尺寸，外购时，在装配图的基础上加 5mm 左右，取整数。

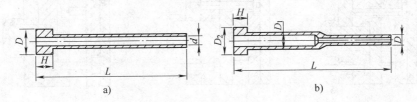

图 2 - 176　推管的形状

a）直推管　b）阶梯推管

推管的固定形式应适应于型芯的固定形式，如图 2 - 177 所示。其中图 2 - 177a 所示为型芯固定在动模座板上，这种结构型芯较长，常用在推出距离不大的场合；图 2 - 177b 所示为用方销将型芯固定在动模板上，推管在方销的位置处开槽，槽的长度应大于推出距离。这种结构中型芯较短，但型芯紧固力小，只适用于受力不大的型芯；图 2 - 177c 所示为推管在模板内滑动的形式，这种结构可以缩短推管和型芯的长度，但增加了动模板的厚度。

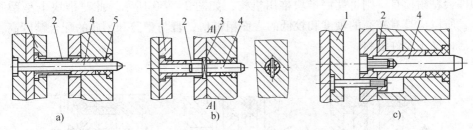

图 2 - 177　推管的固定方式

1—推管固定板　2—推管　3—方销　4—型芯　5—塑件

2. 推件板推出机构

推件板又称脱模板，其模具结构如图 2 - 178 所示，推件板 2 通过螺钉和推杆 3 与推杆固定板 5 连接在一起，定、动模板打开后，注射机顶杆推动推板 6，使推杆 3 推动推件板 2，将塑件脱出模具。

推件板推出具有推出力大而均匀、运动平稳的特点，适用于薄壁、深腔塑件，各种罩壳形塑件，以及表面不允许有推出痕迹的塑件。

推件板推出机构的结构形式如图 2 - 179 所示，其中图 2 - 179a、b 是两种常用的结构形式。图 2 - 179a 由推杆 3 推动推件板 4 将塑件从型芯上推出，这种结构的导柱 5 应足够长，并且要控制好推出行程，以防

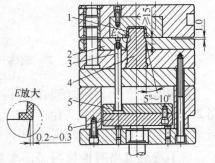

图 2 - 178　推件板推出机构

1—塑件　2—推件板　3—推杆
4—型芯　5—推杆固定板　6—推板

止推件板脱落；图 2 - 179b 为推杆头部与推件板用螺纹联接的结构，可避免推件板脱落；图 2 - 179c 是推件板镶入动模板内的结构。

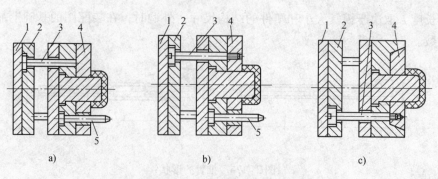

图 2 - 179　推件板推出机构

1—推板　2—推杆固定板　3—推杆　4—推件板　5—导柱

为了减少推出过程中推件板与型芯之间的摩擦，推件板内孔要比型芯成型部分大 0.2 ~ 0.3mm（见图 2 - 178 中的"*E* 放大"），并采用锥面配合，锥面斜度取 5° ~ 10°左右（见图 2 - 178），以防止推件板因偏心而溢料。

3. 推块推出机构

对于平板状带凸缘的塑件，表面不允许有推杆痕迹，且平面度要求较高，如用推件板推出时塑件会粘附模具，则可使用推块推出机构，如图 2 - 180 所示。此时推块也是型腔的组成部分，所以应具有较高的硬度和较低的表面粗糙值，且与型腔和型芯的配合精度高，要求滑动灵活，又不允许溢料。

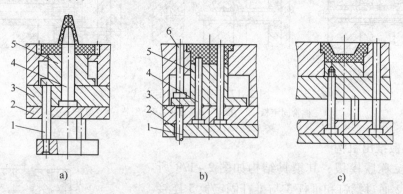

图 2 - 180　推块推出机构

1—连接推杆　2—支承板　3—型芯固定板　4—型芯　5—推块　6—复位杆

推块的复位可以依靠塑料熔体的压力和凹模压力，如图 2 - 180a 所示；也可以采用复位杆复位，如图 2 - 180b、c 所示。但多数情况是两者联合使用。

为了避免推出时推块与型芯摩擦，推块离塑件内部必须有 0.1 ~ 0.3mm（见图 2 - 181 中的局部放大图）的距离，一般为 0.2mm。推块周边必须有 3° ~ 5°斜度，如图 2 - 181 所示。推块底部的推杆必须防转，以保证推块复位可靠。

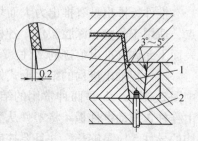

图 2 - 181　推块的设计要求

1—推块　2—推杆

二、螺纹塑件的脱模方式

1. 手动脱出螺纹

如图 2-182 所示，将螺纹型芯或螺纹型环做成活动的，开模后随塑件一起脱模，然后在模外将它们分开，也称模外手动脱螺纹。其中，图 2-182a 为活动螺纹型芯的结构，图 2-182b 为活动螺纹型环结构。手动脱出的模具结构简单，加工方便，但生产效率低，劳动强度大，需两个以上的螺纹型芯或螺纹型环交换使用，适用于小批量生产或试制件。

2. 侧抽芯机构脱出螺纹

对于精度不高的外螺纹，一般采用哈夫块成型，脱螺纹机构采用侧抽芯机构，如图 2-183 所示。图 2-183a 所示为采用斜导柱侧向抽芯机构脱出外螺纹；图 2-183b 所示为采用斜滑块或斜推杆侧向抽芯脱出外螺纹。

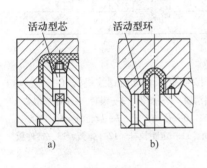

图 2-182　手动脱螺纹

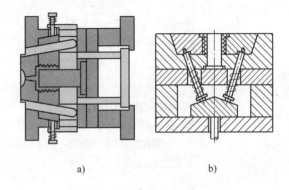

图 2-183　侧抽芯机构脱螺纹

采用哈夫块成型螺纹时，在哈夫块的接合处易产生飞边，去除较困难。因此，常将螺纹制成不连续的，且把分型面选在无螺纹处。如图 2-184 所示，图 2-184a 为连续螺纹，飞边去除困难；图 2-184b 为断续螺纹，飞边易去除。

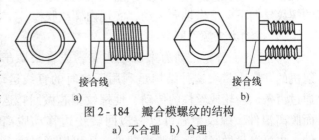

图 2-184　瓣合模螺纹的结构
a) 不合理　b) 合理

3. 强行脱出螺纹

强行脱出螺纹是指利用塑料弹性通过推件板将塑件从螺纹型芯或螺纹型环上脱出。这种模具结构比较简单，用于精度要求不高、螺纹形状比较容易脱出的圆形粗牙螺纹，且塑件采用聚乙烯、聚丙烯等弹性较好的塑料。强行脱模常用于内螺纹塑件的脱出。

如图 2-185 所示，采用强行脱模时，应避免如图 2-185b 中所示用圆弧端面作为推出面，否则塑件脱模困难。

4. 自动脱螺纹机构

（1）自动脱螺纹机构的分类　自动脱螺纹机构结构复杂，加工费时，适用于大批量生产的塑件，且易于实现自动化生产。其主要类型有以下几种：

1）按动作方式分

① 螺纹型芯转动，推件板推动塑件脱离，如图 2 - 186 所示。齿条 8 带动齿轮 6、齿轮 5，再带动齿轮 10，齿轮 10 带动螺纹型芯 4 实现内螺纹脱模。螺纹型芯 4 在旋转的同时，推件板 13 在弹簧 12 的作用下推动塑件脱离模具。

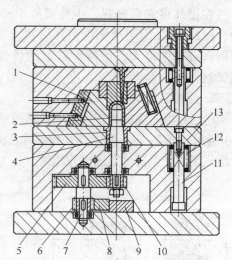

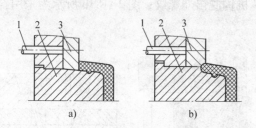

图 2 - 185　强行脱螺纹
a）合理　b）不合理
1—推杆　2—螺纹型芯　3—推件板

图 2 - 186　自动脱螺纹机构（一）
1—斜滑块　2—塑件　3—镶套　4—螺纹型芯
5、6、10—传动齿轮　7—齿轮轴　8—齿条
9—挡块　11—定距拉杆　12—弹簧　13—推件板

② 螺纹型芯转动同时后退，塑件自然脱离，如图 2 - 187 所示。齿条 10 带动齿轮轴 14，齿轮轴 14 带动齿轮 15，齿轮 15 带动螺纹型芯 9，螺纹型芯 9 一边转动，一边在螺纹导管 11 的螺纹导向下向下做轴向运动，实现内螺纹脱模。

2）按动力来源不同分

① 齿条 + 齿轮：动力来源于齿条，或者来源于注射机的开模力量。这种结构是利用开模时的直线运动，通过齿条、齿轮或丝杠的传动，使螺纹型芯做回转运动而脱离塑件，螺纹型芯可以一边回转一边移动脱离塑件，也可以只做回转运动脱离塑件，还可以通过大升角的丝杠螺母使螺纹型芯回转而脱离塑件。

根据螺纹位置不同，常有横向和轴向两种脱模方式。图 2 - 188a 所示为横向脱螺纹结构，开模时，齿条 3 带动螺纹型芯 2 旋转，从而使其成型部分退出塑件，非成型部分旋入套筒螺母 4 内。该机构中，螺纹型芯 2 两端螺纹的螺距应一致，否则脱螺纹无法进行。另外，齿轮的宽度要保证螺纹型芯在脱模和复位过程中，能移动到左右两端极限位置时仍和齿条保持接触。

图 2 - 188b 所示为轴向脱螺纹结构，开模时，齿条

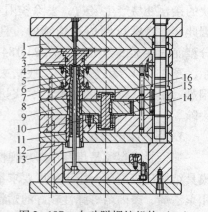

图 2 - 187　自动脱螺纹机构（二）
1—脱浇板　2—压板　3—定模镶件
4、5—动模镶件　6、7—密封圈　8—镶套
9—螺纹型芯　10—齿条　11—螺纹导管
12—螺母　13—推杆　14—齿轮轴
15—传动齿轮　16—轴承

14带动齿轮机构和一对锥齿轮6和7，锥齿轮又带动圆柱齿轮8和9，使螺纹型芯10和螺纹拉料杆13旋转；在旋转过程中，塑件一边脱开螺纹型芯，一边向上运动，直到脱出动模板12为止。螺纹拉料杆的作用是为了把主流道凝料从定模中拉出，使其与塑件一起滞留在动模一侧。

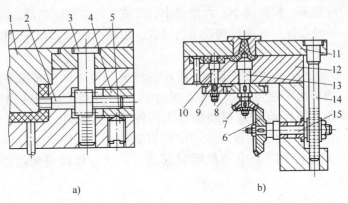

图2-188 自动脱螺纹机构（三）

a）横向脱螺纹机构 b）轴向脱螺纹机构

1—定模型芯 2、10—螺纹型芯 3、14—齿条 4—套筒螺母

5—紧定螺钉 6、7—锥齿轮 8、9—圆柱齿轮

11—定模座板 12—动模板 13—螺纹拉料杆 15—齿轮轴

② 液压缸+齿条：动力来源于液压缸。依靠液压缸给齿条以往复运动，通过齿轮使螺纹型芯旋转，实现内螺纹的脱出，如图2-189所示。

③ 液压马达/电动机+链条：动力来源于电动机。用变速电动机带动齿轮，齿轮再带动螺纹型芯，实现内螺纹的脱出。一般电动机驱动多用于螺纹扣数多的情况，如图2-190所示。

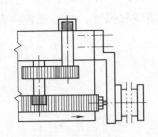

图2-189 自动脱螺纹机构（四）

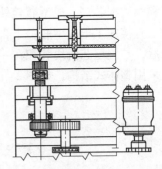

图2-190 自动脱螺纹机构（五）

（2）自动脱螺纹机构设计要点

1）确定螺纹型芯转动圈数

$$U = L/P + U_s \qquad (2-32)$$

式中 U——螺纹型芯转动圈数；

L——螺纹牙长；

P——螺纹牙距；

U_s——安全系数，为保证完全旋出螺纹所加余量，一般为 0.25 ~ 1。

2）确定齿轮模数。模数决定齿轮的齿厚。工业用齿轮模数一般取 $m \geq 2$。

3）确定齿轮齿数。齿数决定齿轮的外径。当传动中心距一定时，齿数越多，传动越平稳，噪声越低。但齿数多，模数就小，齿厚也小，致使其弯曲强度降低，因此在满足齿轮弯曲强度的条件下，尽量取较多的齿数和较小的模数。齿数一般取 $z \geq 17$，螺纹型芯的齿数尽可能少，但最少不小于 14 齿，且最好取偶数。

4）确定齿轮传动比。传动比决定啮合齿轮的转速。传动比在高速重载或开式传动情况下选择质数，目的是为了避免失效集中在几个齿上。传动比还与选择哪种驱动方式有关系，比如采用齿条 + 锥度齿或来福线螺母这两种驱动方式时，因传动受行程限制，需大一点，一般取 $1 \leq i \leq 4$；当选用液压缸或电动机驱动时，因传动无限制，既可以使结构紧凑，节省空间，又有利于降低电动机瞬时起动力，还可以减慢螺纹型芯的旋转速度，一般取 $0.25 \leq i \leq 1$。

【任务实施】

在本项目任务 2 的基础上，本任务主要对瓶盖成型零件、螺纹部分结构、自动脱螺纹及推出机构等进行设计，完成瓶盖复杂注射模具的设计与制作。

1. 塑件螺纹的加工方法

塑件螺纹加工的方法有丝锥加工、车削加工、螺纹圆板牙加工、铣削加工，以及利用模具中的螺纹型芯或螺纹型环一次成型外螺纹或内螺纹。根据塑件结构特点和加工设备情况，合理选择加工方法。

瓶盖螺纹采用螺纹型芯通过模具一次注射成型。

2. 成型零件的设计

（1）成型零件的结构设计　瓶盖成型零件主要包括凹模、$\phi 20 mm$ 的大孔型芯、$\phi 3 mm$ 小孔型芯和螺纹型芯等。成型瓶盖外表面的凹模采用整体式结构，用一块金属加工而成，即在定模板上直接加工出成型瓶盖下部的外部形状，如图 2-191 所示。成型大、小孔的型芯单独加工后，与侧型芯滑块装配在一起。为了增强型芯的刚度和强度，成型瓶盖内表面的螺纹型芯也采用整体式结构，如图 2-192 所示。

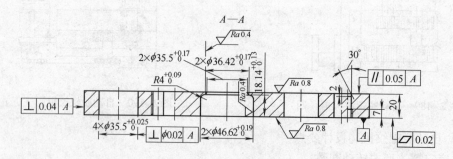

图 2-191　定模板结构

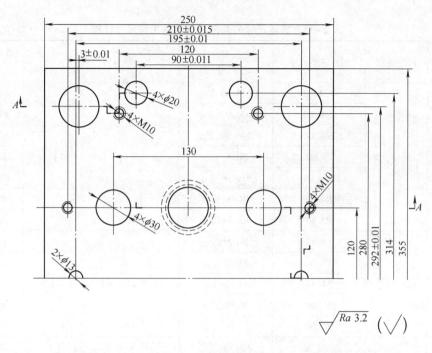

图 2-191 定模板结构（续）

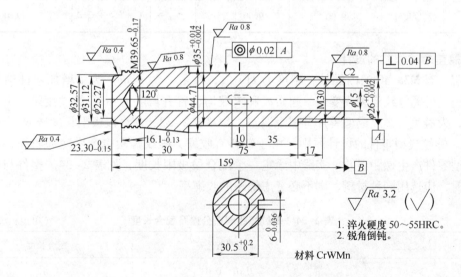

图 2-192 型芯结构

（2）成型零件工作尺寸计算 塑料瓶盖属日用品，除螺纹部分配合尺寸有精度要求外，其他尺寸公差没有严格要求。为了降低模具制造成本，其未注公差等级均采用低精度，按照 GB/T 14486—2008 中的 IT5 级（见表 2-32）公差选取。

瓶盖材料为 PP，其最小收缩率为 1.0%，其最大收缩率为 2.5%，所以平均收缩率为 $S = \dfrac{S_{\max} + S_{\min}}{2} = 1.75\%$，瓶盖成型零件的工作尺寸计算结果见表 2-33。

表 2-33　瓶盖尺寸公差及成型零件工作尺寸计算　　　　（单位：mm）

零件名称	尺寸类别	塑件基本尺寸	标注公差的塑件尺寸	计算公式	成型零件工作尺寸
凹模	径向尺寸	$\phi34.80$	$\phi34.80_{-0.76}^{\ 0}$	$L_M = \left[L_s + L_s S - \dfrac{3}{4}\Delta \right]_0^{+\delta_z}$	$\phi34.84_{\ 0}^{+0.25}$
		$\phi36.00$	$\phi36.00_{-0.56}^{\ 0}$		$\phi36.21_{\ 0}^{+0.19}$
		$\phi46.00$	$\phi46.00_{-0.64}^{\ 0}$		$\phi46.33_{\ 0}^{+0.21}$
		28.00	$28.00_{-0.70}^{\ 0}$		$27.97_{\ 0}^{+0.23}$
		$R16.00$	$R16.00_{-0.58}^{\ 0}$		$R15.85_{\ 0}^{+0.19}$
		$R4.00$	$R4.00_{-0.44}^{\ 0}$		$R3.74_{\ 0}^{+0.15}$
		$R2.50$	$R2.50_{-0.40}^{\ 0}$		$R2.24_{\ 0}^{+0.13}$
	深度尺寸	18.00	$18.00_{-0.38}^{\ 0}$	$H_M = \left[H_s + H_s S - \dfrac{2}{3}\Delta \right]_0^{+\delta_z}$	$18.07_{\ 0}^{+0.13}$
		23.00	$23.00_{-0.44}^{\ 0}$		$23.11_{\ 0}^{+0.15}$
		34.50	$34.50_{-0.56}^{\ 0}$		$34.73_{\ 0}^{+0.19}$
		50.00	$50.00_{-0.64}^{\ 0}$		$50.43_{\ 0}^{+0.21}$
		24.50	$24.50_{-0.50}^{\ 0}$		$24.60_{\ 0}^{+0.17}$
型芯	径向尺寸	$\phi20.00$	$\phi20.00_{\ 0}^{+0.44}$	$l_M = \left[l_s + l_s S + \dfrac{3}{4}\Delta \right]_{-\delta_z}^{0}$	$\phi20.68_{-0.15}^{\ 0}$
		$\phi3.00$	$\phi3.00_{\ 0}^{+0.20}$		$\phi3.20_{-0.07}^{\ 0}$
	高度尺寸	9.00	$9.00_{-0.48}^{\ 0}$	$h_M = \left[h_s + h_s S + \dfrac{2}{3}\Delta \right]_{-\delta_z}^{0}$	$9.48_{-0.16}^{\ 0}$

3. 瓶盖螺纹型芯的设计

瓶盖上有 M38.40 的内螺纹，精度为 IT5 级，螺距 P 为 6mm。为了增加塑件螺纹的强度，防止最外圈螺纹崩裂或变形，起始段和末端均设置有长度为 4mm 的过渡段。由于塑料有收缩，为避免与螺纹成型零件有螺距误差，参照表 2-33，配合段极限长度选取 27mm。

（1）螺纹成型零件的设计原则　由于塑料有收缩，螺纹螺距也产生冷却收缩，导致与螺纹成型零件产生螺距误差。实践中给定一个配合段极限长度，见表 2-34。塑件与塑件螺纹相配时，应选用同种材料，则不必考虑螺距的收缩率。

表 2-34　螺纹螺距制造公差及配合长度　　　　（单位：mm）

螺纹直径	螺距制造公差	配合长度
3 ~ 10	0.01 ~ 0.03	< 12
12 ~ 22	0.02 ~ 0.04	12 ~ 20
24 ~ 68	0.03 ~ 0.05	> 20

（2）螺纹成型零件工作尺寸的计算　主要包括螺纹型芯的径向尺寸、螺纹型环的径向尺寸及螺距尺寸，如图 2-193 所示，其计算过程与一般成型零件的计算大致相同，只是参数含义有所不同。螺纹成型零件工作尺寸的计算公式见表 2-35，螺纹型芯和型环的直径制造公差见表 2-36。

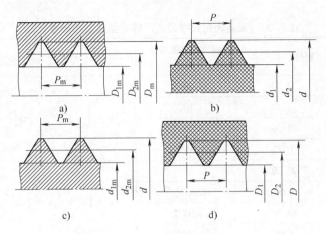

图 2 - 193　螺纹成型零件相关尺寸
a) 螺纹型环　b) 外螺纹塑件　c) 螺纹型芯　d) 内螺纹塑件

表 2 - 35　螺纹成型零件工作尺寸的计算公式

尺寸类型		计算公式	说　明
螺纹型环径向尺寸	中径尺寸 D_{2M}	$D_{2M} = \left[d_{2s}(1+S) - \dfrac{3}{4}\Delta \right]_{0}^{+\delta_z}$　(2-33)	式中，S 为平均收缩率，$S = \dfrac{S_{max} + S_{min}}{2}$；$\Delta$ 为塑件公差（mm）；δ_z 为模具制造公差，一般 $\delta_z = \Delta/3$；下标 s、M 分别代表塑件和模具
	外径尺寸 D_M	$D_M = \left[d_s(1+S) - \Delta \right]_{0}^{+\delta_z}$　(2-34)	
	内径尺寸 D_{1M}	$D_{1M} = \left[d_{1s}(1+S) - \Delta \right]_{0}^{+\delta_z}$	
螺纹型芯径向尺寸	中径尺寸 d_{2M}	$d_{2M} = \left[D_{2s}(1+S) + \dfrac{3}{4}\Delta \right]_{-\delta_z}^{0}$　(2-35)	
	外径尺寸 d_M	$d_M = \left[D_s(1+S) + \Delta \right]_{-\delta_z}^{0}$　(2-36)	
	内径尺寸 d_{1M}	$d_{1M} = \left[D_{1s}(1+S) + \Delta \right]_{-\delta_z}^{0}$　(2-37)	
螺距尺寸		$P_M = P_s(1+S) \pm \delta_z$　(2-38)	

表 2 - 36　螺纹型环和型芯的直径制造公差　　　　　　　　（单位：mm）

粗牙螺纹直径	制造公差			细牙螺纹直径	制造公差		
	外径	中径	内径		外径	中径	内径
3 ~ 12	0.03	0.02	0.03	4 ~ 22	0.03	0.02	0.03
14 ~ 33	0.04	0.03	0.04	24 ~ 52	0.04	0.03	0.04
36 ~ 45	0.05	0.04	0.05	56 ~ 68	0.05	0.04	0.05
48 ~ 68	0.06	0.05	0.06				

　　瓶盖内形尺寸未注公差按照 GB/T 14486—2008 中的 IT5 级（见表 2-36）公差选取。螺纹型芯的工作尺寸计算结果见表 2-37。

表 2-37　瓶盖内形尺寸公差及螺纹型芯工作尺寸计算　　　　（单位：mm）

尺寸类别	塑件基本尺寸	标注公差的塑件尺寸	计算公式	成型零件工作尺寸
径向尺寸	37.50	$37.50^{+0.56}_{0}$	$l_{\mathrm{M}} = \left[l_{\mathrm{s}} + l_{\mathrm{s}}S + \dfrac{3}{4}\Delta \right]^{0}_{-\delta_{\mathrm{z}}}$	$38.58^{\ 0}_{-0.19}$
	31.10	$31.10^{+0.56}_{0}$		$32.06^{\ 0}_{-0.19}$
	25.30	$25.30^{+0.50}_{0}$		$26.12^{\ 0}_{-0.17}$
	1.00	$1.00^{+0.20}_{0}$		$1.17^{\ 0}_{-0.07}$
高度尺寸	22.50	$22.50^{+0.44}_{0}$	$h_{\mathrm{M}} = \left[h_{\mathrm{s}} + h_{\mathrm{s}}S + \dfrac{2}{3}\Delta \right]^{0}_{-\delta_{\mathrm{z}}}$	$23.18^{\ 0}_{-0.15}$
	1.00	$1.00^{+0.20}_{0}$		$1.15^{\ 0}_{-0.07}$
	16.00	$16.00^{+0.38}_{0}$		$16.53^{\ 0}_{-0.13}$
	4.00	$4.00^{+0.24}_{0}$		$4.23^{\ 0}_{-0.08}$
中径尺寸 $d_{2\mathrm{M}}$	37.10	$37.10^{+0.56}_{0}$	$d_{2\mathrm{M}} = \left[D_{2\mathrm{s}}(1+S) + \dfrac{3}{4}\Delta \right]^{0}_{-\delta_{\mathrm{z}}}$	$38.17^{\ 0}_{-0.19}$
大径尺寸 d_{M}	38.40	$38.40^{+0.56}_{0}$	$d_{\mathrm{M}} = \left[D_{\mathrm{s}}(1+S) + \Delta \right]^{0}_{-\delta_{\mathrm{z}}}$	$39.63^{\ 0}_{-0.19}$
小径尺寸 $d_{1\mathrm{M}}$	36.40	$36.40^{+0.56}_{0}$	$d_{1\mathrm{M}} = \left[D_{1\mathrm{s}}(1+S) + \Delta \right]^{0}_{-\delta_{\mathrm{z}}}$	$37.60^{\ 0}_{-0.19}$
螺距尺寸	3.00	3.00 ± 0.10	$P_{\mathrm{M}} = P_{\mathrm{s}}(1+S) \pm \delta_{\mathrm{z}}$	3.05 ± 0.07
型芯中心距	41.50	41.50 ± 0.32	$C_{\mathrm{M}} = (C_{\mathrm{s}} + C_{\mathrm{s}}S) \pm \dfrac{1}{2}\delta_{\mathrm{z}}$	42.23 ± 0.11

4. 侧抽芯机构的设计

塑料瓶盖上部为吊环形，中间为 $\phi20\mathrm{mm}$ 的大孔和 $\phi3\mathrm{mm}$ 的小孔，用于携带方便和安装吊绳或挂饰，这部分采用侧型芯滑块成型，即模具需设置侧向抽芯机构。由于该侧型芯抽芯距离较短，抽芯力较小，且斜导柱外侧抽芯结构较简单，所以选用斜导柱抽芯机构。

（1）抽芯力和抽芯距的计算

① 抽芯力的计算。由式（2-11）可计算侧抽芯力为

$$F_{\mathrm{c}} = Ap(\mu\cos\alpha - \sin\alpha)$$
$$= 0.4 \times 1 \times 10^{6} \times (0.2 \times \cos0.5° - \sin0.5°)\mathrm{N}$$
$$= 7.64 \times 10^{4}\ \mathrm{N}$$

② 抽芯距的计算。因为瓶盖上部吊环形的中间孔深为 $h = 9\mathrm{mm}$，由两侧型芯对称各成型孔深 $h_1 = 4.5\mathrm{mm}$。所以，抽芯距 $S = h_1 + 3\mathrm{mm} = 4.5\mathrm{mm} + 3\mathrm{mm} = 7.5\mathrm{mm} \approx 8\mathrm{mm}$。

（2）斜导柱的设计

① 斜导柱倾角的确定。由于侧型芯抽芯距较小，考虑斜导柱的强度和刚度，其倾斜角 α 取 $15°$。

② 斜导柱直径的计算。已知侧向抽芯时的抽芯力 $F_{\mathrm{c}} = 7.64 \times 10^{4}\mathrm{N}$，由图 2-194 可知斜导柱的受力情况，计算斜导柱所受的弯曲力 F_{w} 和开模力 F_{k} 分别为

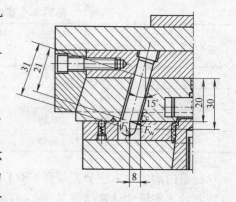

图 2-194　斜导柱抽芯时的受力状态

$$F_w = F_c/\cos\alpha = 7.64 \times 10^4 \text{N}/\cos15° = 7.9 \times 10^4 \text{ N}$$

$$F_k = F_c\tan\alpha = 7.64 \times 10^4 \text{N} \times \tan15° = 2.0 \times 10^4 \text{ N}$$

则由式（2-27）计算斜导柱的直径为

$$d = \sqrt[3]{\frac{M_{max}}{0.1[\sigma]}} = \sqrt[3]{\frac{F_wL_w}{0.1[\sigma]_弯}} = \sqrt[3]{\frac{7.9 \times 10^4 \times 21}{0.1 \times 137}}\text{mm} = 49.47\text{mm}$$

取斜导柱直径为50mm。

③ 斜导柱长度的确定。

$$L = l_1 + l_2 + l_3$$
$$= \frac{H}{\cos\alpha} + \frac{s}{\sin\alpha} + (5 \sim 10)\text{mm}$$
$$= \frac{28}{\cos15°} + \frac{8}{\sin15°} + (5 \sim 10)\text{mm}$$
$$= 61\text{mm} + (5 \sim 10)\text{mm}$$
$$= 66 \sim 71\text{mm}$$

取斜导柱长度为67mm。

（3）滑块的设计

① 滑块与侧型芯的连接形式。滑块外形部分与塑料熔体直接接触，主要成型瓶盖上部的外表面形状，采用整体式滑块；成型$\phi20$mm的大孔型芯和$\phi3$mm的小孔型芯采用组合结构，即单独制造后，与滑块采用过盈配合装配在一起，所以大、小侧型芯和滑块共同组成瓶盖上部的型腔部分。大的侧型芯设计为两部分，分别对称设计在左右滑块上，为使两侧型芯的端面良好接触，以保证塑件内孔完全贯通，在型芯端面设计一凹面，其结构如图2-195所示。

滑块结构如图2-196所示。

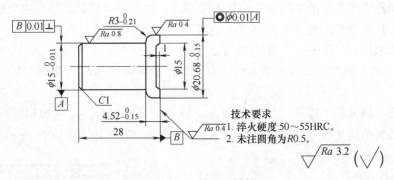

图2-195 侧型芯结构

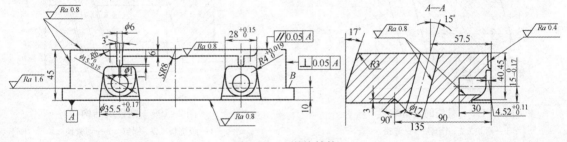

图2-196 滑块结构

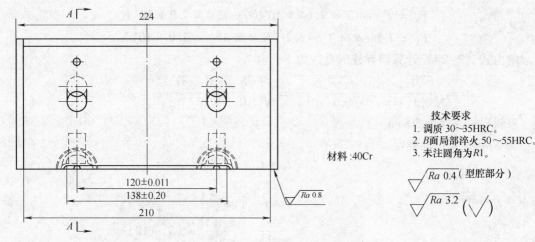

材料:40Cr

技术要求
1. 调质 30~35HRC。
2. B面局部淬火 50~55HRC。
3. 未注圆角为R1。

$\sqrt{Ra\ 0.4}$（型腔部分）

$\sqrt{Ra\ 3.2}$（ $\sqrt{}$ ）

图 2-196　滑块结构（续）

② 滑块的导滑结构。为保证滑块在导滑槽中滑动顺利、平稳，保证生产过程中滑块不发生卡滞或跳动现象，滑块的导滑槽形式如图 2-197 所示。采用 T 形整体式导滑槽，结构紧凑，

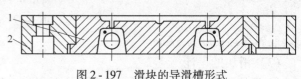

图 2-197　滑块的导滑槽形式
1—定模板　2—滑块

但加工困难，滑块的配合精度为 H7/f7，配合长度为 138mm，导滑槽的高度为 8mm。

滑块完成抽芯动作后，仍应停留在 T 形导滑槽内，留在导滑槽内的长度不应小于滑块全长的 3/4，以保证复位时滑块不发生倾斜。

③ 滑块的定位装置。开模时，滑块在斜导柱的驱动下抽出侧型芯，当斜导柱离开滑块后，滑块必须停留在终止抽芯运动的位置不能移动，以保证合模时斜导柱能准确进入滑块的斜孔，驱动滑块使侧型芯复位（回到成型位置），所以滑块必须安装定位装置。

本模具滑块较小，分别设计在模具左、右两侧，因此采用弹簧钢球的定位方式，如图2-198示。

（4）锁（楔）紧块的设计　成型时，为了防止滑块在熔体压力作用下后退，滑块应设计锁紧块。

由于该模具侧抽芯力较小，为方便制造，锁紧块单独制造，并用螺钉固定在定模座板上；锁紧块的斜角应比斜导柱的斜角大 2°~3°，此处取 17°，如图 2-199 所示。

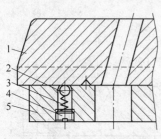

图 2-198　滑块的定位装置
1—滑块　2—钢球　3—弹簧
4—螺塞　5—型腔板

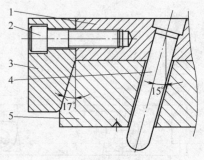

图 2-199　锁紧块结构
1—脱浇板　2—螺钉　3—锁紧块
4—斜导柱　5—滑块

（5）斜导柱抽芯的结构形式 根据塑件的结构特征，采用斜导柱在定模一侧、滑块在动模一侧的结构形式。开模时，斜导柱可以驱动滑块完成侧型芯的抽出。由于采用推件板推出塑件，所以模具工作过程不会发生"干涉"现象。

5. 推出机构的设计

（1）自动脱螺纹机构的设计 采用"液压马达/电动机＋链条"的自动脱螺纹机构，如图2-200所示。利用电动机作为动力，电动机带动链条44使齿轮轴46旋转，小齿轮45带动大齿轮48、大齿轮48带动螺纹型芯32旋转；由于瓶盖在其端面设计了一圈深度为1mm的止转凹槽，如图2-201所示，所以，螺纹型芯32一边转动，一边在限位螺钉50的导向下向上做轴向运动，实现内螺纹的自动脱模。

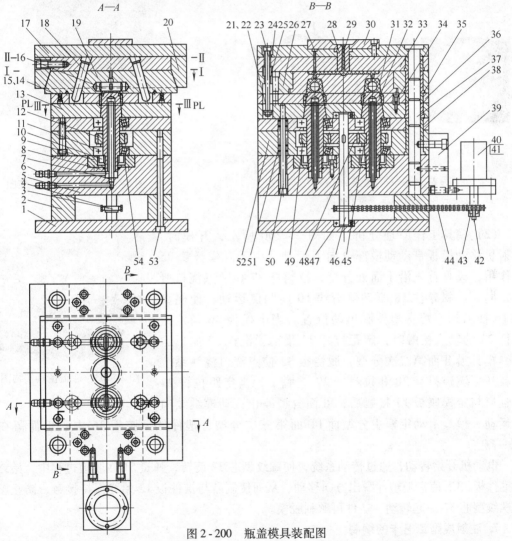

图2-200 瓶盖模具装配图

1—动模座板 2—垫块 3、12、45、48、49—齿轮 4—键 5—支承板 6—水管接头 7—冷却通道
8—密封圈 9—紧固板 10、21—螺母 11—圆锥轴承 13—推件板 14、25、51—弹簧 15—钢球 16—侧型芯
17—定模座板 18—斜导柱 19—侧滑块 20—楔紧块 22—垫片 23—定距拉杆 24—衬套 26—定模板
27—拉料杆 28—主流道衬套 29—浇注系统凝料 30—定位圈 31—塑件 32—型芯 33—脱浇板 34—开闭器
35—导套 36—型腔板 37—导柱 38—垫板 39—固定板 40—电动机 41—电动机固定板 42、53—螺钉
43—紧固板 44—链条 46—轴 47—轴承 50—限位螺钉 52—导套固定板 54—垫圈

大齿轮的模数 $m = 2mm$，齿数 $z_1 = 32$；小齿轮（行星齿轮）的模数 $m = 2mm$，齿数 $z_2 = 22$；齿轮传动系传动比为：$i = z_1/z_2 = 1.45$。

（2）塑件脱模机构的设计　由于推件板推出均匀、力量大，运动平衡稳定，塑件不易变形，塑件表面无推出痕迹，所以瓶盖模具采用推件板推出机构。

6. 设计和制作瓶盖注射模具结构

（1）注射模具装配图的绘制　瓶盖模具结构为一模两腔三板式注射模具，采用点浇口浇注系统、斜导柱抽芯机构和自动脱螺纹机构。其模具装配图、三维图及实体图分别如图 2 - 200、图 2 - 202 和图 2 - 203 所示。

a)

b)

图 2 - 201　端面止转结构
a）实物图　b）三维实体图

图 2 - 202　瓶盖模具三维图

（2）模具工作原理分析　如图 2 - 200 所示，开模时，注射机移动模板带动动模部分向下运动，由于开模弹簧 25 的作用，模具首先沿 Ⅰ 面处分型，拉料杆 27 拉断点浇口凝料，同时，斜导柱 18 驱动侧滑块 19 向两侧运动，使侧型芯 16 抽出到不妨碍塑件脱出的位置。当定模板 26 与定距拉杆 23 的轴肩接触时，定距拉杆 23 带动脱浇板 33 向下运动，模具沿 Ⅱ 面第二次分型，脱浇板 33 使点浇口浇注系统凝料从主流道衬套 28 和拉料杆 27 上脱下，当定距拉杆 23 的轴肩与定模座板 17 接触后，Ⅱ 面分型停止；动模继续向

图 2 - 203　瓶盖模具实物图

下运动，模具沿动定模主分型面 PL 面第三次分型，塑件从型腔板 36 中脱出而留在动模一侧。

电动机开始转动，通过传动系统，使螺纹型芯 32 旋转，弹簧 51 在脱模过程中，始终顶住推件板 13，使它随塑件脱出方向移动，从而使制品与推件板 13 始终保持接触，防止塑件与螺纹型芯 32 一起转动，塑件可顺利脱模。

7. 注射成型工艺卡的编制

采用震德 JN168 – E 卧式注射机试模并生产，瓶盖注射成型工艺参数见表 2 - 38。

表 2-38　瓶盖注射成型工艺卡

单位	××××学院			产品名称	中空水瓶		零件名称	瓶盖
名称	塑料瓶盖注射成型工艺卡片			产品图号			零件图号	
原料嵌件	名称	形状	单件质量	每模件数	每模用量	原料及塑件处理		
	PP	粒料	14g	2	35g	名称	设备	温度/℃	时间/h
	图号		名称		数量	预处理	烘箱		
							烘箱		

工 艺 参 数

温度/℃				射胶/MPa				时间/s		
喷嘴	料筒前段	料筒中段	料筒后段	段数	压力	速度	位置	注射	保压	冷却
45%	225	220	215	第一段	65%	35%	15mm	3.5	3	30.0
				第二段	45%	40%	10mm			
				第三段	30%	30%	1mm			

储料/熔胶				锁 模			
段数	压力	速度	位置		快速锁模	低压锁模	高压锁模
第一段	45%	66%	80mm	压力	45%	15%	70%
第二段	40%	40%	90mm	速度	66%	15%	40%
松退	30%	30%	5mm	位置	50mm	1500p	100p

保 压			脱 模				开 模			
速度	压力	时间		压力	速度	时间		开模慢速	开模快速	开模终止
20%	40%	2s	顶出	30%	30%		压力	50%	40%	20%
			顶退	30%	33%		速度	30%	66%	20%
			抽芯1	40%	35%	8.0s	位置	2000p	250mm	300mm
			抽芯2							

车间	工序	工序名称及内容	设备	模具	工具	准备-终结时间/min	单件工时额定/min
	1	生产准备 （1）按图样及工艺文件，领用模具及材料 （2）安装模具，调整机床			扳手、起重机		
	2	注射成型	JN168—E	注射模			
	3	检验					
	4	去飞边			自制刀片		
	5	交货					

塑件简图

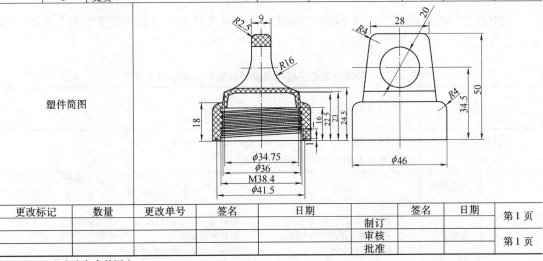

更改标记	数量	更改单号	签名	日期		签名	日期	第1页
					制订			
					审核			第1页
					批准			

注：工艺卡中各参数同表 2-13。

8. 注射机有关参数的校核

模具外形尺寸为 315mm × 355mm × 378mm。选用的震德 JN168—E 型卧式注射机有关参数见本项目任务 2。该注射模具外形尺寸小于注射机拉杆间距和最大模具厚度，可以方便地安装在注射机上。经校核，注射机的最大注射量、注射压力、锁模力和开模行程等参数均能满足使用要求，均可用。

经生产实践验证，瓶盖模具结构合理，动作可靠，生产的瓶盖能满足质量要求。

教学组织实施建议：由观察不同种类、形状及颜色的带螺纹塑件（见图 2-204）引出问题。可采用分组讨论法、卡片式教学法、归纳总结法。

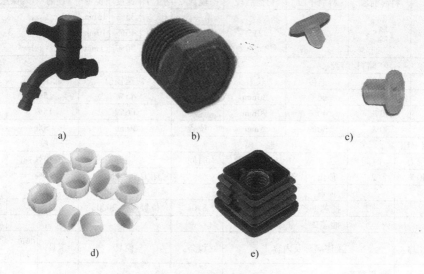

图 2-204　各种带螺纹的塑件
a）带螺纹的塑料水龙头　b）塑料螺纹堵头　c）塑料螺纹扣
d）塑料螺纹护套　e）螺纹插件

【完成学习工作页】

根据教学目标要求，下达表 2-39 带螺纹瓶盖注射模具设计与制作完成学习工作页，根据工作页的要求，完成教学任务。

表 2-39　带螺纹瓶盖注射模具设计与制作完成学习工作页

项目名称		注射模具的设计与制作	校内导师		
			校外导师		
任务单号		Sj－006	校企合作企业		
任务名称		带螺纹瓶盖注射模具设计与制作	填表人		负责人
任务资讯	产品类型	日用型	客户资料		产品图样（1）张 样品（1）件
	任务要求	1. 侧抽芯方式采用：斜导柱（　），弯销（　），斜滑块（　），其他形式（　） 2. 模具排气方式：分型面（　），模具配合间隙（　），排气槽（　） 3. 螺纹脱出方式：手动（　），机动（　），其他形式（　）			

（续）

		4. 螺纹止转结构位于塑件：内表面（　　），外表面（　　），端面处（　　），其他部位（　　） 5. $\phi 3mm$ 小孔型芯的结构形式：整体式（　　），组合式（　　），其他（　　） 6. $\phi 3mm$ 小孔型芯固定方式：台阶固定（　　），嵌入式（　　），粘结法（　　），其他（　　） 7. 模具定位圈：需要（　　），不需要（　　） 任务下达时间：＿＿＿＿＿＿；要求完成时间：＿＿＿＿＿＿
任务资讯	任务要求	
任务计划	识读任务	
	必备知识	
	模具设计	
	塑料准备	
	设备准备	
	工具准备	
	劳动保护准备	
	制订工艺参数	
决策情况		
任务实施		
检查评估		
任务总结		

	项目组同学	校内导师	校外导师	教研室主任
任务单会签				

【知识拓展】

一、二次（级）推出机构

通常，塑件的推出动作都是一次完成的，但当推出零件参与塑件的部分成型时，塑件附着在其上，一次推出动作则不能将塑件从型腔中推出或者塑件不能自动脱落，这时就必须再增加一次推出动作才能使塑件脱落，这种由两次推出动作完成塑件脱模的机构，称为二次（级）推出机构。图 2 - 205 是二次推出过程示意图，图 2 - 205a 为开模后塑件推出前的状态；图 2 - 205b 为一次推出状态，由阶梯推杆 2 及推块 4 将塑件从型芯 3 上脱出；图 2 - 205c 是二次推出状态，由阶梯推杆 2 从推块 4 中推出塑件。

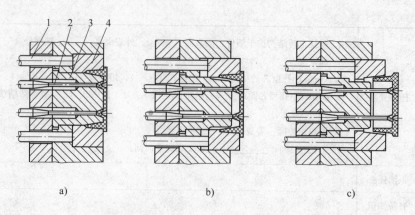

图 2 - 205　二次推出过程

a）推出前　b）一次推出　c）二次推出

1—推杆　2—阶梯推杆　3—型芯　4—推块

1. 依靠弹簧力实现二次推出

如图 2 - 206 所示为依靠弹簧弹力实现二次推出的机构。这种机构由弹簧 8 完成第一次推出动作，即动、定模开模一段距离后，在弹簧力的作用下，动模型腔板（推件板）7 使塑件从型芯 6 上脱出（见图 2 - 206b），然后由动模部分推出机构完成第二次推出动作，即由推杆固定板 2 带动推杆 3 将塑件从动模型腔（推件板）7 中推出（见图 2 - 206c）。这种机构结构简单，安装面积小；但不能传递太大的力，弹簧易失效，动作不可靠，只能用于小型塑件的注射模。

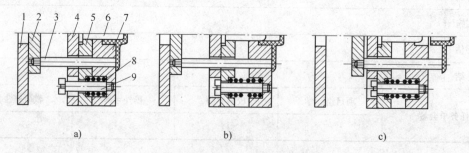

图 2 - 206　弹簧二次推出机构

a）推出前　b）一次推出　c）二次推出

1—动模座板　2—推杆固定板　3—推杆　4—支承板　5—型芯固定板

6—型芯　7—动模型腔板（推件板）　8—弹簧　9—限位螺钉

2. 依靠开模力实现二次推出

如图 2 - 207 所示为依靠开模力实现二次推出的机构。这种机构在开模时，由于固定在定模一侧的拉钩 4 钩住推件板 3，使推件板不能随动模运动，实现第一次推出；当动模继续运动时，销 5 沿斜凸块 6 的斜面向上运动，使拉钩 4 绕销轴 1 向外转动而与推件板 3 脱开，从而第一次推出结束；动模再继续运动，推出机构实现第二次推出。弹簧 2 用来保证合模后拉钩能复位，使其钩住推件板。

3. 依靠推出力实现二次推出

如图 2 - 208 所示为依靠推出力实现二次推出的机构。开模后，塑件留在动模一侧，推出时，由于开闭器 9 的作用，注射机顶杆使一次推板 3 和二次推板 1 同时运动，推杆 8 和推管 5 使塑件从型芯 6 和动模板 7 中推出，完成第一次推出；当支承柱 10 与动模板 7 接触时，开闭器 9 从一次推板 3 中脱出而使一次推板 3 停止运动，注射机顶杆继续推动二次推板 1 运动，将塑件从推管 5 的凹槽中脱出，实现第二次推出动作。

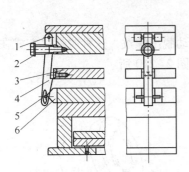

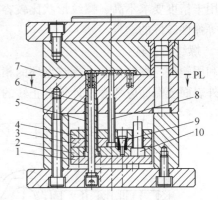

图 2 - 207　拉钩二次推出机构
1—销轴　2—弹簧　3—推件板
4—拉钩　5—销　6—斜凸块

图 2 - 208　双推板二次推出机构
1—二次推板　2—推管固定板　3—一次推板
4—推杆固定板　5—推管　6—型芯　7—动模板
8—推杆　9—开闭器　10—支承柱

二、双推出机构

在确定分型面时，应尽可能使塑件留在动模一侧，但在实际生产中往往会遇到一些形状特殊的塑件，开模后，塑件有可能留在动模一侧，也可能留在定模一侧，这时就要求在定模和动模两侧均设置推出机构，称为双推出机构。定模上设置的辅助推出机构在开模时能将塑件强迫留于动模一侧，保证塑件的顺利脱模。

如图 2 - 209a 所示为弹簧双推出机构，利用弹簧力使塑件先从定模板 1 中推出，留于动模一侧，然后用动模上的推出机构使塑件从型芯 2 上脱模。该结构紧凑、简单，但弹簧易失效，宜用于推出力较小和推出距离较短的场合。图 2 - 209b 所示为杠杆双推出机构，即利用杠杆的作用实现定模推出的结构。开模时，固定在动模上的滚轮 4 压动杠杆 5，迫使杠杆绕销轴 3 向外转动，推动定模的推出机构动作，塑件脱离定模板 1 型腔，留在型芯 2 上，然后利用动模上的推出机构将塑件从型芯 2 上推出。

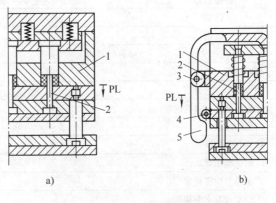

a)　　　　　　b)

图 2 - 209　双推出机构
1—定模板　2—型芯　3—销轴　4—滚轮　5—杠杆

【小贴士】

☞ 内螺纹强行脱模必须满足公式：伸长率 $= \dfrac{螺纹大经 - 螺纹小径}{螺纹小径} \leqslant A$，其中 A 的值取决于塑料品种，ABS 为 8%，POM 为 5%，PA 为 9%，LDPE 为 21%，HDPE 为 6%，PP 为 5%。

☞ 强行脱模是利用塑料弹性通过推件板将塑件从螺纹型芯或螺纹型环上强行脱出，主要适用于精度要求不高、螺纹形状比较容易脱出的圆形粗牙螺纹的脱出，且采用聚乙烯、聚丙烯等弹性较好的塑料。

☞ 螺纹的止转

利用塑件与螺纹型芯或螺纹型环的相对转动与相对移动脱出螺纹，这种脱螺纹方式在塑件的外表面或端面应考虑设计带有止转的花纹或图案，如图 2 - 210 所示。

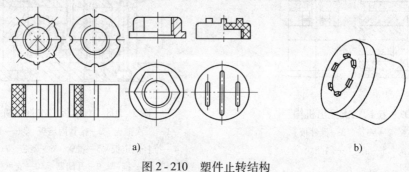

图 2 - 210　塑件止转结构

a）外形止转　b）端面止转

【教学评价】

完成任务后，学生应进行自我评价和小组成员间的评价，分别见表 2 - 40 和表 2 - 41。

表 2 - 40　学生自评表（项目 2 任务 4）

项目名称	注射模具的设计与制作		
任务名称	螺纹塑件注射模具设计与制作		
姓名		班级	
组别		学号	
评价项目		分值	得分
材料选用		10	
塑件成型工艺分析		10	
注射成型工艺参数确定		10	
模具结构设计		10	
模具安装与调试		10	
注射机操作规范		10	
产品质量检查评定		10	
工作实效及文明操作		10	
工作表现		10	
创新思维		10	
总计		100	

（续）

个人的工作时间：		提前完成	
		准时完成	
		超时完成	
个人认为完成的最好的方面			
个人认为完成的最不满意的方面			
值得改进的方面			
自我评价：		非常满意	
		满意	
		不太满意	
		不满意	
记录			

表 2 - 41　小组成员互评表（项目 2 任务 4）

项目名称		注射模具的设计与制作					
任务名称		螺纹塑件注射模具设计与制作					
班级				组别			
评价项目	分值	小组成员					
		组长	组员 1	组员 2	组员 3	组员 4	组员 5
分析问题的能力	10						
解决问题的能力	20						
负责任的程度	10						
读图、绘图能力	10						
文字叙述及表达	5						
沟通能力	10						
团队合作精神	10						
工作表现	10						
工作实效	10						
创新思维	5						
总计	100						
小组成员		组长	组员 1	组员 2	组员 3	组员 4	组员 5
签名							
记录							

　　采用自检、互检、专检的方式检查制作成果。即各组学生制作完成后，用游标卡尺、钢直尺等测量塑料衣架、瓶盖、瓶坯、口杯及钥匙扣的尺寸是否合格，目测塑料衣架、瓶盖、瓶坯、口杯及钥匙扣的外观质量，先自检，再互检，最后由指导教师进行专检。检查项目及内容具体见表2-42和表2-43。

表2-42　小组互评表（项目2）

项目名称		注射模具的设计与制作					
任务名称							
姓名				班级			
组别				学号			
评价项目		分值	得分					
			第1组	第2组	第3组	第4组	第5组	第6组
专题书面报告书	内容丰富、充实	30						
	适当的例子作说明	20						
	适当的图片和数据作说明	20						
	版面设计美观，结构清晰	20						
	有创意设计体现	10						
总计		100						
评价项目		分值	得分					
			第1组	第2组	第3组	第4组	第5组	第6组
口头报告	内容丰富、充实	20						
	有条理，安排有序	20						
	发音清晰，语言流畅	20						
	有合作性，分工恰当	20						
	工作成效明显	20						
总计		100						
哪一组的表现最棒								
对_____组的感想及建议								
对_____组员的感想及建议								
记录								

　　注：在"评价项目"中，可以根据实际情况灵活采用"专题书面报告书"或"口头报告"中的一种。

表 2-43 教师评价表（项目 2）

项目名称		注射模具的设计与制作		
任务名称				
姓名		班级		
组别		学号		
评价项目		分值	权重系数	得分
专业能力	合理选用塑料	10	0.3	
	塑件性能分析	10	0.3	
	注射成型工艺分析	20	0.3	
	产品质量检查	10	0.3	
	排除制品缺陷的能力	10	0.3	
	确定问题解决步骤	10	0.3	
	操作技能	10	0.3	
	工具使用	10	0.3	
	安全操作和生产纪律	10	0.3	
方法能力	独立学习	20	0.3	
	获取新知识	20	0.3	
	查阅资料和获取信息	10	0.3	
	决策能力	20	0.3	
	制订计划、实施计划的能力	20	0.3	
	技术资料的整理	10	0.3	
社会能力	与人沟通和交流的能力	10	0.4	
	团队协作能力	10	0.4	
	计划组织能力	10	0.4	
	环境适应能力	10	0.4	
	工作责任心	10	0.4	
	社会责任心	10	0.4	
	集体意识	10	0.4	
	质量意识	10	0.4	
	环保意识	10	0.4	
	自我批评能力	10	0.4	
	总计	100		
评价表会签	被评价学生	评价教师		教研室主任

【学后感言】

_____

_____

_____

【思考与练习】

1. 试分析常见的塑件的结构，并分析其成型模具的类型。
2. 分析图 2-211 所示塑件成型模具的结构类型。

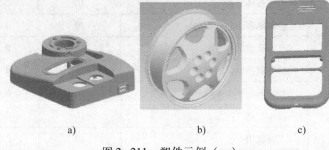

a)　　　　　　　b)　　　　　　　c)

图 2-211　塑件示例（一）

3. 试举例（3个）带侧向凹槽的塑料制品，分析其成型模具的动作原理。
4. 简述注射模成型零件的结构和适用场合。
5. 分析图 2-212 所示①、②、③分型面的选取是否正确，为什么？若不正确，请给予改正。

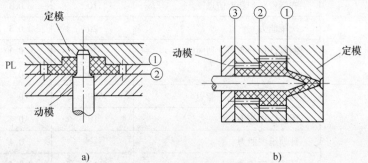

a)　　　　　　　　　　　　b)

图 2-212　分型面选择

6. 试述浇口开设位置对塑件质量的影响。
7. 分析图 2-213 所示塑件，选择合理的浇口形式和位置。

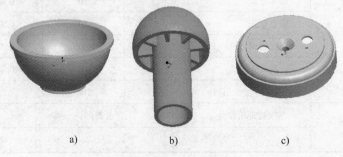

a)　　　　　　　b)　　　　　　　c)

图 2-213　浇口选择

d)　　　　　　　　e)　　　　　　　　f)

图 2-213　浇口选择（续）

8. 试分析图 2-214 所示塑件的模具冷却管道直径及模具上应开设的冷却管道孔数。

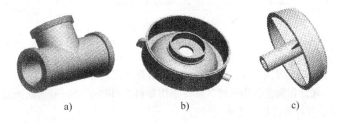

a)　　　　　　　　b)　　　　　　　　c)

图 2-214　冷却水路的设计

9. 什么叫注射模？为什么说注射模经济价值高，是模具中结构最复杂、最有发展潜力的模具？

10. 注射模具是否与所使用注射机相适应，应该从哪些方面进行校核？

11. 如图 2-215 所示连接座，为某电器产品配套零件，需求量大，要求外形美观、使用方便、质量轻、品质可靠。

要求完成以下内容：

（1）成型工艺

1）合理选择塑件的材料并分析塑料性能。

2）分析说明注射成型工艺过程。

3）分析塑件的结构工艺性。

4）确定成型工艺参数并编制成型工艺卡片。

5）确定成型设备规格。

（2）模具结构

1）确定型腔数及布置。

2）选择分型面。

3）设计浇注系统。

4）设计排气系统。

5）确定连接座注射模的模架类型。

12. 生产图 2-216 所示防护罩，材料为 ABS，采用注射成型大批量生产，试计算图中尺寸所对应的凹模和型芯尺寸公差。

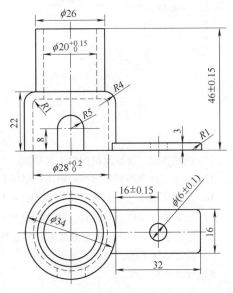

图 2-215　连接座

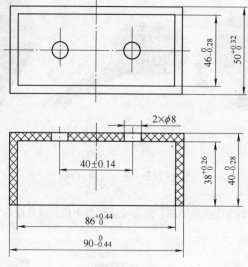

图 2 - 216　防护罩

13. 如图 2 - 217 所示塑件，按下面的要求进行型腔布置练习：

1）图示塑件的尺寸公差等级按 6 级，查取公差值并合理表示尺寸形式。

2）本模具共四腔：底盖和面盖各出两腔，塑件采用塑料为 HIPS，浇口的形式为侧浇口，塑件为紫色。根据以上要求，布置型腔并计算凹模的工作尺寸。

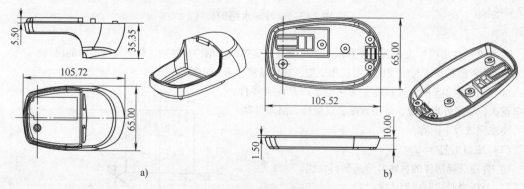

图 2 - 217　塑件

a）面盖　b）底盖

14. 阐述各类二次推出机构的工作原理。

15. 分别阐述单型腔和多型腔点浇口凝料自动推出的工作原理。

16. 如图 2 - 218 所示灯座，进行成型该塑件的推出机构设计。

17. 已知图 2 - 219 所示塑件，按大批量生产，试按下列程序设计其注射模：

1）估算塑件的体积，确定分型面和型腔数量，并选择注射机规格。

2）设计浇注系统。

3）设计推出机构。

4）设计侧向分型抽芯机构。

5）画出模具结构草图，并校核注射机的有关工艺参数。

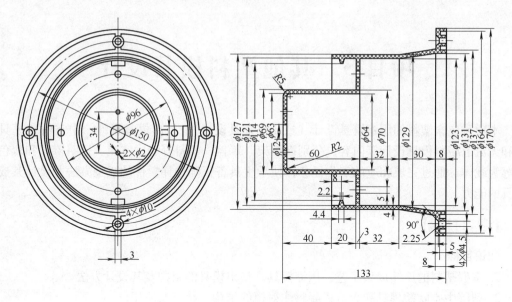

图 2 - 218　灯座

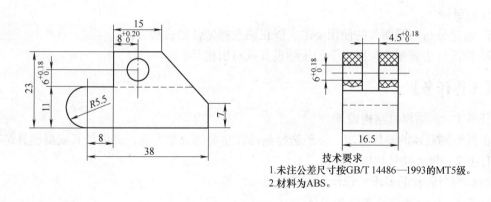

技术要求

1.未注公差尺寸按GB/T 14486—1993的MT5级。

2.材料为ABS。

图 2 - 219　塑件示例（二）

项目3　其他塑料模具设计

本项目包含塑料的压缩模具设计（或压注模具设计）、挤出模具设计、中空吹塑模具设计和无流道凝料模具设计等内容，分别以框架、罩盖、塑料管、中空瓶、透明罩子和双色按键等为载体，通过完成相应的工作任务，使学生具备正确选择塑件的成型方法并设计其成型模具的能力。

【学习目标】

知识目标

1. 掌握塑料的压缩成型工艺，压缩模具、挤出模具的结构及其设计方法。
2. 理解中空吹塑模具和无流道凝料注射模的结构、特点及应用。
3. 了解压注模具和双色注射模具的结构。

技能目标

1. 通过分析不同塑件的使用要求，能正确选择塑件的成型方法。
2. 能设计中等复杂程度以下的压缩模具或挤出模具。

【工作任务】

任务1　压缩模具结构设计
根据不同载体的具体要求，合理选择热固性塑料的成型方法，并设计其成型模具结构。
任务2　挤出模具结构设计
根据塑料管材的要求，设计管材挤出机头结构。
任务3　中空吹塑模具结构设计
根据中空吹塑制品的结构和要求，正确确定中空吹塑成型工艺，并分析其中空吹塑模具结构。
任务4　无流道凝料注射模具结构分析
通过分析塑件的结构，确定合理的注射成型工艺，熟悉无流道凝料注射成型和双色注射成型的特点和应用场合。

任务1　压缩模具结构设计

压缩成型是热固性塑料的主要成型方法之一，其成型过程所使用的模具称为压缩成型模具或压缩模，也称压制模、压模。

如图3-1所示为一框架塑料件，材料为酚醛塑料，年产量10000件，试设计该热固性塑料制品成型用压缩模具。

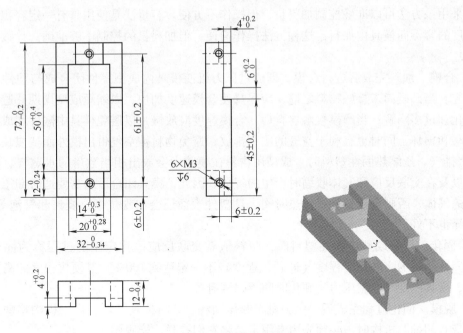

图 3-1 框架塑料件

注：图中 M3 为金属螺纹嵌件。

【知识准备】

一、热固性塑料压缩成型工艺

热固性塑料由于具有耐热性能好、强度较高的性能特点，并具有熔体黏度高、流动性较差的成型特点，通常采用压缩或压注的成型方法。在电器产品中采用热固性塑料的较多。

常用的热固性塑料有酚醛塑料、氨基塑料、环氧塑料、不饱和聚酯塑料、聚酰亚胺等，其中酚醛塑料和氨基塑料使用最广泛。

1. 压缩成型工艺过程

（1）成型前的准备

1）预热与干燥。热固性塑料比较容易吸湿，储存时易受潮，所以成型前应进行预热和干燥处理。预热可使塑料在模内受热均匀，缩短模压成型周期；干燥处理可防止塑料中带有过多的水分和低分子挥发物，确保塑件的成型质量。

2）预压。预压是指在压缩成型前，在室温或稍高于室温的条件下，将松散状的粉料、粒料、碎屑状、片状或长纤维状的成型物料压实成质量一定、形状一致的塑料型坯（也称预压物），以便容易放入压缩模加料腔。预压坯料的形状一般为圆片形或圆盘形，也可压成与塑件相似的形状。

（2）压缩成型过程 压缩成型过程一般可分为加料、合模、排气、固化和脱模等几个阶段。

1）加料。加料就是在模具型腔中加入已预热的定量物料。常用的加料方法有体积质量法、容量法和计数法三种。体积质量法需要用衡器称量物料的体积质量大小，然后加入到模具内；采用该方法可以准确控制加料量，但操作不方便。容量法是使用具有一定容积和带有容积标度的容器向模具内加料；这种方法操作简便，但加料量的控制不够准确。计数法适用于预压坯料。

2）合模。加料完成后进行合模，即通过压力机使模具内成型零件闭合成与塑件形状一致的模腔。当凸模尚未接触物料之前，应尽量使合模速度加快，以缩短成型周期并避免塑料过早固化和过多降解；当凸模接触物料后，合模速度应放慢，以避免模具中嵌件和成型杆件发生位移和损坏，同时也有利于空气的顺利排放，避免物料被空气带出模外而造成缺料。

3）排气。压缩热固性塑料时，成型用物料在模腔中会放出相当数量的水蒸气、低分子挥发物以及在交联反应和气体收缩时产生的气体，因此，模具闭合后还需要适时卸压以排出模腔中的气体，否则会延长物料传热时间，且塑件表面还会出现烧糊、烧焦和气泡等现象，表面光泽也不好。

4）固化。压缩成型热固性塑料时，塑料依靠交联反应固化定型的过程称为固化或硬化。热固性塑料的交联反应程度（即硬化程度）不一定达到100%，其硬化程度的高低与塑料品种、模具温度及成型压力、硬化时间等因素有关。

5）脱模。固化过程完成后，压力机将卸压回程，并将模具开启，推出机构将塑件推出模外。带有侧抽芯机构时，必须先用专用工具将它们拧脱才能脱模。

热固性塑料制件与热塑性塑料制件的脱模条件不同。对于热塑性塑料制件，必须使其在模具中冷却到其自身具有一定强度和刚度之后才能脱模；但对于热固性塑料制件，其脱模条件应以其在热模中的硬化程度达到适中为准。

（3）压后处理　塑件脱模以后，需对模具进行清理，有时还要对塑件进行后处理。

1）模具的清理。脱模后，用铜签或铜刷取出留在模内的碎屑、飞边等，然后再用压缩空气将其吹净。如果这些杂物留在下次成型的塑件中，将会严重影响塑件的质量。

2）塑件的后处理。塑件的后处理主要指退火处理，其主要作用是消除内应力，提高尺寸稳定性，减少塑件的变形与开裂。进一步交联固化，可以提高塑件的电性能和力学性能。退火规范应根据塑件材料、形状、嵌件等情况确定。厚壁和壁厚相差悬殊以及易变形的塑件，以采用较低温度和较长时间为宜；形状复杂、壁薄、面积大的塑件，为防止变形，退火处理最好在夹具上进行。

2. 压缩成型工艺参数

（1）成型压力　成型压力是指压缩成型过程中，压力机通过凸模对塑料熔体在分型面单位投影面积上施加的压力，简称成型压力，可采用以下公式进行计算

$$p = \frac{p_b \pi D^2}{4A} \qquad (3-1)$$

式中　p——成型压力，一般为15～30MPa；

　　　p_b——压力机工作液压缸表压力（MPa）；

　　　D——压力机主缸活塞直径（m）；

　　　A——塑件与凸模接触部分在分型面上的投影面积（m²）。

施加成型压力的目的是促使物料流动充模，提高塑件的密度和内在质量，克服塑料树脂在成型过程中因化学变化释放的低分子物质及塑料中的水分等产生的胀模力，使模具闭合，保证塑件具有稳定的尺寸和形状。

压缩成型压力的大小与塑料种类、塑件结构及模具温度等因素有关。一般情况下，塑料的流动性越小，塑件越厚且形状越复杂，塑料固化速度和压缩比越大，所需的成型压力也越大。

（2）成型温度 压缩成型温度指压缩成型时所需的温度。

压缩成型温度的高低会影响模内塑料熔体的充模是否顺利，也会影响成型时的硬化速度和塑件质量。在一定温度范围内，模具温度升高，成型周期短，生产效率提高。如果模具温度太高，将使树脂和有机物分解，塑件表面颜色就会暗淡。由于塑件外层首先硬化，影响物料的流动，因此将引起充模不满，特别是模压形状复杂、薄壁、深度大的塑件时最为明显。同时，由于水分和挥发物难以排除，塑件内应力大，模具开启时塑件易发生肿胀、开裂、翘曲等。如果模具温度过低，硬化不足，塑件表面将会无光，其物理性能和力学性能下降。

（3）成型时间 热固性塑料成型时，要在一定温度和一定压力下保持一定时间，才能使其充分交联固化，成为性能优良的塑件，这一时间称为成型时间。成型时间与塑料种类（树脂种类、挥发物含量等）、塑件形状、成型的其他工艺条件（温度、压力），以及操作步骤（是否排气、预压、预热）等有关。成型温度升高，塑件固化速度加快，所需成型时间减少。

成型时间的长短对塑件的性能影响很大。成型时间过短，塑料硬化不足，将使塑件外观性能变差，力学性能下降，易变形。适当增加成型时间，可以减小塑件收缩率，提高其耐热性和和其他物理、力学性能。但成型时间过长，不仅降低生产效率，而且会使树脂交联过度，从而使塑件收缩率增加，产生内应力，导致塑件力学性能下降，严重时会使塑件破裂。一般酚醛塑料的成型时间为 $1 \sim 2$min，有机硅塑料达 $2 \sim 7$min。

二、热固性塑料压缩模具设计

压缩模又称压制模具（简称压模），与注射模具相比，其优点是无须设浇注系统，模具结构简单；但模具容易磨损，使用寿命较短。

1. 压缩模具典型结构

典型压缩模结构如图 3-2 所示，可分为固定于压力机压板的上模和固定于工作台的下模两大部分。根据压缩模中各个零部件的作用不同，一般压缩模可分为以下几个基本组成部分。

（1）成型零件 成型零件是直接成型塑件的零件，它们在模具闭合时形成与塑件形状一致的型腔，并与塑件直接接触，成型出塑件的几何形状和尺寸。如图 3-2 中的上凸模 3、下凸模 8、凹模 4、型芯 7、侧型芯 18 等。

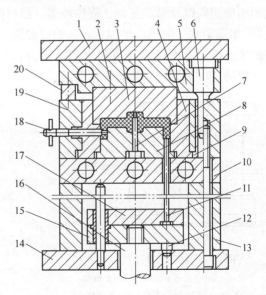

图 3-2 典型压缩模结构

1—上模座板 2—螺钉 3—上凸模 4—凹模 5、10—加热板
6—导柱 7—型芯 8—下凸模 9—导套 11—推杆 12—挡钉
13—垫块 14—下模座板 15—推板 16—压力机顶杆
17—推杆固定板 18—侧型芯（带手动丝杠）
19—型腔固定板 20—承压块

（2）加料腔　加料腔指凹模 4 的上半部，图 3 - 2 中为凹模断面尺寸扩大部分。由于塑料与塑件相比具有较大的比体积，成型前单靠型腔往往无法容纳全部塑料，因此在型腔之上设有一段加料腔。

（3）导向机构　由布置在压缩模上模四周的四根导柱 6 和下模的导套 9 组成模具的导向机构。它用来保证上、下模合模的对中性。为保证推出机构上下运动平稳，该模具的下模座板 14 上还设有两根推板导柱，在推板上设有推板导套。

（4）侧向分型抽芯机构　如侧型芯 18 用于成型塑件侧孔，在顶出塑件前，用手转动丝杠抽出。

（5）脱模机构　脱模机构由推杆 11、推板 15 及压力机顶杆 16、推杆固定板 17 组成，主要起推出塑件的作用。

（6）加热系统　热固性塑料压缩成型需要在较高的温度下进行，因此，模具必须设置加热系统。常见的加热方法是电加热。如加热板 5、10 分别对凸模、凹模进行加热，加热板圆孔中插入电加热棒。

2. 压缩模的分类

（1）按压缩模在压力机上的连接方式分类

1）移动式压缩模。移动式压缩模如图 3 - 3 所示。模具的上、下模均不与压力机固定连接，压缩成型前，在压力机之外进行加料并合模，然后将模具送至压力机工作台上，对塑料进行加压加热、成型固化，成型完后将模具移出压力机，用卸模工具（如卸模架）开模，取出塑件。

这种模具结构简单，制造周期短，但劳动强度大，生产率低，易磨损。适用于压制批量不大的小型塑件以及形状复杂、嵌件较多、加料困难、带螺纹的塑件。

2）半固定式压缩模。半固定式压缩模如图 3 - 4 所示。一般将模具的上模与压力机上的滑块固定连接，下模可沿导轨移出压力机外进行加料和取件。开、合模在压力机内进行，上、下模的对中由导柱等导向机构保证。

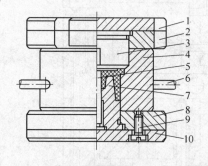

图 3 - 3　移动式压缩模

1—上模板　2—上凸模固定板　3—上凸模

4—凹模　5—型芯　6—手柄　7—下凸模

8—下凸模固定板　9—螺钉　10—下模板

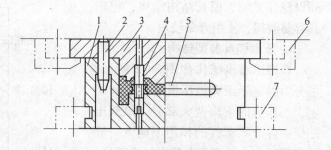

图 3 - 4　半固定式压缩模

1—凹模（加料腔）　2—导柱　3—凸模

4—型芯　5—手柄　6—压板　7—导轨

这种模具结构也比较简单，劳动强度较低，当移动式压缩模过重或塑件上嵌件较多时，为了便于操作，可采用此种模具结构。

3）固定式压缩模。固定式压缩模如图3-5所示。模具的上、下模分别固定在压力机滑块和工作台上，开合模、加压成型及脱模等工序均在压力机内进行。

这种模具生产率高，操作简单，劳动强度小，模具寿命长；但结构复杂，安放嵌件不方便，适用于压制批量较大或尺寸较大且尺寸精度要求高的塑件。

（2）按压缩模上、下模配合结构特征分类

1）溢式压缩模（敞开式压缩模）。溢式压缩模结构如图3-6所示。这种模具无加料腔，塑料直接加到型腔内，型腔高度 h 基本就是塑件高度；凸、凹模没有配合部分，完全靠导柱定位，故压缩时过剩塑料极易溢出（一般约为加料量的5%）。宽度为 B 的环形面是挤压面，挤压面在合模终点时才完全闭合，由于挤压面在挤压阶段仅能产生有限的阻力，因此压缩成型的塑件密度不高，强度

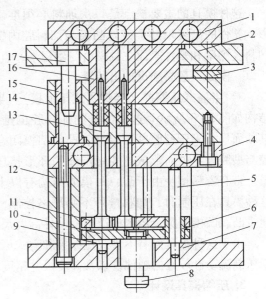

图3-5 固定式压缩模

1、4—加热板 2—上模板 3—承压块 5—导柱
6—导套 7—下模板 8—尾轴 9—调整钉
10—推板 11—推杆固定板 12—垫块 13—推杆
14—凹模板 15—导套 16—凸模 17—导柱

较低，力学性能也较差，特别是模具闭合太快时，会造成溢料量的增加，既造成原料的浪费，又降低了塑件的密度。

这种模具结构简单耐用，塑件容易脱出，但塑件带有水平飞边，去除较困难，适用于压制高度不大、外形简单、精度低、强度没有严格要求的塑件。

2）不溢式压缩模（封闭式压缩模）。不溢式压缩模结构如图3-7所示。这种模具的加料腔为型腔向上的延伸部分；凸、凹模有较高精度的间隙配合，压缩时压力机压力几乎完全作用在塑件上。在压制时溢料极少，飞边薄，且易去除；塑件致密性好，机械强度高。这种结构适用于压制形状复杂、壁薄、长流程、深腔塑件，也适用于压制流动性差、单位比压大、比体积大的棉布、玻璃布或长纤维作填料的塑件。

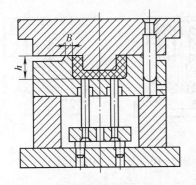

图3-6 溢式压缩模结构

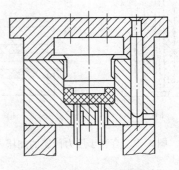

图3-7 不溢式压缩模结构

这种模具的主要缺点是每次加料必须准确称量，否则影响塑件的高度尺寸；另外凸模与加料腔内壁有摩擦，使加料腔侧壁和塑件表面在脱模时受到损伤，且脱模较困难，所以，模具一般必须设推出装置。

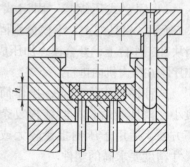

图 3 - 8　半溢式压缩模结构

3）半溢式压缩模（半封闭式压缩模）。半溢式压缩模结构如图 3 - 8 所示。这种模具的加料腔也是型腔的延续，其断面尺寸大于型腔断面尺寸；凸、凹模闭合时，在加料腔与型腔分界处，形成宽 4～5mm 的环形挤压面，并且凸模上带有溢料槽。由于凸、凹模的结构有以上特点，所以这种模具在压制时，加料量可不必严格控制，多余塑料可通过凸、凹模间隙及溢料槽溢出；塑件高度尺寸精度较高，致密性较好，塑件脱模容易。

由于这种模具兼有不溢式压缩模和溢式压缩模各自的一些优点，所以使用较广泛，适用于压制流动性较好的塑件，以及高度尺寸精度高、形状复杂、带有小型嵌件的塑件。

3. 压缩模具设计

在设计压缩模具时，首先应根据塑件的质量和尺寸精度确定压缩模具类型、凸凹模的配合形式及成型零件的结构，在型腔结构确定后再根据塑件尺寸确定型腔成型零件及加料腔的尺寸。有些内容，如型腔成型尺寸的计算，型腔底板及壁厚尺寸的校核，凸、凹模结构等与注射模具相同，可参考项目 2 的相应内容，在此不再重复。

（1）加压方向的选择　塑件在模具内的加压方向，是指压力机滑块与凸模向型腔施加压力的方向。加压方向对塑件质量、模具结构和脱模难易都有较大影响。

选择加压方向应遵循以下原则。

1）有利于压力传递。加压方向应避免在加压过程中压力传递距离太长，以致压力损失太大。例如圆筒形塑件，一般顺着轴向加压，如图 3 - 9a 所示。当圆筒形塑件轴线太长时，可改平行轴线加压为垂直轴向加压，如图 3 - 9b 所示，这种方法加压有利于压力传递，避免了因压力损失太大，使塑件底部或中部产生疏松的现象；但塑件外表面将产生飞边而影响外观。

2）便于加料。为了便于加料，加料腔应设计得直径大而深度浅，如图 3 - 10a 所示。而图 3 - 10b 所示加料腔直径小而深，则不便于加料。

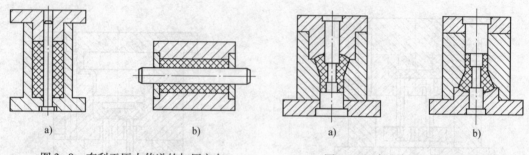

图 3 - 9　有利于压力传递的加压方向　　　　　图 3 - 10　便于加料的加压方向

3）便于安放和固定嵌件。当塑件上带有嵌件时，应优先考虑将嵌件安放在下模，如图 3 - 11a 所示。这样不但操作方便，而且还可利用嵌件推出塑件，使塑件不留推出痕迹。

若将嵌件安放在上模,如图3-11b所示,既不方便操作,又可能因嵌件安装不牢靠而掉落,导致模具损坏。

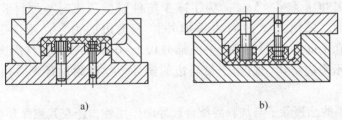

图3-11 便于嵌件安放的加压方向

4) 保证凸模强度。对于从正反面都可以加压成型的塑件,加压方向的选择应使凸模形状尽量简单,强度好。如图3-12a所示的结构比图3-12b所示的结构凸模强度高。

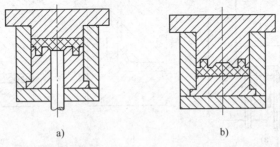

图3-12 有利于凸模强度的加压方向

5) 便于塑料流动。要使塑料便于流动,加压时应使料流方向与加压方向一致,如图3-12a所示。

6) 保证重要尺寸的精度。沿加压方向的塑件高度尺寸会因飞边厚度不同和加料量不同而变化,所以,精度要求高的尺寸不宜放在加压方向上。

塑件在模具内的加压方向的选择,考虑的因素是多方面的,要完全兼顾往往很困难,通常根据对塑件和模具结构影响较大的因素来选择加压方向。

(2) 凸模与凹模配合的结构形式

1) 溢式压缩模的凸模与凹模配合形式。溢式压缩模的型腔就是加料腔,凸、凹模无配合部分;凸、凹模接触面既是分型面又是承压面,其结构如图3-13所示。其中图3-13a为无溢料槽的结构,为了减小飞边的厚度,接触面积不宜太大,单边宽度为3~5mm。图3-13b为带有溢料槽的结构,为了增大承压面积,在溢料槽外增设承压面。

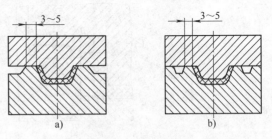

图3-13 溢式压缩模的凸凹模配合形式

2) 不溢式压缩模的凸模与凹模配合形式。不溢式压缩模的加料腔是型腔的延续部分,其凸、凹模典型配合结构如图3-14a所示。加料腔与凸模一般按H8/f8配合,通常取单边间隙0.025~0.075mm为宜。配合间隙过小,在高温下极易咬合;间隙过大,会造成严重溢料。配合长度常取 10mm 左右，加料腔的入口应有 $R1.5mm$ 的倒角，除塑件的型腔高度外，加料腔深度方向配合长度超过 10mm 的部分，应设置 $15' \sim 20'$ 的斜度作为引导。顶杆的配合长度 h 取 $4 \sim 5mm$。为了减少塑件脱模顶出时与加料腔内壁的摩擦，如图 3-14b、c 所示，采用在塑件周边添加外伸小飞边的方法。图 3-14b 飞边总高为 1.8mm，厚度为 0.1mm，容易去除，外凸部分 $0.3 \sim 0.5mm$，使塑件周边与加料腔脱离接触。图 3-14c 所示飞边结构，适用于带斜边的塑件。这种附加环形飞边还具有排除和储存余料的作用。

不溢式压缩模的凸模除了与加料腔配合起导向作用外，还在其侧面开有纵向排气槽，起排除型腔中气体和控制余料的功能。排气槽深为 $0.3 \sim 0.5mm$，宽为 $5 \sim 6mm$，从凸模的成型面一直开到模板，兼作溢料槽之用。

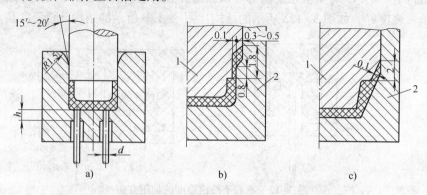

图 3-14　不溢式压缩模的凸模与凹模配合形式
a）典型配合　b）垂直方向改进　c）斜向添加飞边
1—凸模　2—凹模

3）半溢式压缩模的凸模与凹模配合形式。半溢式压缩模的加料腔也是型腔的延续，由型腔断面尺寸扩大而形成。其特点是在加料腔中设有挤压环，如图 3-15 所示的尺寸 B，并相应在上下模闭合面上设置有承压面，以承受压力机的余压，避免全部压力由挤压面承受。

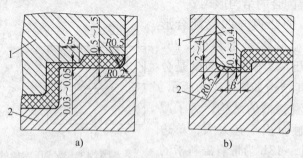

图 3-15　半溢式压缩模的凸模与凹模配合形式
a）圆形凸模挤压环　b）矩形凸模挤压环
1—凸模　2—凹模

设计挤压环时，其宽度 B 取 $2 \sim 5mm$。模具装配时修磨承压面，使圆形凸模挤压环边缘 B 处留有间隙 $0.03 \sim 0.05mm$，矩形凸模挤压环 B 处留有间隙 $0.1 \sim 0.4mm$，塑件上留有这样的飞边易于去除。承压面的修磨也同样调节了塑件深度方向的尺寸。半溢式压缩模凸模与加料腔的配合间隙、导向及其尺寸与不溢式相同，而排气和溢流由挤压环后部的空间（即溢流槽）承担。

（3）加料腔尺寸计算　加料腔是进入型腔前存放塑料并使之加热塑化的一个腔体。其尺寸，特别是高度尺寸，关系到塑件的尺寸精确程度。

溢式压缩模无加料腔，塑料堆放在型腔中。不溢式和半溢式压缩模的加料腔，在一般情况下，其体积等于塑料原料所占的体积减去型腔的体积。

塑料原料所占的体积可按下式计算

$$V = V_{j}f = \frac{mf}{\rho} \tag{3-2}$$

式中　V——塑料原料所占体积（cm³）；

　　　V_{j}——包括溢料和飞边在内的塑件体积（cm³）；

　　　m——包括溢料和飞边在内的塑件质量（g），通常溢料及飞边的质量按塑件净重的

　　　　　5%～10%计算；

　　　f——塑料的压缩比，即塑料的体积与塑件单位质量的体积之比；

　　　ρ——塑料的密度（g/cm³）。

加料腔断面尺寸（水平投影面）可根据模具类型确定，当已知加料腔体积和断面面积后，就能计算出加料腔的高度。几种典型加料腔的高度尺寸（H）的计算公式见表3-1。

表3-1　不同加料腔的高度尺寸的计算公式

模具类型	简　图	高度计算公式
不溢式压缩模		$H = \dfrac{V}{A} + (1\sim2)\text{cm}$ 式中　V—所需塑料原料体积（cm³）； 　　　A—加料腔断面面积（cm²）
有凸出型芯的不溢式压缩模		$H = \dfrac{V+V_1}{A} + (0.5\sim1)\text{cm}$ 式中　V_1—下凸模凸出部分的体积（cm³）
薄壁深腔的不溢式压缩模		$H = h + (1\sim2)\text{cm}$ 式中　h—塑件的高度（cm）
塑件在凹模成型的半溢式压缩模		$H = \dfrac{V-V_0}{A} + (0.5\sim1)\text{cm}$ 式中　V_0—挤压环以下的型腔体积（cm³）

（续）

模具类型	简　　图	高度计算公式
塑件同时在凹模和凸模的空间中成型的半溢式压缩模	H　V_3	$$H = \frac{V - V_3}{A} + (0.5 \sim 1)\,\mathrm{cm}$$ 式中　V_3—塑件在凸模凹入部分的体积（cm^3）； 在未合模前，凸模凹入部分的体积 V_3 并不起盛料作用
有中心导柱的半溢式压缩模	H　V_1　V_3	$$H = \frac{V + V_1 - V_3}{A} + (0.5 \sim 1)\,\mathrm{cm}$$ 式中　V_1—挤压环以上导柱的体积（cm^3）； 在未合模前，凸模凹入部分的体积 V_3 并不起盛料作用
多型腔半溢式压缩模	H　V_0	$$H = \frac{V - nV_0}{A} + (0.5 \sim 1)\,\mathrm{cm}$$ 式中　n—型腔数； V_0—挤压环以下单个型腔的体积（cm^3）

　　表 3-1 所列公式适用于粉状塑料。对于比体积比粉状塑料大得多的纤维状塑料，加料腔高度不能用上述公式计算。

　　（4）压缩模的结构设计　如图 3-16 所示为半溢式压缩模常用结构形式，一般由引导环、配合环、挤压环、储料槽、排气溢料槽、承压面、加料腔等部分组成。

　　1）引导环 L_1。除加料腔极浅（高度在 10mm 以下）的凹模外，一般加料腔上部都设有一段长度 L_1 为 10mm 左右的引导环，引导环斜度 α 取 $20' \sim 1°30'$，圆角 R 取 $1 \sim 3$mm，以便引入凸模，以减少凸模与加料腔侧壁的摩擦，避免顶出塑件时擦伤表面，并延长模具寿命。

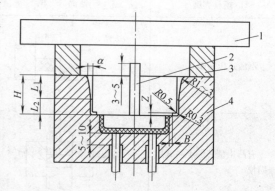

图 3-16　半溢式压缩模常用结构形式
1—凸模　2—排气槽　3—承压块　4—凹模

　　2）配合环 L_2。配合环是凸模与凹模加料腔的配合部分，其作用是保证凸模与凹模定位准确，防止塑料溢料，一般单边间隙为 $0.025 \sim 0.075$mm。也可按 H8/f7 配合公差配制。配合环的长度根据模具类型而定，移动式压缩模 L_2 取 $4 \sim 6$mm；固定式压缩模，若加料腔高度 $H \geqslant 30$mm，L_2 取 $8 \sim 10$mm。

　　3）挤压环 B。挤压环的作用是在半溢式压缩模中限制凸模下行的位置，以保证最薄的水平飞边。一般中小型模具，钢材较好时取 B 为 $2 \sim 4$mm，大型模具取 B 为 $3 \sim 5$mm。

　　4）储料槽 Z。储料槽用于储存多余废料，不溢式压缩模的储料槽设计在凸模上，如图 3-17 所示，图 3-17a 为圆形凸模储料槽，图 3-17b 为矩形凸模储料槽。储料槽不能设计成连续的环形槽，否则余料会牢固地包在凸模上，难以清理。

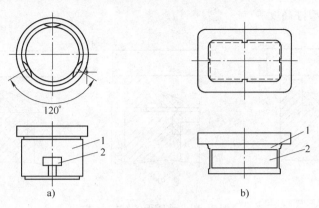

图 3-17　不溢式压缩模储料槽

1—凸模　2—储料槽

5）排气溢料槽。成型形状复杂的塑件及流动性差的纤维填料的塑料时，或在压缩时不能排出气体时，则应在凸模上选择适当位置开设排气溢料槽。

图 3-18 所示为半溢式压缩模排气溢料槽的形式。其中图 3-18a 所示为在圆形凸模上开设出四条 0.2~0.3mm 的凹槽，凹槽与凹模内圆面间形成溢料槽；图 3-18b 为在圆形凸模上磨出深 0.2~0.3mm 的平面进行排气溢料；图 3-18c、d 是矩形凸模上开设排气溢料槽的形式。排气溢料槽应开到上端，以便合模后高出加料上平面，使余料排出模外。

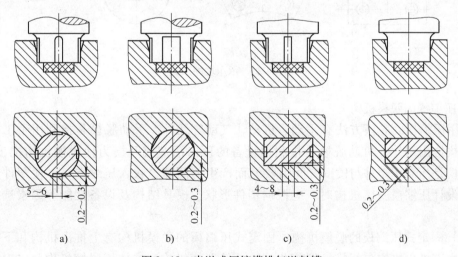

图 3-18　半溢式压缩模排气溢料槽

6）承压面。承压面的作用是减轻挤压环的载荷，延长模具使用寿命。承压面的结构形式如图 3-19 所示，其中图 3-19a 的结构形式是以挤压环作为承压面，模具容易变形或损坏，但飞边较薄；图 3-19b 中凸、凹模之间留有 0.03~0.05mm 的间隙，由凸模固定板与凹槽上端面作为承压面，可防止挤压边变形损坏，延长模具使用寿命，但飞边较厚，主要用于移动式压缩模；对于固定式压缩模，可采用图 3-19c 所示承压块形式，通过调节承压块 4 的厚度来控制凸模进入凹模的深度或与挤压边缘之间的间隙，减小飞边厚度，承受压力机余压，有时还可调节塑件高度。

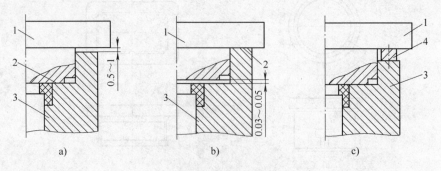

图 3 - 19   承压面的结构形式
1—凸模   2—承压面   3—凹模   4—承压块

　　承压块的形式如图 3 - 20 所示，矩形模具采用长条形的，如图 3 - 20a 所示；圆形模具采用弯月形的，如图 3 - 20b 所示；小型模具可采用圆形的，如图 3 - 20c 或图 3 - 20d 所示。承压块的厚度一般为 5 ~ 10mm，材料为 45 钢，调质处理。

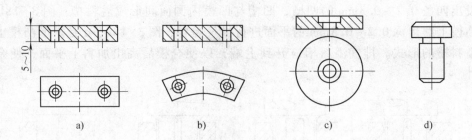

图 3 - 20   承压块的形式

4. 压缩模的脱模机构

　　常用压缩模的脱模方法有手动、机动、气动等几种。手动脱模是指利用手工方式使脱模机构推出塑件；机动脱模是指利用设备的顶出活塞或开模力使脱模机构推出塑件；气动脱模是指利用塑件与模壁之间因收缩而产生的间隙，吹入压缩空气，使塑件升起而脱模。设计压缩模脱模机构时，应根据塑件形状、模具结构及设备性能等因素选择合适的类型。

　　（1）固定式压缩模的脱模机构   固定式压缩模的脱模机构有上推出机构和下推出机构。其中下推出机构包括推杆脱模机构、推管脱模机构、推件板脱模机构及二次脱模机构等。

　　由于压缩模的下推出机构大多是利用压力机顶出系统来实现塑件的机动脱模的，所以设计固定式压缩模下推出机构时，必须了解压力机顶出系统与压缩模脱模机构的连接方式。

　　1）间接连接。如图 3 - 21 所示为压力机推顶机构与压缩模脱模机构无固定的间接连接方式。这种连接方式仅在压力机顶杆上升时带动压缩模脱模机构脱出塑件，当压力机顶杆返回时，尾轴 4 与压缩模推板 1 相脱离，所以必须设计复位杆来实现复位。尾轴的长度等于塑件推出高度加下模底板 3 和挡销 2 的高度，尾轴可通过螺纹直接与压缩模推板 1 相连，如图 3-21a所示；或者反过来与压力机顶杆 5 相连，如图 3-21b 所示。这两种结构的复位都需要用复位杆来实现。

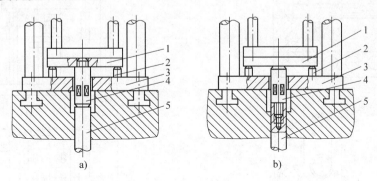

图 3-21　压力机推顶机构与压缩模脱模机构间接连接
1—压缩模推板　2—挡销　3—下模底板　4—尾轴　5—压力机顶杆

（2）直接连接。如图 3-22 所示，压力机推顶机构与压缩模脱模机构固定连接在一起。这种连接方式使压力机顶杆不仅在其上升过程，而且在下降过程中也能带动脱模机构动作，故压缩模不必设计复位机构。图 3-22a 所示是利用一端带有螺纹、另一端为轴肩的尾轴使推顶装置与脱模机构连接；图 3-22b 所示是头部为环形槽的压力机顶杆与脱模机构连接；图 3-22c 所示为顶端设有 T 形台肩的尾轴与脱模机构连接。

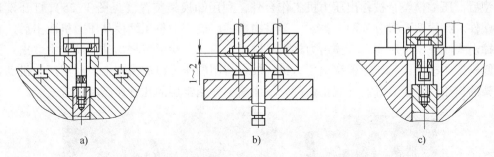

图 3-22　压力机推顶机构与压缩模脱模机构直接连接

（2）半固定式压缩模的脱模机构　半固定式压缩模分型后，塑件随可移动部分（上模或下模）移出模外，然后用手工或借助脱模工具脱出塑件。

1）上模不固定的压缩模。如图 3-23 所示，这类模具可将凸模或模板做成沿导滑槽抽出的形式，故又称抽屉式压缩模。开模后塑件留在活动上模 1 上，用手沿导轨 2 把活动上模抽出模外，取出塑件。

2）下模不固定的压缩模。这类模具的上模是固定的，下模可移出压力机，通常要在压力机工作台旁边设置一种通用的推出装置。图 3-24 所示为典型的模外液压推出脱模机构，当压缩成型完成后，塑件滞留在下模，开模后将下模的凸肩滑入导滑槽 3 内，并推到与定位块 1 相接触的位置，然后通过推出液压缸从下模推出塑件。

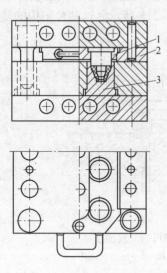

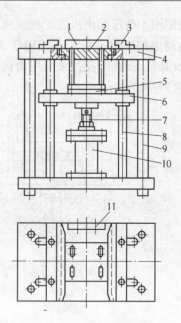

图 3 - 23　抽屉式压缩模
1—活动上模　2—导轨　3—凹模

图 3 - 24　模外液压推出脱模机构
1—定位块　2—推杆导向板　3—导滑槽
4—工作台　5—推板　6—滑动板　7—丝杠
8—导柱　9—立柱　10—液压缸　11—定位螺钉

（3）移动式压缩模的脱模机构　移动式压缩模不与压力机工作台固定连接，当塑件压缩成型后，压缩模整个被移出压力机工作台外，利用卸模架装置（见图 3 - 25）打开模具并脱出塑件。卸模架装置分为两大类：一类是撞击式脱模，即将压缩模从压力机取出后，在特制的撞击式脱模架上利用人工撞击力将模具顺序开启，并用手工将塑件从模具中取出；另一类是卸模架脱模，即将压缩模移出压力机，放在特制的压力机卸模架上，利用压力机动力对卸模架的作用，将模具开启并脱出塑件。下面简单介绍常用的几种典型卸模方式。

图 3 - 25　移动式压缩模用卸模架

1）单分型面压缩模卸模架卸模。如图 3 - 26 所示，卸模时先将上卸模架 1、下卸模架 6 分别插入模具相应孔内。当压力机的活动横梁压到上卸模架或下卸模架时，压力机的压力通过上、下卸模架传递给模具，使凸模 2、凹模 4 分开，同时下卸模架推动推杆，从而推出塑件。

2）双分型面压缩模卸模架卸模。如图 3 - 27 所示，卸模时先将上卸模架 1、下卸模架 5

的推杆分别插入模具的相应孔内。压力机的活动横梁压到上卸模架或下卸模架上，上、下卸模架上的长推杆使上凸模2、下凸模4、凹模3三者分开，开模后凹模留在上、下卸模架的短推杆之间，最后从凹模中取出塑件。

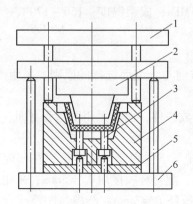

图3-26　单分型面压缩模卸模架
1—上卸模架　2—凸模　3—推杆
4—凹模　5—底板　6—下卸模架

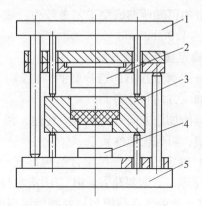

图3-27　双分型面压缩模卸模架
1—上卸模架　2—上凸模　3—凹模
4—下凸模　5—下卸模架

3）垂直分型面压缩模卸模架卸模。如图3-28所示，卸模时先将上卸模架1、下卸模架6的推杆分别插入模具的相应孔内，压力机的活动横梁压到上卸模架或下卸模架上。上、下卸模架的长推杆首先使下凸模5和其他部分分开，当到达一定距离后，再使上凸模2、模套4、瓣合凹模3分开，塑件留在瓣合凹模内，最后打开瓣合凹模取出塑件。

【任务实施】

1. 分析塑件结构工艺性

从结构上看，图3-1所示为框架形塑件，四周各有一槽，并在塑件两侧和上凹槽处镶嵌有深度为6mm的M3螺母嵌件，最小壁厚为6mm。查资料可知满足酚醛塑料的最小壁厚要求，螺母嵌件周围塑料层厚度也均满足最小壁厚要求。塑件精度为MT5级以下，要求不高，表面质量也无特殊要求。从整体上分析，框架结构相对比较简单，精度要求一般，故容易压缩成型。

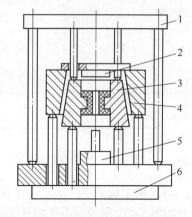

图3-28　垂直分型面
压缩模卸模架
1—上卸模架　2—上凸模　3—瓣合凹模
4—模套　5—下凸模　6—下卸模架

2. 分析塑件原材料性能

酚醛塑料具有优良的可塑性，压缩成型工艺性能良好，塑件表面粗糙度值较低且力学性能和电绝缘性优良，特别适合用作电器类零件的材料。该材料的比体积为 $1.8 \sim 2.8 \mathrm{cm}^3/\mathrm{g}$，压缩比为 $2.5 \sim 3.5$，密度为 $1.4 \mathrm{g/cm}^3$，收缩率为 $0.6\% \sim 1\%$。该塑料的成型性较好，但收缩及收缩的方向性较大，硬化速度较慢，故压缩时应引起注意。

3. 确定压缩成型工艺流程及工艺参数

酚醛塑料可通过压缩方法成型，由于该塑件年产量不高，采用简易式压缩模比较经济。压缩成型工艺过程需要经过预热和压制两个过程，一般不需要进行后处理。

查资料可知压缩成型工艺参数为：成型压力：30MPa；成型温度：160～170℃；保持时间：0.8～1.0min/mm。

4. 确定模具结构方案

（1）选择加压方向与分型面　根据压缩模加压方向与分型面选择的原则，采用图3-29所示的加压方向和分型面。

这样的加压方向有利于压力传递，便于加料和安放嵌件；而且采用图示分型面，塑件外观无接痕，可保证塑件质量。

（2）确定凸模与凹模配合结构形式　为了便于排气、溢料、准确定位，在凹模上设置一段引导环 L_1，取斜角 $\alpha = 30'$，圆角半径 $R = 0.3$mm，配合环长度取 $L_2 = 5$mm，采用间隙配合 H8/f7。此外，在凸模与加料腔接触表面处设有挤压环 $B = 3$mm。凸模与凹模配合的结构形式如图3-30所示。

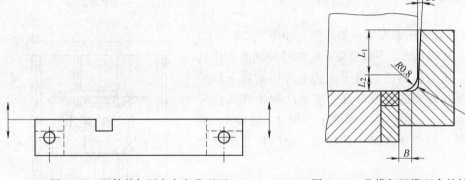

图3-29　塑件的加压方向和分型面　　　　图3-30　凸模与凹模配合的结构形式

（3）确定成型零件的结构形式　为了降低模具制造难度，本模具拟采用组合式型腔结构，如图3-31所示。由于塑件上需嵌入螺母，还需在凹模2、型芯拼块3上设置安装嵌件的零件（图中没有显示嵌件）。型芯拼块结构如图3-32所示。

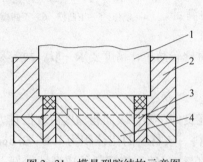
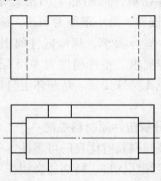

图3-31　模具型腔结构示意图　　　　　　图3-32　型芯拼块结构

1—上凸模　2—凹模　3—型芯拼块　4—下凸模

5. 模具设计有关计算

（1）型腔、型芯工作尺寸计算　酚醛塑料的平均收缩率为 $S = \dfrac{0.6\% + 1.0\%}{2} = 0.8\%$，根据计算公式得凹模、型芯各部位工作尺寸，见表3-2。

表 3-2　凹模和型芯工作尺寸计算　　　　（单位：mm）

零件名称	类别	塑件尺寸	计算公式	凹模或型芯工作尺寸
凹模的计算	径向尺寸	$72_{-0.2}^{0}$	$L_{M} = \left[L_{s} + L_{s}S - \dfrac{3}{4}\Delta \right]_{0}^{+\delta_{z}}$	$72.43_{0}^{+0.05}$
		$32_{-0.34}^{0}$		$32.01_{0}^{+0.085}$
	深度尺寸	$12_{-0.4}^{0}$	$H_{M} = \left[H_{s} + H_{s}S - \dfrac{2}{3}\Delta \right]_{0}^{+\delta_{z}}$	$11.83_{0}^{+0.1}$
型芯的计算	径向尺寸	$20_{0}^{+0.28}$	$l_{M} = \left[l_{s} + l_{s}S + \dfrac{3}{4}\Delta \right]_{-\delta_{z}}^{0}$	$20.37_{-0.07}^{0}$
		$50_{0}^{+0.4}$		$50.70_{-0.1}^{0}$
		$6_{0}^{+0.2}$		$6.2_{-0.05}^{0}$
	高度尺寸	$4_{0}^{+0.2}$	$h_{M} = \left[h_{s} + h_{s}S + \dfrac{2}{3}\Delta \right]_{-\delta_{z}}^{0}$	$4.17_{-0.06}^{0}$
型芯拼块的计算	径向尺寸	$14_{0}^{+0.3}$	$l_{M} = \left[l_{s} + l_{s}S + \dfrac{3}{4}\Delta \right]_{-\delta_{z}}^{0}$	$14.34_{-0.075}^{0}$
	高度尺寸	$4_{0}^{+0.2}$	$h_{M} = \left[h_{s} + h_{s}S + \dfrac{2}{3}\Delta \right]_{-\delta_{z}}^{0}$	$4.17_{-0.06}^{0}$

（2）凹模加料腔尺寸计算

1）塑件体积计算。根据计算，塑件的体积为 14.13cm^3。因压缩过程会有少量溢料（约 5%），则考虑溢料情况下的塑件体积为 14.84cm^3。

2）塑料体积计算。根据式（3-2）计算塑料的体积为

$$V = V_{j}f = 14.84\text{cm}^3 \times 3 = 44.52\text{cm}^3$$

3）加料腔高度计算。根据凸模与凹模配合形式中所确定的挤压环 $B = 3\text{mm}$，加料腔底面与加料腔侧壁用 $R = 0.3\text{mm}$ 的圆角过渡，可算得加料腔的面积为 30.33cm^2。

再根据半溢式压缩模加料腔计算公式（见表3-1），可计算加料腔的高度尺寸为

$$H = \frac{V - V_{0}}{A} + (0.5 \sim 1)\text{cm}$$

$$= \left[\frac{44.52 - 14.13}{30.33} + (0.5 \sim 1) \right]\text{cm}$$

$$= \left[1.0 + (0.5 \sim 1) \right]\text{cm}$$

取 $H = 1.8\text{cm} = 18\text{mm}$。

6. 绘制模具总装图

本模具总装图如图3-33所示。

模具工作原理：打开模具，先把螺母嵌件放入模内的嵌件螺杆上，将称量过的塑料原料加入型腔，合模后移入液压机工作台的垫板上（加入垫板是为了符合液压机闭合高度的要求）。对模具进行加热加压，待塑件固化成型后，将模具移出，然后在专用卸模架上把模具

分开，取出塑件。

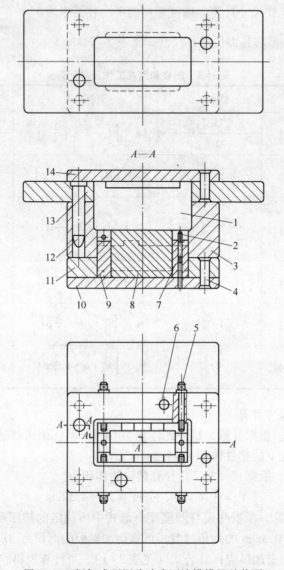

图 3-33　框架成型用移动式压缩模模具总装图
1—上凸模　2、5—嵌件螺杆　3—凹模　4—铆钉　6、12—导钉　7、9—型芯拼块
8—下凸模　10—下模座板　11—下固定板　13—上固定板　14—上模座板

教学组织实施建议：

1）学生可根据兴趣爱好或完成上一个任务的实际情况等，选择该任务中的另一个载体来实施任务。实施该任务要求学生自学热固性塑料压注成型及模具的相关知识，并制订计划，进行决策，编制学习工作页，实施任务等。任务要求如下：

如图 3-34 所示为圆形罩壳塑件，中等批量生产，采用以木粉为填料的酚醛塑料压注而成，要求具有优良的电气绝缘性能和较高的机械强度，试设计其成型用压注模结构，并编制合理的制件成型工艺规程。

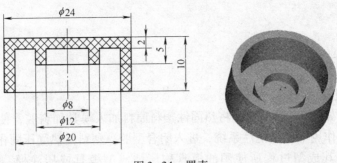

图 3-34 罩壳

2）教学过程注重采用对比法、类比法、启示法和分组讨论法。

【完成学习工作页】（见表3-3）

表 3-3 塑料模具设计与制作完成学习工作页（项目3 任务1）

项目名称		其他塑料模具的设计	填表人		
			负责人		
任务单号		Sj-009	校企合作企业		
任务名称		压缩模具结构设计	校内导师		校外导师
任务资讯	产品类型	工业品	客户资料		零件图（1）张
	任务要求	1. 选用塑料名称（　），缩写代号（　） 2. 塑件结构工艺性：好（　），差（　） 3. 产品主要缺陷：飞边（　），缺料（　），表面起泡（　），翘曲（　） 4. 压缩成型工艺参数：温度（　），压力（　），时间（　） 5. 模具结构：溢式（　），半溢式（　），不溢式（　） 6. 模具脱模方式：机动（　），气动（　），卸模架（　），其他（　） 7. 任务下达时间：_____；要求完成时间：_____			
任务计划	识读任务				
	必备知识				
	模具设计				
	塑料准备				
	设备准备				
	工具准备				
	劳动保护准备				
	制订工艺参数				
决策情况					
任务实施					
检查评估					
任务总结					
任务单会签		项目组同学	校内导师	校外导师	教研室主任

【知识拓展】

热固性塑料压注成型模具

1. 压注成型过程

压注成型过程如图 3-35 所示。将热固性塑料原料加入模具加料腔，使其受热成熔融状态，并在活塞压力作用下经过浇注系统，进入闭合型腔，塑料受热受压固化成型，也称传递成型、挤塑成型。其成型过程所使用的模具称压注成型模具或压注模，也称传递模、挤塑模。

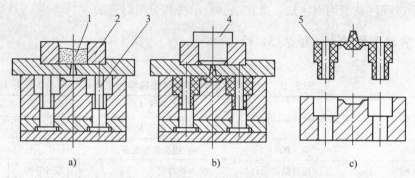

图 3-35　压注成型原理

1—塑料粉（粒）　2—加料腔　3—凸模　4—压柱　5—塑件

压注成型与压缩成型的区别是：具有单独的或隔离的加料室，在加料时模具呈闭合状态，塑料在加料室内受热塑化；模具具有专门的浇注系统，塑料在流经浇口时能伴随强烈的剪切摩擦作用而较快地、均匀地熔融。压注成型充型能力强，能成型外形复杂、薄壁或壁厚变化较大、带有精细嵌件的制品；制品形状尺寸精度高，表面质量好。但压注模结构较为复杂，制造成本高，且因有流道凝料而材料利用率低。

2. 压注模具结构类型

（1）移动式压注模　移动式压注模的结构如图 3-36 所示，其加料腔 2 与模具本体是可以分离的。压注成型时，将定量的塑料放入加料腔内，在压力机的作用下，压柱 1 将塑化后的塑料以高速经浇注系统挤入型腔中，待固化定型后，先移去加料腔，然后在卸模架上卸模，使塑件脱出。导柱 6 保证凹模 4 与型芯 5 的正确定位，导柱 9 保证上模座板 3 与凹模 4 的正确定位。

这种模具生产效率较低，适用于小批量生产。

（2）固定式压注模　固定式压注模的结构如图 3-37 所示，压注模的上下模座板分别固

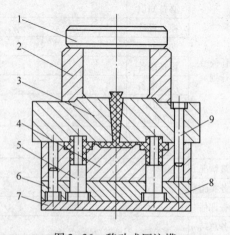

图 3-36　移动式压注模

1—压柱　2—加料腔　3—上模座板　4—凹模
5—型芯　6、9—导柱　7—下模座板　8—型芯固定板

定在压力机的上下工作台上，压柱3紧固在上模座板上，型腔部分紧固在下模座板上。开模时，压力机的滑块带动压柱3上升使上模部分与加料腔在Ⅰ-Ⅰ处分型，以便拉出主流道凝料并清理加料腔。当压柱上升到一定距离后，拉杆20上的螺母碰到拉钩19，使拉钩与凹模固定板17脱钩，由于定距拉杆18的作用，使上凹模板16与凹模固定板17在Ⅱ-Ⅱ处分型，以便推出机构将塑件和分流道凝料从该分型面处推出。这种模具生产效率高，适用于较大批量生产。

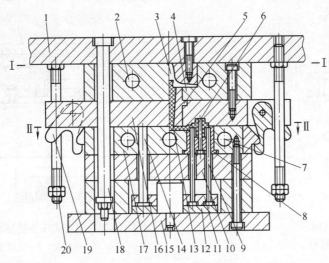

图3-37 固定式压注模

1—上模座板 2、7—加热器安装孔 3—压柱 4—加料腔 5—主流道衬套 6—型芯 8—凹模
9—推杆 10—支承板 11—推杆固定板 12—推板 13—浇注系统 14—复位杆 15—下模座板
16—上凹模板 17—凹模固定板 18—定距拉杆 19—拉钩 20—拉杆

（3）柱塞式压注模 这种模具一般没有主流道，主流道已扩大成为圆柱状的加料腔。此时压注力不再起夹紧模具的作用，因此在液压机上具有两个液压控制缸，其中一个液压缸起锁模作用，称为主缸；另一个液压缸起压注作用，称为辅助缸。为了避免溢料，主缸压力要比辅助缸的压力大得多，由于在柱塞式压注模中没有主流道的摩擦生热作用。所以最好采用经过预热的原料进行压注，以减少所需的压注力。其结构如图3-38所示。合模时，由位于液压机下方的主缸推动下模上行进行合模，塑料加入加料腔6中加热，由位于液压机上方的辅助缸对压柱7加压，使塑料经浇注系统注入型腔，待固化定型后由主缸带动下模下行而开模，开模一定距离后，推杆3使塑件脱模。压柱由辅助缸带动上行。

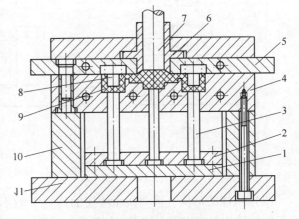

图3-38 柱塞式压注模

1—推板 2—推杆固定板 3—推杆 4—下模板
5—上模板 6—加料腔 7—压柱 8—型芯
9—塑件 10—垫块 11—下模座板

3. 压注模具设计要点

（1）加料腔的结构　移动式压注模的加料腔是活动的，能从模具上单独取下。最常见的结构如图3-39所示，一般在加料腔底部设计有倾斜30°的台阶，当加料腔内的塑料受压时，压力也作用在台阶的环形投影面上，加料腔便能紧紧地压在模具的上模板上，塑料就不会从加料腔底部与上模板之间溢出。加料腔底部和上模板之间的接触面应仔细磨平。

固定式压注模加料腔与上模板连接为一体，在加料腔底部开设一个或几个流道与型腔沟通，如图3-40所示。

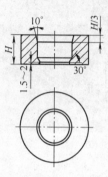

图3-39　移动式
压注模加料腔

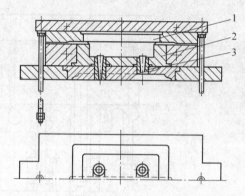

图3-40　固定式压注模加料腔
1—压柱　2—加料腔　3—主流道衬套

柱塞式压注模加料腔的断面为圆形，断面尺寸与锁模力无关，故其直径较小，高度较大。如图3-41所示为柱塞式压注模加料腔在模具上的几种固定方式。其中图3-41a为采用螺母1锁紧的方式；图3-41b为采用轴肩2固定的方式；图3-41c为采用对剖的两个半环3锁紧的主式。

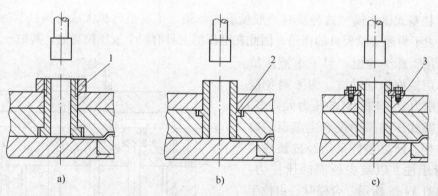

图3-41　柱塞式压注模加料腔的固定方式
1—螺母　2—轴肩　3—半环

（2）压柱的结构　移动式压注模的压柱一般不带底板，如图3-42a所示。固定式压注模压柱的结构带有底板，如图3-42b、c所示，利用底板将压柱固定在压力机上，压柱与底板可以是装配式（见图3-42b），也可以是整体式（见图3-42c）。柱塞式压注模的压柱如图3-42d所示，压柱的一端带有螺纹，可直接拧在辅助缸的活塞杆上，压柱直径应根据加料腔大小来确定。

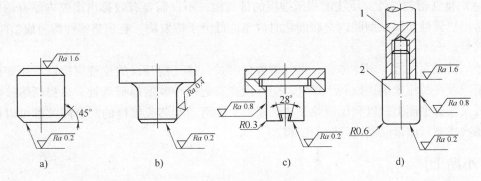

图3-42 压注模压柱结构
1—辅助缸活塞杆 2—压柱

图3-43a 所示为头部开有楔形沟槽的压柱结构，沟槽的作用是拉出主流道内的凝料，沟槽深度约为3~5mm，宽度大于主流道小端直径的1.5倍，同时带有4°的锥度，以便从楔形槽中去除残留凝料。图3-43b 所示的结构适用于直径在75mm 以上的大型压柱。

（3）浇注系统设计 压注模浇注系统如图3-44所示。由主流道、分流道、浇口、反料槽等组成。浇注系统的要求是尽可能减少压力损失，同时使塑料进一步加热塑化，以最佳流动状态进入型腔。

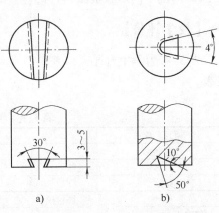

图3-43 压柱拉料沟槽的结构

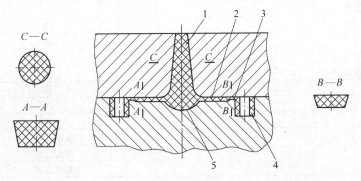

图3-44 浇注系统组成
1—主流道 2—分流道 3—浇口 4—型腔 5—反料槽

设计压注模浇注系统应注意几个问题：①浇注系统总长（包括主流道、分流道、浇口）不应超过60~100mm，流道应平直圆滑，尽量避免弯折（尤其对增强塑料更为重要），以保证塑料尽快充满型腔；②主流道尽量位于模具中心；③分流道的截面形状最好为矩形，这样有利于加热塑料及增加摩擦热，以提高料温；④浇口的形状及位置应考虑便于去除且不损伤塑件外观；⑤浇注系统中有拼合面时，必须防止溢料，以免取出浇注系统时发生困难。

（4）排气槽的设计　压注模和压缩模的排气槽，不仅需要有效排出型腔内原有的空气，还应排出热固性塑料在型腔内交联固化时放出的低分子挥发物，有比热塑性塑料成型时更多的排气量。

排气槽截面尺寸与塑件体积、排气槽数量有关。排气槽开设的位置应按以下原则确定：排气槽应开在料流末端，以利于排气；应开设在靠近嵌件或壁厚最薄处，以提高熔接强度；最好开设在分型面上，以利于清除飞边。模具上的活动型芯或推杆的配合间隙都可以排气，但在每次成型后应清除溢入间隙的塑料。

【小贴士】

☞ 学会查阅设计手册是完成该任务的主要方法之一。
☞ 回忆不同形状蛋糕和月饼等食品的制作过程，对完成该任务大有帮助。

【教学评价】

表3-4为学生自评表，表3-5为小组成员间的评价表，任务完成后，学生应填写这两张表。

表3-4　学生自评表（项目3任务1）

项目名称	其他塑料模具的设计		
任务名称	压缩模具结构设计		
姓名		班级	
组别		学号	
评价项目	分值		得分
材料选用	10		
塑件成型方法确定	10		
压缩成型工艺参数确定	10		
模具结构设计	20		
模具工作原理分析	10		
产品质量检查评定	10		
工作实效及文明操作	10		
工作表现	10		
创新思维	10		
总计	100		
个人的工作时间：	提前完成		
	准时完成		
	超时完成		
个人认为完成的最好的方面			
个人认为完成的最不满意的方面			
值得改进的方面			
自我评价：	非常满意		
	满意		
	不太满意		
	不满意		
记录			

表3-5　小组成员互评表（项目3任务1）

项目名称		其他塑料模具的设计					
任务名称		压缩模具结构设计					
班级					组别		
评价项目	分值	小组成员					
		组长	组员1	组员2	组员3	组员4	组员5
分析问题的能力	10						
解决问题的能力	20						
负责任的程度	10						
读图、绘图能力	10						
文字叙述及表达	5						
沟通能力	10						
团队合作精神	10						
工作表现	10						
工作实效	10						
创新思维	5						
总计	100						
小组成员签名		组长	组员1	组员2	组员3	组员4	组员5
记录							

任务2　挤出模具结构设计

挤出成型是塑料连续型材生产的重要方法之一，通过配备不同的机头模具、相应的定型装置和辅机，就可以成型各种塑料管材、棒材、板材、薄膜、电线电缆包层、异型材等，还可以用于中空塑件型坯的生产等。挤出成型产品如图3-45所示。

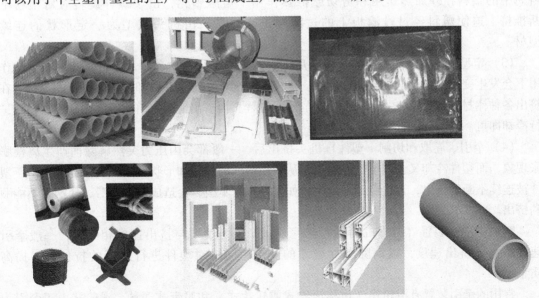

图3-45　挤出成型产品

挤出成型生产效率高，成本低，操作简单，除氟塑料外，所有的热塑性塑料都可采用挤出成型，部分热固性塑料也可采用挤出成型，挤出成型的产品产量约占塑料产品总产量的 1/3 以上。

如图 3 - 46 所示塑料管，已知其材料为硬聚氯乙烯（HPVC），外径 D_s = 30mm，壁厚 = 2mm。要求编制该塑件的挤出成型工艺规程，并设计管材挤出成型模具结构。

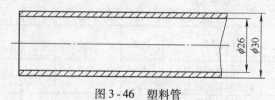

图 3 - 46　塑料管

【知识准备】

一、挤出成型工艺

1. 挤出成型

挤出成型是在挤出机上使塑料受热呈熔融状态，在一定压力下通过挤出成型模具而获得连续型材的。其成型过程可分为如下三个阶段：

（1）塑化阶段　塑料原料在挤出机内加热和混炼后变为熔融的黏性流体。

（2）成型阶段　在挤出机螺杆的作用下，熔融塑料以一定的压力和速度连续通过装在挤出机上的成型机头，获得一定断面形状的塑件。

（3）定型阶段　通过冷却等方法使熔融塑料已获得的形状固定下来，成为所需的塑件。

2. 挤出成型工艺过程

挤出成型工艺过程包括：原料的准备，挤出成型，定型和冷却，牵引、卷取和切割。

（1）原料的准备　在挤出成型之前，应对塑料原料进行干燥处理，控制原料的水分在 0.5% 以下，并尽可能除去塑料中存在的杂质。

（2）挤出成型　在挤出机预热到规定温度后，起动电动机带动螺杆旋转输送塑料，料筒中的塑料在外加热作用和剪切摩擦热作用下熔融塑化，由于螺杆旋转时对塑料不断推挤，迫使塑料经过过滤板上的过滤网进入机头，由机头成型为一定形状的连续型材。

（3）定型和冷却　塑件在离开机头后，应该立即进行定型和冷却，否则塑件在自重作用下会发生变形，出现凹陷或扭曲现象。大多数情况下，定型和冷却是同时进行的，只有在挤出各种棒材和管材时，才有一个独立的定径过程；而挤出薄膜、单丝等时无须定型，仅进行冷却即可。

（4）牵引、卷取和切割　塑件自机头挤出后，一般都会因压力突然解除而产生离模膨胀现象，而塑件冷却又会产生收缩现象，从而使塑件的尺寸和形状发生改变。此外，由于塑件被连续不断地挤出，自重也越来越大，如果不进行牵引，会造成塑件停滞，使塑件不能顺利挤出。

牵引由牵引装置（挤出机辅机）来完成。牵引速度要与挤出速度相配合，一般牵引速度略大于挤出速度，以消除塑件尺寸的变化，同时对塑件进行适当的拉伸，以提高质量。

常用的牵引装置有滑轮式（也称滚轮式或轧轮式）和履带式两种。滑轮式由于牵引力不大，一般用于牵引口径为 100mm 以下的管材。履带式牵引装置结构复杂，维修困难，主要用于大口径和薄壁管材的牵引。

同时，通过牵引的制件可根据使用要求在切割装置上裁剪（如棒、管、板、片等），或在卷取装置上绕制成卷（如薄膜、单丝、电线电缆等）。

挤出成型过程如图3-47所示。

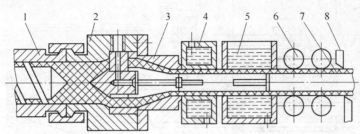

图3-47 挤出成型过程
1—挤出机料筒 2—机头 3—口模 4—定径装置
5—冷却装置 6—牵引装置 7—塑料管 8—切割装置

3. 挤出成型工艺条件

挤出成型工艺条件指挤出成型过程中的参数，如温度、压力和挤出速度、牵引速度等。

（1）温度 温度是挤出成型过程得以顺利进行的重要条件之一。挤出成型所需要控制的温度有料筒（机身）温度、机头（机径）温度、口模温度，其温度按此顺序依次增高。其中料筒温度分为后部、中部、前部温度，并依次增高。

（2）挤出速度 挤出速度是指单位时间内由挤出机口模挤出的塑料质量，单位为kg/h。影响挤出机挤出速度的因素很多，如机头、螺杆和料筒的结构，螺杆转速，加热冷却系统结构和塑料的性能等，其中螺杆转速是主要因素。

（3）牵引速度 通常牵引速度应与挤出速度相当，牵引速度与挤出速度的比值称为牵引比，其值必须等于或大于1。通常牵引速度与挤出机规格有关，挤出机规格越大，挤出螺杆直径越大，牵引速度却越小。

二、挤出模具设计

1. 挤出成型模具的分类

一般塑料型材挤出成型模具由挤出机头和定径套（定型模）两部分组成。模具的分类根据机头形状来确定。如成型管材、棒材的管材机头、棒材机头等。还有直向机头和横向机头等，前者机头内料流方向与挤出机螺杆轴向一致，后者机头内料流方向与挤出机螺杆轴向成某一角度。

2. 挤出成型模具的结构组成

图3-48所示为典型的管材挤出成型机头，主要由以下几部分组成。

（1）口模和芯棒 口模和芯棒见图3-48中件3和件4。口模用来成型塑件的外表面，芯棒用来成型塑件的内表面。口模和芯棒决定了塑件的截面形状。

（2）分流器和分流器支架 分流器和分流器支架见图3-48中件6和件7。分流器又称鱼雷头，塑料通过分流器被分为薄环状，以便进一步均匀加热和塑化。除了外部有加热装置外，大型挤出机分流器的内部也设有加热装置。分流器支架用来支承分流器及芯棒，同时也能对分流后的塑料熔体起加强剪切的混合作用，但产生的熔接痕影响塑件的强度。一般分流器可分开加工再组合而成，小型机头的分流器与其支架可设计成一个整体。

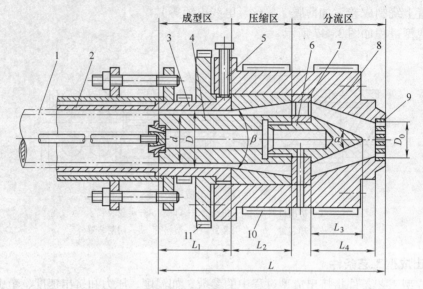

图 3 - 48　管材挤出成型机头

1—管材　2—定径套　3—口模　4—芯棒　5—调节螺钉　6—分流器

7—分流器支架　8—机头体　9—多孔板　10、11—电加热圈（加热器）

（3）多孔板和过滤网　多孔板见图 3 - 48 中件 9。多孔板和过滤网（支承在多孔板上）的作用是将塑料熔体由螺旋运动变为直线运动，形成一定压力，同时还能防止未塑化的塑料及其他杂质进入机头。

（4）机头体　机头体见图 3 - 48 中件 8。机头体相当于支架，用来组装并支承机头的各零部件，并与挤出机料筒连接，连接处应密封，以防塑料熔体泄漏。

（5）温度调节系统　为了保证塑料熔体在机头中正常流动，也为了保证挤出成型质量，机头上一般设有温度调节系统，如图 3 - 48 中的电加热圈 10、11。

（6）调节螺钉　调节螺钉用来调节控制成型区内口模与芯棒间的环隙及同轴度，以保证挤出塑件壁厚均匀。通常调节螺钉的数量为 4 ~ 8 个。

（7）定径套（定型模）定径套见图 3 - 48 中件 2。离开成型区后的塑料熔体虽然具备了既定的截面形状，但因其温度仍较高不能抵抗自重变形，为此需要用定径套对其进行冷却定型，以使塑件获得良好的表面质量、准确的尺寸和几何形状。

3. 管材挤出机头的典型结构

管材是挤出成型生产的主要产品之一。管材挤出成型机头主要用来成型软质和硬质圆形塑料管状塑件。

常用的管材挤出成型机头有直通式、直角式和旁侧式三种形式。

（1）直通式挤管机头　直通式挤管机头如图 3 - 47 和图 3 - 48 所示，其结构简单，容易制造；但熔体经过分流器及分流器支架时形成的熔接痕不易消除，另外还有长度较大、整体结构笨重的缺点。直通式挤管机头适用于挤出成型软硬聚氯乙烯、聚乙烯、尼龙、聚碳酸酯等塑料管材。

（2）直角式挤管机头 直角式挤管机头如图3-49所示，塑料熔体包围芯棒流动成型时只会产生一条分流痕迹，适于挤出成型聚乙烯、聚丙烯等塑料管材，以及对管材尺寸要求较高的场合。直角式挤管机头的优点在于与其配用的冷却装置可以同时对管材的内外径进行冷却定型，因此定径精度高；同时熔体的流动阻力较小，料流稳定均匀，生产率高，成型质量也较高。但机头的结构较复杂，制造困难。

（3）旁侧式挤管机头 旁侧式挤管机头与直角式相似，如图3-50所示，其结构更为复杂，熔体流动阻力也较大，但占地面积相对较小。

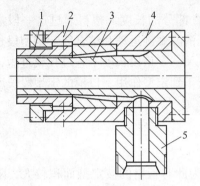

图3-49 直角式挤管机头

1—口模 2—调节螺钉

3—芯棒 4—机头体 5—连接管

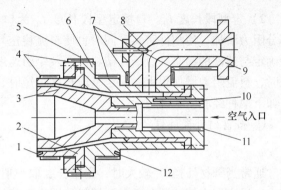

图3-50 旁侧式挤管机头

1、12—温度计插孔 2—口模 3—芯棒

4、7—电热器 5—调节螺钉 6—机头体

8、10—熔料测温孔 9—机头 11—芯棒加热器

4. 管材挤出成型机头的设计

（1）拉伸比 将口模与芯棒的环隙的截面积与挤出管材截面积之比称为拉伸比，即

$$I = \frac{\pi R_1^2 - \pi R_2^2}{\pi r_1^2 - \pi r_2^2} = \frac{R_1^2 - R_2^2}{r_1^2 - r_2^2} \tag{3-3}$$

式中 I——拉伸比，可查设计资料；

R_1、R_2——分别为口模内径、芯棒外径（mm）；

r_1、r_2——分别为管材的外径、内径（mm）。

（2）口模的设计 口模的主要设计尺寸为口模内径 D 和定型段长度 L_1。

1）口模内径 D。口模是成型管材外表面的零件，其结构如图3-51所示。管材离开口模后，由于压力降低，塑料因弹性回复而出现膨胀的现象，使管材截面积增大；但又因牵引和冷却收缩的关系，又使管材截面积有缩小的趋势，膨胀和收缩的大小与塑料性质、口模温度、压力等都有关系。可根据经验确定，通过调节螺钉调节口模与芯棒间的环状间隙，使其达到合理值。

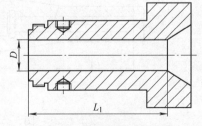

图3-51 管材挤出成型口模

口模内径一般按下式确定

$$D = D_s / k \tag{3-4}$$

式中 D——口模内径（mm）；

D_s——管材外径（mm）；

k——补偿系数，可参考表3-6选取。

表3-6　补偿系数 k 值

塑料种类	定径套定管材内径	定径套定管材外径
聚氯乙烯（PVC）	—	0.95 ~ 1.05
聚乙烯（PE）	1.05 ~ 1.10	—
聚烯烃	1.20 ~ 1.30	0.90 ~ 1.05

2）定型段长度 L_1。口模定型段长度 L_1 为口模平直部分的长度，塑料通过这一段定型部分阻力增加，使塑件密实，同时也使料流稳定均匀，消除螺旋运动和结合线。定型段长度的确定与塑件的壁厚、直径、塑料性能及牵引速度等有关。定型段长度不宜过长或过短，过长时，料流阻力增加很大；而定型段长度过短时，则起不到定型作用。口模的定型段长度可按如下两种经验公式确定：

① 按管材外径计算

$$L_1 = (0.5 \sim 3.0)D_s \qquad (3-5)$$

通常当管材外径 D_s 较大时，定型长度取小值，因为此时管材的被定型面积较大，阻力较大；反之取大值。同时考虑到塑料的性质，挤软管时取大值，挤硬管时取小值。

② 按管材壁厚计算

$$L_1 = nt \qquad (3-6)$$

式中　t——管材壁厚（mm）；

　　　n——与塑料品种有关的系数，具体数值可查资料。

（3）芯棒（芯模）的设计　芯棒的主要设计尺寸为芯棒外径 d、定型段长度 L_1'、压缩段长度 L_2 和收缩角 β。

1）芯棒外径 d。芯棒是成型管材内表面的零件，芯棒与分流器之间一般用螺纹联接，其结构如图3-52所示。芯棒的结构应有利于物料流动，利于消除结合线，且容易制造。

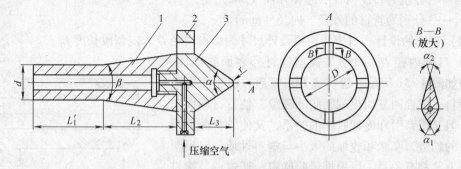

图3-52　芯棒、分流器与分流器支架
1—芯棒　2—分流器支架　3—分流器

从理论上看，管材的内径等于芯棒的外径，但由于与口模结构设计同样的原因，即存在离模膨胀和冷却收缩效应，根据生产经验，可按下式确定

$$d = D - 2\delta \qquad (3-7)$$

式中　　d——芯棒外径（mm）；

　　　　D——口模内径（mm）；

　　　　δ——口模与芯棒的单边间隙（mm），通常取 $(0.83 \sim 0.94)t$。

2）定型段长度 L_1'。芯棒的长度由定型段长度 L_1' 和压缩段长度 L_2 两部分组成。定型段长度 L_1' 与口模中的相应定型段长度 L_1 共同构成管材的定型区，通常芯棒的定型段长度 L_1' 可与 L_1 相等或稍长一些。计算方法如下

$$L_1' = (1.0 \sim 2.5)D_0 \tag{3-8}$$

式中　　L_1'——芯棒上的定型段长度（mm）；

　　　　D_0——多孔板出口处直径（mm）。

3）压缩段长度 L_2。压缩段（也称锥面段）长度与口模中相应的锥面部分构成塑料熔体的压缩区，其主要作用是使进入定型区之前的塑料熔体的分流痕迹被熔合消除。L_2 值可按下面的经验公式确定

$$L_2 = (1.5 \sim 2.5)D_0 \tag{3-9}$$

4）收缩角 β。压缩区的锥角 β 称为收缩角。塑料流过分流器支架后，先经过一定的收缩，为使多股物料能很好汇合，芯棒上的收缩角 β 应小于分流器上的扩张角 α。收缩角一般取 $45° \sim 60°$，黏度低的塑料取大值。

（4）分流器的设计　分流器使料层变薄，使得塑料均匀加热，以利于进一步塑化。如图 3-53 所示，分流器与多孔板之间的空腔 K 起着汇集料流、补充塑化的作用，其距离一般取 $10 \sim 20$ mm。

分流器上的扩张角 α（见图 3-42）不宜过大，越大则塑料流动阻力越大，原则上 α 不大于 $60°$。分流器长度 L_3 一般取 $(1.0 \sim 1.5)D_0$。分流器头部圆角半径 r 不宜过大，一般取 $0.5 \sim 2.0$ mm。

（5）分流器支架的设计　分流器支架主要用来支承分流器及芯棒。如图 3-52 所示，分流器与分流器支架一

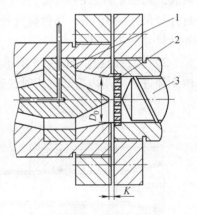

图 3-53　分流器与多孔板
的相对位置
1—分流器　2—多孔板　3—螺杆

般做成整体式。为了消除塑料通过分流器支架后形成的熔合纹，如图 3-52 中 $B—B$ 剖面，支架上的分流筋应做成流线型，出料端的角度应小于进料端的角度（$\alpha_1 > \alpha_2$），其厚度和长度应尽可能小，数量也应尽可能少，分流筋一般为 $4 \sim 8$ 根。

分流器支架设有进气孔，用于通入压缩空气。通入的压缩空气对管材的外径定径和冷却都会有良好的作用。

（6）定型套的设计　塑件被挤出口模时，还具有相当高的温度，没有足够的强度和刚度来承受自重变形，此外还受离模膨胀和长度收缩效应的影响，因此必须采取一定的冷却定型，以保证挤出管材准确的形状、尺寸和良好的表面质量。对于管材，通常采用定径套和冷却水槽实现冷却定型。一般管材的定径有外径定径和内径定径两种方法。

1）外径定径。外径定径是使管材和定径套内壁相接触，常采用内部通压缩空气（称为内压法）或者在管材外壁抽真空（称为抽真空法）的手段来实现。

内压法的外径定径如图 3-54 所示。在管材内通入的压缩空气的压力一般为 0.03~0.28MPa，为保持管内压力，采用堵塞以防漏气。此种定径方法的特点是定径效果好，适用于直径较大的管材。

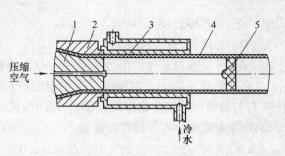

图 3-54　内压外径定径
1—芯棒　2—口模　3—定径套　4—塑料管材　5—塞子

真空法的外径定径如图 3-55 所示，其结构比较简单，管口不必堵塞，但是需要一套抽真空设备，而且由于产生的压力有限，该法限用于小口径管材的冷却定型。

定径套内径应比管材外径放大 0.8%~1.2%，或比机头口模内径大 2%~4%。定径套的长度取决于塑料品种、管材尺寸、挤出速度、冷却效果和热传导性能。定径段长度过长，会使挤出机辅机的牵引功率增大，同时管材的内应力增大，表面质量降低；定径段长度过短，会造成冷却不充分，管材容易发生变形或破裂。内径定径法的定径段长度通常取 80~300mm；外径定径法的定径段长度通常小于管材外径尺寸的 10 倍，当管材直径大于 100mm 时，定径套的长度还应再短些，通常可取管材外径尺寸的 3~5 倍。

2）内径定径。图 3-56 所示为内径定径的内冷却方式，定径套 2 的冷却水管可以由芯棒 4 伸进。采用内冷却方式时，通常在管材的外部设置冷风冷却。

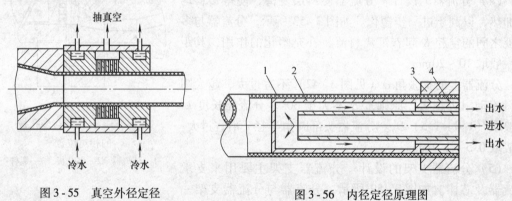

图 3-55　真空外径定径

图 3-56　内径定径原理图
1—管材　2—定径套　3—机头　4—芯棒

内径定径适用于直角式机头和旁侧式机头，操作方便，但机头结构复杂，目前多用于聚乙烯、聚丙烯和聚酰胺等塑料管材的挤出成型，尤其适用于内径公差要求比较严格的聚乙烯和聚丙烯管材。

【任务实施】

1. 编制管材挤出成型工艺规程

（1）塑料原料性能分析

1）基本性能。聚氯乙烯树脂为白色或浅黄色粉末，形同面粉，造粒后为透明块状，类似明矾，其密度为 1.38~1.43g/cm³；聚氯乙烯机械强度高，有较好的电绝缘性能，可以用做低频绝缘材料，耐酸碱的能力极强，其化学稳定性也较好。由于聚氯乙烯的热稳定性较差，长时间加热会导致分解，放出氯化氢气体，使聚氯乙烯变色，所以其应用范围较窄，使用温度一般在 $-15 \sim 55℃$。

2）成型工艺性能。聚氯乙烯吸湿性小，但流动性差，热敏性强，过热时极易分解，分解温度为 200℃，分解时产生腐蚀及刺激性气体。所以必须加入稳定剂和润滑剂，并严格控制成型温度及熔料的滞留时间。成型温度范围小，必须严格控制料温，料筒应有冷却装置，机头过渡部分的流道应尽量光滑，宜采用带预塑化装置的螺杆式挤出机。

（2）编制挤出成型工艺规程

1）温度。根据选用的材料（HPVC），查表可得：

① 机身温度：后部 $80 \sim 120℃$；

　　　　　　　中部 $130 \sim 150℃$；

　　　　　　　前部 $160 \sim 180℃$。

② 机头（机颈）温度：$160 \sim 170℃$。

③ 口模温度：$170 \sim 190℃$。

2）挤出速度。根据管材外径 $D_s = 30\text{mm}$，查表可得：

① 挤出机螺杆直径：45mm。

② 挤出机螺杆转速：$17 \sim 102\text{r/min}$，取 20r/min。

3）牵引速度。根据管材外径 $D_s = 30\text{mm}$，查表可得：牵引速度为 $0.4 \sim 2\text{m/min}$。

塑料管材挤出成型工艺规程见表 3 - 7。

表 3 - 7　塑料管材挤出成型工艺规程

工　艺　参　数	塑　料　种　类	硬聚氯乙烯（HPVC）
管材尺寸/mm	外径	$\phi 30$
	内径	$\phi 26$
	壁厚	2
机筒温度/℃	后部	$80 \sim 120$
	中部	$130 \sim 150$
	前部	$160 \sim 180$
机头温度/℃		$160 \sim 170$
口模温度/℃		$170 \sim 190$
螺杆转速/（r/min）		20
牵引速度/（m/min）		$0.4 \sim 2$

2. 管材挤出成型机头与定型模设计

（1）选择挤出机头形式　由于直通式挤管机头结构简单，制造容易，因此选择直通式挤出机头。但要注意管材成型时经过分流器及分流器支架形成的分流痕迹不易消除。

（2）确定机头内各零件尺寸

1）口模

① 口模内径 D：查表 3-6，$k = 0.95 \sim 1.05$，取 $k = 1$，由式（3-4）得

$$D = D_s/k = 30\text{mm}/1 = 30\text{mm}$$

② 定型段长度 L_1：查相关表 $n = 18 \sim 33$，取 $n = 25$，由式（3-6）得

$$L_1 = nt = 25 \times 2\text{mm} = 50\text{mm}$$

2）芯棒

① 芯棒的外径 d：由式（3-7）得

$$d = D - 2\delta = (30 - 2 \times 0.88 \times 2)\text{mm} = 26.48\text{mm}$$

② 定型段长度：$L_1' = L_1 = 50\text{mm}$。

③ 压缩段长度：$L_2 = (1.5 \sim 2.5) D_0$，取系数为 2，则 $L_2 = 2 \times 45\text{mm} = 90\text{mm}$。

④ 收缩角 β：取 $\beta = 20°$。

3）分流器和分流器支架

① 分流器扩张角 α：α 应大于芯棒压缩段的收缩角 β，取 $\alpha = 50°$。

② 分流器上的分流锥面长度 L_3：$L_3 = (1 \sim 1.5) D_0$，取系数为 1，则 $L_3 = 1 \times 45\text{mm} = 45\text{mm}$。

③ 分流器头部圆角 r：取 $r = 1\text{mm}$。

④ 分流筋：分流筋应尽可能少些，以免产生过多的分流痕迹。本设计为小型机头，采用 3 根分流筋。

4）定径套。定径套采用内压法外径定型。

① 定径套长度：内压定径套长度近似等于 10 倍的管材外径，即 300mm。

② 定径套内径：定径套内径应比管材外径放大 0.8% ～ 1.2%，取为 1.0%，则定径套内径尺寸为（0.01 × 30 + 30）mm = 30.3mm。

挤出机头与定型模如图 3-57 所示。

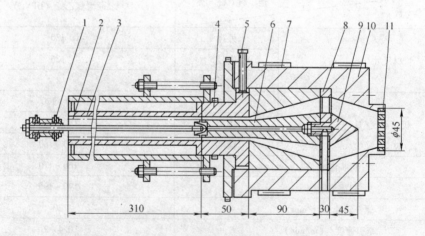

图 3-57　挤出机头与定型模

1—堵塞　2—管材　3—定径套　4—口模　5—调节螺钉　6—芯棒　7—电加热圈
8—分流器支架　9—分流器　10—机头体　11—多孔板

教学组织实施建议：以常见的塑料管、棒、电线电缆、薄膜等引出任务。教学过程采用类比法、激发性思维法、归纳总结法、联想对比法等。

【完成学习工作页】（见表3-8）

表3-8 塑料模具设计与制作完成学习工作页（项目3任务2）

项目名称		其他塑料模具的设计	填表人		
			负责人		
任务单号		Sj-007	校企合作企业		
任务名称		挤出模具结构设计	校内导师		校外导师
任务资讯	产品类型	工业品	客户资料		零件图（1）张
	任务要求	1. 选用塑料名称（　），缩写代号（　） 2. 产品主要缺陷：膨胀（　），凹陷（　），变形（　），尺寸变化（　） 3. 挤出成型工艺参数：温度（　），压力（　），挤出速率（　） 4. 挤出机头结构形式：直角式（　），直通式（　），旁侧式（　） 5. 管材定型方式：内压法（　），真空法（　），其他方式（　） 6. 管材冷却方式：喷淋冷却（　），风冷（　），水槽冷却（　） 7. 任务下达时间：_____；要求完成时间：_____			
任务计划	识读任务				
	必备知识				
	模具设计				
	塑料准备				
	设备准备				
	工具准备				
	劳动保护准备				
	制订工艺参数				
决策情况					
任务实施					
检查评估					
任务总结					
任务单会签		项目组同学	校内导师	校外导师	教研室主任

【知识拓展】

一、吹塑薄膜挤出成型

塑料薄膜可以用压延、挤出吹塑和直接挤出等方法生产，其中挤出吹塑工艺的效果最好，应用最广。挤出吹塑法（吹塑法）成型原理如图3-58所示，先由挤出机头挤出塑料管坯，同时从机头中心向管内吹入压缩空气，使其连续膨胀到一定尺寸，冷却后合拢得到一定宽度的薄膜。

吹塑法生产薄膜的优点是所用的设备紧凑，成本低，不必整边，薄膜的宽度和厚度容易调整，薄膜经压缩空气吹胀和牵引机构牵引后，力学性能得到提高，所以挤出吹塑法广泛用于生产聚氯乙烯和聚乙烯等塑料薄膜；但缺点是薄膜厚度不均匀。

根据出料方向的不同，吹塑薄膜成型可分为平挤上吹法、平挤下吹法和平挤平吹法三种，其中平挤上吹法用得更广泛，以下着重介绍这种机头结构。

二、吹塑薄膜挤出成型机头结构形式

1. 芯棒式机头

芯棒式机头如图 3-58、图 3-59 所示。塑料熔体从挤出机中挤出，进入芯棒式机头后转向 90° 被芯棒分成两股料流，由机头与芯棒的环形缝隙挤出，同时压缩空气从芯棒中心吹入管坯，将管坯吹胀得到塑料薄膜。芯棒式机头的特点是：机头内缝隙小，存料少，只有一条熔接线，不会使塑料发生过热分解，结构简单，制造方便，但生产出的薄膜厚度均匀性差，因此只适宜加工聚氯乙烯等热敏性塑料。

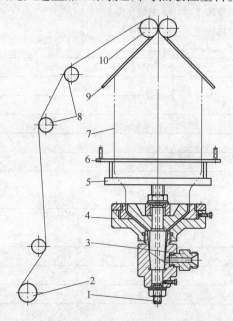

图 3-58　挤出吹塑法成型原理示意图

1—进气孔　2—卷曲辊　3—机颈　4—口模套
5—冷却风环　6—调节器　7—吹胀管膜
8—导辊　9—人字板　10—牵引辊

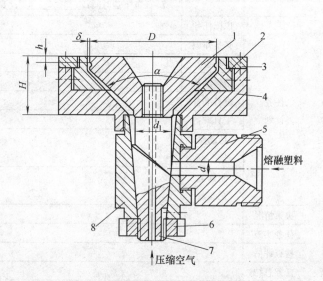

图 3-59　芯棒式机头

1—芯棒（芯模）　2—口模　3—压紧圈　4—上模体
5—机颈　6—螺母　7—芯棒轴　8—下模体

2. 十字形机头

十字形机头如图 3-60 所示。其结构类似管材挤出机头，这种机头的优点是出料均匀，薄膜厚度容易控制，芯棒不受侧向力，不会产生偏中现象。中心进料十字形机头的缺点是机头内腔大，存料多，塑料易分解，不宜加工热敏性塑料。另外，由于机头内有多条分流筋存在，所以薄膜上的熔接痕较多。中心进料十字形机头适宜加工聚乙烯、聚丙烯、尼龙等热稳定性好的塑料。

3. 螺旋式机头

螺旋式机头如图 3-61 所示。螺旋芯棒 7 上加工有多个由深变浅直至消失的螺旋沟槽，芯棒与口模处有缓冲槽，塑料熔体从中心流入，沿螺旋槽运动，多股料流首先进入缓冲槽，然后被均匀地挤出。这种机头的优点是熔料的熔合性好，无熔接痕迹，机头内熔体所受压力大，出料均匀，薄膜厚度容易控制，薄膜性能好。但结构复杂，拐角多，塑料在机头内停留时间长，容易过热分解，因此适于加工聚乙烯、聚丙烯等黏度小且不易分解的塑料。

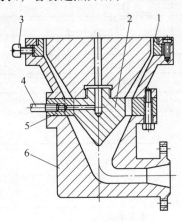

图 3-60   十字形机头

1—口模   2—分流器   3—调节螺钉
4—进气管   5—分流器支架   6—机头体

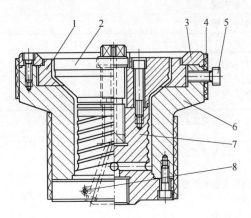

图 3-61   螺旋式机头

1—口模   2—芯模   3—压紧圈   4—加热器
5—调节螺钉   6—机头体   7—螺旋芯棒   8—气体进口

【小贴士】

☞ 管材挤出成型工艺参数可查阅其他书籍（见本书参考文献）或参考其他资料。

☞ 我国塑料管材的定径标准是以外径为基本尺寸的，所以挤出成型的塑料管主要检验管材的外径尺寸。

☞ 采用挤出法也可以生产板材，主要是聚氯乙烯软、硬板材和聚乙烯板材。除了挤出法外，聚氯乙烯的硬板还可以用压延法制得薄（板）片，再经重叠放在多层水压机上热压成较厚的板材。

【教学评价】（见表 3-9 和表 3-10）

表 3-9   学生自评表（项目 3 任务 2）

项目名称	其他塑料模具的设计		
任务名称	挤出模具结构设计		
姓名		班级	
组别		学号	
评价项目		分值	得分
材料性能分析		10	
挤出成型工艺参数确定		10	
挤出机头结构设计		10	
定型模结构		20	
模具工作原理分析		10	

（续）

评价项目	分值	得分
产品质量检查评定	10	
工作实效及文明操作	10	
工作表现	10	
创新思维	10	
总　　计	100	
个人的工作时间：	提前完成	
	准时完成	
	超时完成	
个人认为完成的最好的方面		
个人认为完成的最不满意的方面		
值得改进的方面		
自我评价：	非常满意	
	满意	
	不太满意	
	不满意	
记录		

表 3-10　小组成员互评表（项目 3 任务 2）

项目名称		其他塑料模具的设计					
任务名称		挤出模具结构设计					
班级				组别			
评价项目	分值	小组成员					
		组长	组员 1	组员 2	组员 3	组员 4	组员 5
分析问题的能力	10						
解决问题的能力	20						
负责任的程度	10						
读图、绘图能力	10						
文字叙述及表达	5						
沟通能力	10						
团队合作精神	10						
工作表现	10						
工作实效	10						
创新思维	5						
总计	100						
小组成员		组长	组员 1	组员 2	组员 3	组员 4	组员 5
签名							
记录							

任务3　中空吹塑模具结构设计

如图3-62所示中空瓶，采用项目2任务3中注射成型的瓶坯（材料：PC）为载体进行中空吹塑成型，要求确定中空吹塑成型模具的结构。

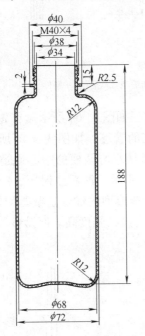

图3-62　中空瓶及实物图

【知识准备】

一、中空吹塑成型

1. 中空吹塑成型的分类

中空吹塑成型是将处于高弹态的空心塑料型坯置于闭合的吹塑模具内，然后向其内部通入压缩空气使之吹胀变形并贴紧模具型腔壁，最后经冷却定型得到具有一定形状和尺寸的中空塑件的一种加工方法。根据成型方法的不同，可分为挤出吹塑、注射吹塑、拉伸吹塑。

（1）挤出吹塑成型　图3-63所示是挤出吹塑成型工艺过程示意图。首先利用挤出机将塑料挤成管状型坯，如图3-63a所示；然后将型坯引入对开式吹塑模具中，待型坯下垂到合适长度时，立即闭合模具，同时夹紧型坯上下两端，如图3-63b所示；再利用吹管向型坯内通入压缩空气，迫使型坯发生吹胀而紧贴于模腔壁成型，如图3-63c所示；最后经保压、冷却定型，排出压缩空气后开模取出塑件，如图3-63d所示。挤出吹塑成型的优点是挤出机与挤出吹塑模的结构简单，应用广泛。缺点是型坯的壁厚不一致，容易造成塑件壁厚不均匀，需要后加工去除飞边和余料。

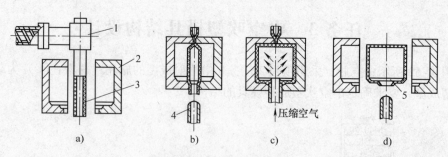

图 3 - 63　挤出吹塑成型

1—挤出机头　2—吹塑模　3—管状型坯　4—压缩空气吹管　5—塑件

（2）注射吹塑成型　注射吹塑成型的原理及工艺过程如图 3 - 64 所示。首先利用注射机将熔融塑料注入周壁带有微孔的空心凸模上，形成带底的管坯，如图 3 - 64a 所示；接着趁热移至吹塑模内，闭合吹塑模，如图 3 - 64b 所示；然后从空心凸模的中心通道通入压缩空气，使型坯发生吹胀而紧贴于模腔壁成型，如图 3 - 64c 所示；最后经保压、冷却定型，排出压缩空气后开模取出塑件，如图 3 - 64d 所示。注射吹塑成型的优点是壁厚均匀，无飞边，不需要后加工，由于注射型坯有底，故塑件底部没有拼合缝，强度高。但设备与模具的投资较大，主要用于小型塑件的大批量生产。

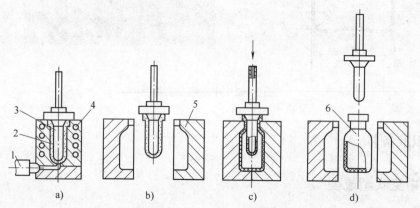

图 3 - 64　注射吹塑成型

1—注射机喷嘴　2—注射型坯　3—空心凸模　4—加热器　5—吹塑模　6—塑件

（3）拉伸吹塑成型　拉伸吹塑成型是将型坯加热到熔点以下适当温度后置于吹塑模具内，先用拉伸棒进行轴向拉伸后再通入压缩空气吹胀成型的加工方法。经过拉伸吹塑的塑件，其透明度、抗冲击强度、表面硬度、刚度等都有所提高，透气性有所降低。

图 3 - 65 所示为热坯法注射拉伸吹塑成型过程。首先在注射工位注射成型空心带底型坯，如图 3 - 65a 所示；然后打开注射模，将型坯迅速移到拉伸和吹塑工位，进行拉伸（见图 3 - 65b）和吹塑成型（见图 3 - 65c）；最后经保压、冷却后开模，取出塑件，如图 3 - 65d 所示。这种成型方法省去了对冷坯进行加热的工序，同时由于型坯的制取和拉伸吹塑在同一台设备上进行，占地面积小，生产易于连续进行，自动化程度高。

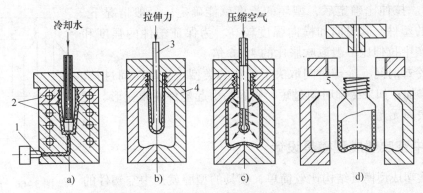

图 3 - 65　热坯法注射拉伸吹塑成型

1—注射机喷嘴　2—注射模　3—拉伸芯棒（吹管）　4—吹塑模　5—塑件

另外还有冷坯法注射拉伸吹塑成型，即将注射好的型坯加热到合适的温度后再将其置于吹塑模中进行拉伸吹塑的成型方法。采用冷坯法成型时，型坯的注射和塑件的拉伸吹塑成型分别在不同设备上进行，在拉伸之前，为了补偿型坯冷却散发的热量，需要进行二次加热，以确保型坯的拉伸吹塑成型温度。这种方法的主要特点是设备结构相对简单。

此外，还有多层吹塑法和片材吹塑法等。

2. 中空吹塑成型的工艺参数

影响吹塑成型工艺的主要因素有温度、成型空气压力及速率、吹胀比、冷却方式及时间，对于拉伸吹塑，还有拉伸比和速率等。

（1）温度　温度包括型坯温度和模具温度。对于挤出型坯，温度一般控制在树脂的 T_g ~ T_f（T_m），并略偏 T_f（T_m）一侧。对于注射型坯，由于内外温差较大，更难控制型坯温度的均匀一致，因此，应使用温度调节系统。

吹塑模具的模温一般控制在 20 ~ 50℃，并要求均匀一致。模温过低，型坯过早冷却，吹胀困难，轮廓不清，制品表面甚至出现斑点或橘皮状；模温过高，冷却时间延长，生产效率低，易引起塑件脱模困难、收缩率大和表面无光泽等缺陷。

（2）成型空气压力　成型空气压力一般在 0.2 ~ 0.69MPa 范围内，主要根据塑料熔融黏度的高低来确定其大小。黏度低的，如 PA、PE，易于流动及充模，成型空气压力可小些；黏度高的，如 PC、POM，流动及充模性差，则需要较高的压力。一般薄壁和大容器塑件宜用较高压力，而厚壁和小容器塑件宜用较低压力。最合适的压力在 0.1 ~ 0.9MPa 范围内，以每次递增 0.1MPa 的办法分别吹塑成型，用肉眼分辨其外形、轮廓、螺纹、花纹、文字等清晰程度而进行确定。

（3）吹胀比　塑件尺寸 D 和型坯尺寸 d 之比，即型坯吹胀的倍数，称为吹胀比，如图 3 - 66 所示。型坯质量和尺寸一定时，塑件尺寸越大，型坯吹胀比越大。增大吹胀比可以节约材料，但吹胀比过大易使塑件壁厚不均匀；吹胀比过小，塑料消耗增加，塑件的有效容积减少。一般吹胀比为 2 ~ 4。

型坯截面形状一般要求与塑件外形轮廓形状大体一致，如吹塑圆形截面的塑料瓶，型坯截面应是圆形的；若吹塑方桶，则型坯应制成方形截面，以使塑件的壁厚均匀。

（4）拉伸比　在注射拉伸吹塑时，塑件的长度 c 与型坯长度 b 之比称为拉伸比，如图

3 - 66 所示。拉伸比确定后，型坯的长度就能确定。一般情况下，拉伸比大的塑件，其纵向和横向强度较高。为保证塑件的强度和刚度，生产中拉伸比一般取吹胀比的 4 ~ 6 倍。

（5）冷却时间　冷却时间取决于塑料的类型。冷却时间过长，生产周期增加；如果冷却时间过短，则容易引起塑件脱模变形、收缩率大和表面无光。

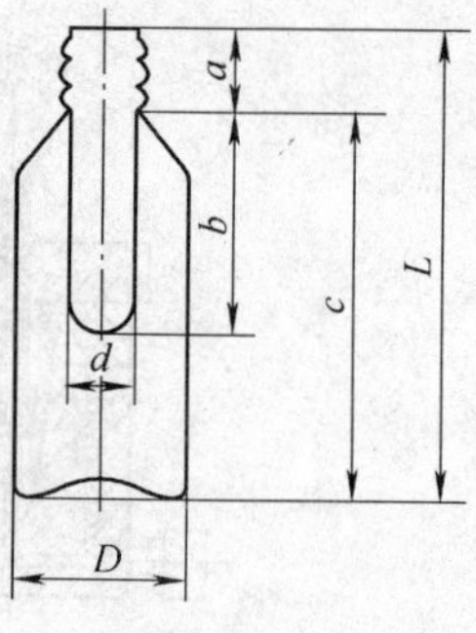

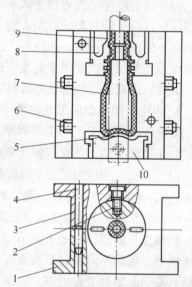

图 3 - 66　吹胀比
和拉伸比

二、中空吹塑成型模具设计

中空吹塑成型模具结构比较简单，模具的型腔就是中空塑件的外形（两块哈夫模组成型腔，没有凸模），一般采用两半凹模对开分型的结构形式。

1. 挤出中空吹塑模具结构

挤出中空吹塑成型在中空成型方法中应用最广泛，其模具结构除在小批量生产或试制时采用手动铰链式模具外，在成批生产时均采用图 3 - 67 所示的对开式结构。这种结构的模具由具有相同型腔的动模 1 和定模 3 组成。开模和闭模的动作由挤出机上的开闭机构来完成。模具中设有口部夹坯切口 9 和底部夹坯切口 5，在闭合时它们能将型坯上多余的塑料切掉。为了使切去的余料不影响模具的闭合，在模具的相应部位应开设余料槽 8 和 10，以便容纳余料。模具采用冷却管道通水冷却，以保证型腔内塑件各部分都能冷却。与其他塑料成型模具一样，挤出吹塑模具也设置导柱导向机构，如图 3 - 67 中 4 所示，以保证定模和动模的对中。

图 3 - 67　挤出吹塑模具结构
1—动模　2—螺栓　3—定模　4—导柱
5—底部夹坯切口　6—水道管接头　7—型坯
8、10—余料槽　9—口部夹坯切口

2. 中空吹塑模具的设计要点

（1）夹坯切口　在吹塑成型模具闭合时，应将多余的坯料切去，因此在模具相应部位上应设置图 3 - 67 中的口部夹坯切口 9 和底部夹坯切口 5。夹坯切口的主要作用是切除余料，同时在吹胀以前还起着在模内夹持和封闭型坯、缩口和缩颈的作用。其中口部夹坯切口需要与吹管共同作用才能切断型坯，吹管在塑件口部还兼起挤压的作用，如图 3 - 68 所示。口部夹坯切口分锥面切口 （见图 3 - 68a） 和球面切口 （见图 3 - 68b） 两种。

夹坯切口的宽度 b 和角度 α 对塑件的质量影响很大，特别是口部夹坯切口。如果夹坯切口宽度 b 太小、角度 α 太大，不仅会削弱对型坯上部的夹持能力，而且还很有可能导致型坯在吹胀之前塌落或塑件成型后底部熔接缝厚度减薄甚至会导致开裂等问题，如图 3 - 69 所示。但如果夹坯切口宽度 b 太大、角度 α 太小，则可能出现模具闭合不紧和型坯切不断的现象。一般夹坯切口宽度 b 为 1 ~ 2mm，切口角度 α 为 15° ~ 30°。

（2）余料槽　余料槽的作用是容纳被夹坯切口切除的多余塑料。余料槽通常设置在底部夹坯切口后分型面的左右两侧，其大小根据型坯被夹持后的宽度和厚度确定，并以模具能严密闭合为准。

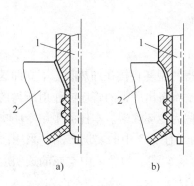

图 3 - 68　口部夹坯切口

a）锥面切口　　b）球面切口

1—吹管　2—夹坯切口

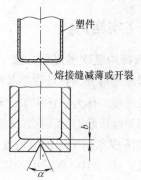

图 3 - 69　夹坯切口结构

（3）排气孔　在型坯吹胀过程中，模腔表壁和型坯之间的空气应能随着型坯胀大而被快速、流畅地排出模腔。否则，这些空气将会影响型坯贴靠模腔成型，并导致塑件出现斑纹、麻坑和成型不完整等缺陷。为了解决排气问题，吹塑模具中必须设置一定数量的排气孔。排气孔一般开设在模具内空气最容易贮留的部位和塑件最后贴模的地方（如圆瓶状塑件的肩部等）。排气孔直径通常取 0.5 ~ 1.0mm，并以塑件不出现气孔痕迹为限。此外，在分型面上也可开设宽度为 10 ~ 20mm、深度为 0.03 ~ 0.05mm 的排气槽或利用各种嵌件的间隙进行排气。

（4）冷却管道　为了缩短塑件在模具内的冷却时间并保证塑件的各个部位都能均匀冷却，模具冷却管道应根据塑件各部位的壁厚进行布置。例如塑料瓶口部位一般比较厚，在设计冷却管道时就应加强瓶口部位的冷却。

（5）收缩率　对于尺寸精度要求不高的容器类塑件，成型收缩率对塑件的影响不大。但对于有刻度的容器瓶类和瓶口有螺纹的塑件，收缩率对塑件就有相当大的影响。

（6）脱模斜度　由于吹塑成型不需要凸模，且收缩大，故脱模斜度即使为零也能脱模。但对于表面带有皮革纹面的塑件，脱模斜度必须在 1/15 以上。

吹塑模具的分型面一般设在塑件的侧面。对于矩形截面的容器，为避免壁厚不均，有时将分型面设在对角线上。

（7）型腔表面加工　许多吹塑塑件的外表面都有一定的质量要求，有的要雕刻图案文字，有的要做成镜面、绒面、皮革纹面等，因此要针对不同的要求对型腔表面采用不同的加工方式，如采用喷砂处理将型腔表面做成绒面；采用镀铬抛光处理将型腔表面做成镜面；采用电化学腐蚀处理将型腔表面做成皮革纹面等。对于聚乙烯吹塑模具，其型腔表面常做成绒面（其表面粗糙程度类似于磨砂玻璃），这样不但解决了聚乙烯塑件光滑表面易划伤的问题，而且还有利于塑件脱模，避免真空吸附现象，因为粗糙的型腔表面在吹塑过程中可以储存一部分空气。

（8）模具材料　吹塑成型模腔的压力一般为 0.2 ~ 0.7MPa，故可供选择的模具材料很多，最常用的材料有铝合金、锌合金，这些材料热传导性能好，重量轻，加工容易且能铸造成型。瓶口和瓶底的夹坯切口须具有一定的硬度和耐磨性，所以瓶口和瓶底嵌件一般采用钢件。对塑件的形状和尺寸精度及模具寿命要求较高时，可采用碳素钢或合金钢制造。对于复杂形状塑件的模具型腔，可采用铸铁浇注成型。

【任务实施】

1. 选择中空吹塑成型方法

吹塑成型可分为热坯吹塑和冷坯吹塑。若将所制得的型坯直接在加热状态下立即送入吹塑模内吹胀成型，称为热坯吹塑；若不用热的型坯，而是将挤出所得的管坯或注射所得的型坯重新加热到类似橡胶态后，再放入吹塑模内吹胀成型，称为冷坯吹塑。本任务采用冷坯吹塑。

从经济成本与实用价值角度考虑，充分利用项目2任务3中的实训产品，采用注射吹塑成型方法；由于中空瓶采用的原料为透光率极高的聚碳酸酯，为保证中空瓶的透明度、抗冲击强度和刚度等，决定采用注射－拉伸－吹塑成型方法。

2. 中空瓶的模具结构

中空瓶为容器，上口有螺纹，可配上盖子，中腰部是中空瓶的主体，有一些图案标志，底部为带凸起的弧面，作为摆放的支撑点。

中空瓶模具采用两半凹模对开分型的结构形式，如图3-70所示。由于中空瓶上口部有螺纹，底部有凸起的弧面，因此模具在口部和底部需要设置镶件。即在模具上部镶有左、右螺纹镶件11，用于成型瓶口螺纹；底部镶有左、右底部镶件（切口）10，用于成型凸起的弧面。

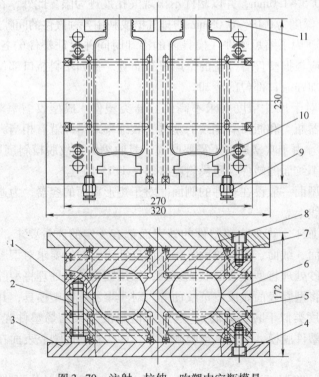

图3-70　注射－拉伸－吹塑中空瓶模具

1—导套　2—导柱　3—动模座板　4—动模螺钉　5—动模板　6—定模板

7—定模螺钉　8—定模座板　9—水嘴　10—底部镶件　11—口部螺纹镶件

中空瓶模具实物如图3-71所示。其中图3-71a为未放型坯的实物图；图3-71b为放有型坯的实物图。

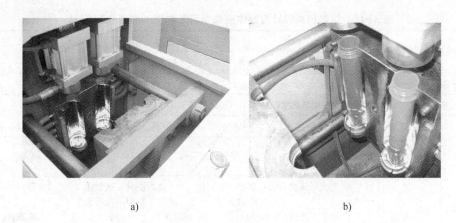

a)　　　　　　　　　　　　　　　　b)

图3-71　中空瓶模具实物

中空瓶口部的螺纹不是吹塑成型的，而是在注射型坯时就已成型。吹塑成型时，口部螺纹部分与吹塑模具口部镶件紧密切合，以防止空气逸出；模具的对接采用四根导柱进行对正。模具的冷却采用四孔水流道循环冷却。

教学组织实施建议：和学生一起搜集生活中遇到的各种中空制品，如图3-72所示，组织学生分组讨论，引出任务。教学过程采用类比法和角色扮演法。

图3-72　中空制品

【完成学习工作页】（见表 3-11）

表 3-11 塑料模具设计与制作完成学习工作页（项目 3 任务 3）

项目名称		其他塑料模具的设计	填表人		
			负责人		
任务单号		Sj -008	校企合作企业		
任务名称		中空吹塑模具结构设计	校内导师		校外导师	
任务资讯	产品类型	日用品	客户资料		零件图（1）张
	任务要求	1. 选用塑料名称（ ），缩写代号（ ） 2. 选用塑料的优异性能：＿＿＿＿＿＿＿＿＿ 3. 中空吹塑成型方法：挤出－吹塑法（ ），注射－吹塑法（ ），挤出－拉伸－ 　　　吹塑法（ ），注射－拉伸－吹塑法（ ） 4. 产品主要缺陷：表面流痕（ ），薄厚不均（ ），变形（ ），吹破裂（ ） 5. 注射中空吹塑成型工艺参数：温度（ ），成型空气压力（ ），吹胀比（ ）， 　　　拉伸比（ ） 6. 中空模具的冷却方式：水冷（ ），风冷（ ），其他方式（ ） 7. 任务下达时间：＿＿＿＿＿＿＿；要求完成时间：＿＿＿＿＿＿＿			
任务计划	识读任务				
	必备知识				
	模具设计				
	塑料准备				
	设备准备				
	工具准备				
	劳动保护准备				
	制订工艺参数				
决策情况					
任务实施					
检查评估					
任务总结					
任务单会签		项目组同学	校内导师	校外导师	教研室主任

【知识拓展】

一、真空成型

1. 真空成型的特点

真空成型也称吸塑成型，其过程是把热塑性塑料板、片材固定在模具上，用辐射加热器加热至软化温度，然后利用真空泵将它们之间的空气抽掉，从而使塑料板贴紧模腔而成型，冷却后借助压缩空气使塑件吹出，得到与模具形状一致的塑件。真空成型一般只适用于热塑性塑料，如聚乙烯、聚氯乙烯、ABS、聚甲酯丙烯酸甲酯等。

真空成型的主要优点是设备简单，生产效率高，能加工大型薄壁塑件；但不宜成型不同壁厚及带嵌件的塑件。采用真空成型可制得各类包装衬垫、壳、匣、盒等塑件。图 3 - 73 所示为真空成型塑件和模具外形图。

a)　　　　　　　　　　　　b)　　　　　　　　　　　c)

图 3 - 73　蛋糕包装盒、衬里及模具图

a) 蛋糕包装盒　b) 蛋糕包装盒衬里　c) 成型模具

2. 真空成型的方法

真空成型的方法一般有凹模真空成型、凸模真空成型和凹凸模先后抽真空成型。

（1）凹模真空成型　凹模真空成型方法如图 3 - 74 所示。首先将塑料板用夹紧框夹紧，固定在凹模上方，为防止空气进入板材和型腔中间，固定部分加密封圈，然后将加热器移到塑料板的上方进行加热，如图 3 - 74a 所示；待塑料板软化后移开加热器，起动真空泵把型腔内的空气抽出，使塑料贴紧凹模成型，如图 3 - 74b 所示；冷却后，由抽气孔通入压缩空气将成型好的塑件吹出，如图 3 - 74c 所示。用凹模成型法成型的塑件外表面尺寸精度较高，一般用于成型深度不大的塑件。当塑件深度很大时，特别是小型塑件，其底部转角处会出现明显变薄的现象。

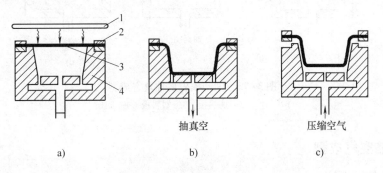

a)　　　　　　　　　　b)　抽真空　　　　　　　c)　压缩空气

图 3 - 74　凹模真空成型

1—加热器　2—夹紧框　3—塑料板　4—凹模

（2）凸模真空成型　凸模真空成型方法如图 3 - 75 所示。把夹紧的塑料板在加热器下加热软化，如图 3 - 75a 所示；下移软化的塑料板并覆盖在凸模上，如图 3 - 75b 所示；抽真空，

使塑料板紧贴在凸模上成型，如图 3 - 75c 所示。凸模真空成型过程中塑料板材的加热是悬空状态下进行的，避免了热板材与冷凸模的过早接触，所以相对凹模真空成型的塑件，壁厚均匀性要好些。凸模真空成型多用于成型有凸起形状的薄壁塑件或对内表面尺寸精度要求高的塑件。

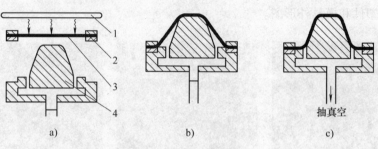

图 3 - 75　凸模真空成型
1—加热器　2—夹紧框　3—塑料板　4—凸模

（3）凹凸模先后抽真空成型　凹凸模先后抽真空成型方法如图 3 - 76 所示。首先将板材夹紧固定在凹模上加热，如图 3 - 76a 所示；软化后移开加热器，然后通过凸模吹入少量压缩空气，而凹模微抽真空，使塑料板在模腔中呈鼓起状态，如图 3 - 76b 所示；最后从凹模通入压缩空气，再从凸模抽真空，使塑料板贴紧在凸模外表面而成型，如图 3 - 76c 所示。这种成型方法，由于将软化了的塑料板吹鼓，使板材延伸后再成型，故壁厚比较均匀，主要用于成型深腔塑件。

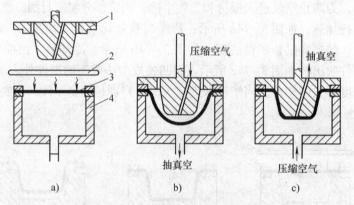

图 3 - 76　凹凸模先后抽真空成型
1—凸模　2—加热板　3—塑料板　4—凹模

二、压缩空气成型

1. 压缩空气成型的特点

压缩空气成型过程如图 3 - 77 所示。图 3 - 77a 所示为成型前的状态；图 3 - 77b 所示为闭模状态，闭模后对塑料板材进行加热，并向型腔内通入低压空气，同时加热板处于排气状态，迫使塑料板与加热板直接接触，以提高传热效率；图 3 - 77c 所示为成型状态，塑料板材加热软化后，停止向型腔内通入低压空气，从模具上方通过加热板向已加热软化的板材通入压力约为 0.8MPa 的预热空气，迫使板材紧贴在模具内型腔表面上成型；图 3 - 77d 所示为成型后的状态，塑件在型腔内冷却定型后，加热板下降一小段距离，切除余料；图 3 - 77e 所示为加热板上升，借助于压缩空气将塑件取出的状态。

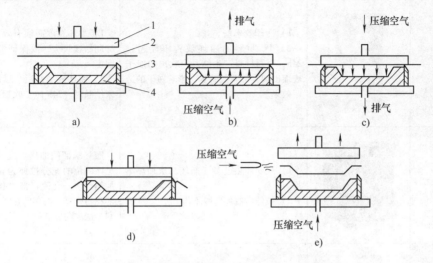

图 3 - 77　压缩空气成型原理

1—加热板　2—塑料板　3—型刃　4—凹模

2. 压缩空气成型模具

压缩空气成型模具结构如图 3 - 78 所示。在加热板 2 内设置有电加热棒 11，压缩空气由压缩空气管 1 经热空气室 3 穿过板上的空气孔 5 使塑料板材在凹模 10 内成型，型刃 9 将板材的余料切断。压缩空气成型的空气压力较大，所以可成型较厚（1 ~ 5mm）的板材，其塑件精度、表面质量比真空成型好。

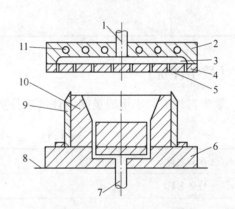

图 3 - 78　压缩空气成型模具

1—压缩空气管　2—加热板　3—热空气室　4—面板
5—空气孔　6—底板　7—通气孔　8—工作台
9—型刃　10—凹模　11—电加热棒

压缩空气成型与真空成型的原理相似，但在结构上的不同点有以下几个方面：

1）增加了模具型刃，塑件成型后可直接在模具上将余料切除。

2）加热板是模具结构的一部分，塑料板直接接触加热板，加热速度快。

3）压缩空气成型中的排气孔在真空成型模具上是抽气孔，另外，在模具中还要设置进气孔。

【小贴士】

☞ 为了提高中空容器的刚度，一般在圆柱形容器上贴商标区开设圆周槽，在椭圆形容器上开设锯齿形水平装饰纹等。

☞ 在完成任务的过程中，产生的主要缺陷及改善办法见表 3 - 12。

表 3 - 12　吹瓶过程产生的主要缺陷及改善办法

主要缺陷	简图	产生原因	改善办法
表面流痕		1）冷却效率差 2）PC 材料的瓶坯放置不能超过 24h，否则材料产生结晶，吹出的瓶子表面出现雾蒙蒙的感觉，影响瓶子的透明效果	1）型坯温度必须有效迅速冷却，抑制晶核长大，以保证中空瓶的透明度 2）瓶坯成型好后，尽量在 PC 料未结晶时（24h 内）吹塑成型
吹破裂		1）瓶底加热过多（瓶坯二次加热不均匀） 2）拉伸后瓶坯壁厚不均	瓶坯端部的加热点应控制在以满足该部位的充分拉伸为宜，而底部加热过多，会使口部受拉伸，使底部积料变厚，内存的热量散不出来，则会造成底部破裂
厚薄不均		1）底部偏心 2）瓶底结构与合模后的模腔不同心	找正瓶坯与模具型腔中心；吹瓶压力不要过高，供气不要太早，拉伸杆压力设定稍高些

【教学评价】

学生自评表和小组成员间的评价表分别见表 3 - 13、表 3 - 14，请学生完成。

表 3 - 13　学生自评表（项目 3 任务 3）

项目名称	其他塑料模具的设计		
任务名称	中空吹塑模具结构设计		
姓名		班级	
组别		学号	
评价项目		分值	得分
材料性能分析		10	
中空吹塑成型工艺参数确定		10	
中空吹塑成型方法确定		10	
中空瓶成型缺陷分析		20	
中空吹塑模具结构		10	
产品质量检查评定		10	

（续）

评价项目	分值	得分
工作实效及文明操作	10	
工作表现	10	
创新思维	10	
总　计	100	

个人的工作时间：		提前完成	
		准时完成	
		超时完成	

个人认为完成的最好的方面	
个人认为完成的最不满意的方面	
值得改进的方面	

自我评价：		非常满意	
		满意	
		不太满意	
		不满意	

记录	

表 3-14　小组成员互评表（项目3任务3）

项目名称		其他塑料模具的设计					
任务名称		中空吹塑模具结构设计					
班级				组别			

评价项目	分值	小组成员					
		组长	组员1	组员2	组员3	组员4	组员5
分析问题的能力	10						
解决问题的能力	20						
负责任的程度	10						
读图、绘图能力	10						
文字叙述及表达	5						
沟通能力	10						
团队合作精神	10						
工作表现	10						
工作实效	10						
创新思维	5						
总计	100						
小组成员		组长	组员1	组员2	组员3	组员4	组员5
签名							
记录							

任务4　无流道凝料注射模具结构分析

无流道凝料浇注系统也称无流道浇注系统，是注射模具浇注系统的重要发展方向，它与普通浇注系统的区别在于，在连续注射成型过程中，采用适当的温度控制，使流道内的塑料始终处于熔融状态，不与模腔内的塑料熔体一起冷却，从而避免了浇注系统废料的产生。在成型盖、罩、外壳及容器等塑件的模具中，这种系统已得到较广泛应用。

本任务内容包括：通过分析塑件的结构，确定合理的注射成型工艺，熟悉无流道凝料注射成型和双色注射成型的特点和应用场合。

如图3-79所示透明罩盖塑件，为某民用继电器的外壳零件，要求表面不允许出现流痕、银丝和熔接痕等成型缺陷，尺寸精度要求高，大批量生产；材料选用透光性能良好的聚碳酸酯（PC）T-1230，白色颗粒状，试分析该塑件的热流道注射模具结构。

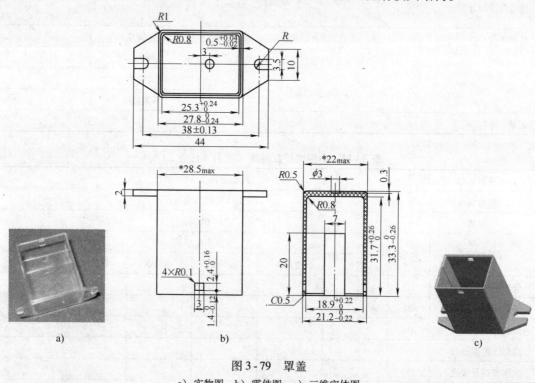

图3-79　罩盖

a）实物图　b）零件图　c）三维实体图

【知识准备】

一、无流道凝料注射成型的特点

无流道凝料注射成型是利用加热或绝热的办法，使从注射机喷嘴到型腔入口这一段流道中的塑料一直保持熔融状态，从而在开模时只需取出塑件，而不必取出浇注系统凝料的成型方法。其主要特点是，在整个成型过程中，浇注系统内的塑料始终处于熔融状态，压力损失小，可以对多点浇口、多型腔模具及大型塑件实现低压注射。另外，这种浇注系统没有浇注系统凝料，能实现无废料加工，提高了材料的利用率；同时省去了去除浇口的工序，可节约人力、物力，降低生产成本。

采用无流道浇注系统成型塑件时，要求塑件的原材料性能有较强的适应性，主要包括以下几个方面。

（1）热稳定性好　塑料的熔融温度范围宽，黏度变化小，对温度变化不敏感；在较低的温度下具有较好的流动性，在较高温度下也不易分解。

（2）对压力敏感　不施加注射压力时熔体不流动，但施加较低的注射压力时熔体就会流动。

（3）热变形温度较高　塑件在比较高的温度下即可固化，缩短了成型周期。

（4）比热容小　既能快速冷凝，又能快速熔融。

（5）导热性能好　能把熔体所带来的热量快速传给模具，加速冷凝，提高生产效率。

目前，在无流道注射成型中应用最多的塑料是聚乙烯、聚丙烯、聚苯乙烯、聚丙烯腈、ABS等。

根据流道内塑料保持熔融状态的方法不同，无流道注射模可以分为绝热流道注射模和加热流道注射模。

二、绝热流道注射模

绝热流道注射模的特点是主流道和分流道的截面都十分粗大，因此在注射过程中，靠近流道表壁的塑料熔体因温度较低而迅速冷凝成一个完全或半融化的固化层，起到绝热作用，而流道中心部位的塑料在连续注射时仍然保持熔融状态，熔融的塑料通过流道中心部分顺利充填型腔。绝热流道注射模可分为单型腔绝热流道注射模和多型腔绝热流道注射模。

1. 单型腔绝热流道注射模

单型腔绝热流道注射模又称绝热主流道注射模，它常采用井式喷嘴，是绝热流道注射模中最简单的一种。这种模具的特点是在注射机喷嘴与模具入口之间装有一个主流道杯，杯外采用空气间隙绝热，杯内有截面较大的储料井（一般为塑件体积的1/3～1/2）。在注射过程中，与井壁接触的熔体很快固化而形成一个绝热层，使位于中心部位的熔体保持良好的流动状态，在注射机压力作用下，熔体通过点浇口充填型腔。井式喷嘴的结构形式和主流道杯的主要尺寸如图3-80所示，它主要适用于成型周期较短（每分钟注射次数不少于3次）的塑件。

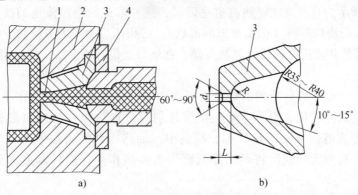

图3-80　井式喷嘴与主流道杯尺寸

1—点浇口　2—定模　3—主流道杯　4—定位圈

工作时，注射机的喷嘴伸进主流道杯中，其长度由杯口的凹球半径 R 决定，二者应很好贴合。储料井直径不能太大，以防止熔体反压力使喷嘴后退产生漏料。井式喷嘴的改进形式如图 3-81 所示，图 3-81a 是一种浮动式井式喷嘴，每次注射完毕后喷嘴后退时，主流道杯在弹簧作用下也将随喷嘴后退，这样可以避免因二者脱离而引起储料井内塑料固化；图 3-81b 是一种注射机喷嘴伸入主流道杯的形式，增加了对主流道杯的热量传导；图 3-81c 是一种将注射机喷嘴伸入主流道、部分制成反锥度的形式，这种形式除具有图 3-81b 的作用外，停机后，还可以使主流道杯内凝料随注射机喷嘴一起拉出模外，便于清理流道。

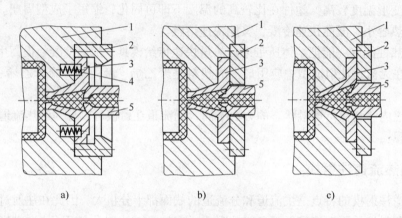

a)　　　　　　　　　b)　　　　　　　　　c)

图 3-81　改进的井式喷嘴形式

1—定模板　2—定位圈　3—主流道杯　4—弹簧　5—注射机喷嘴

2. 多型腔绝热流道注射模

多型腔绝热流道注射模又称绝热分流道注射模，主要有直浇口式和点浇口式两种类型。为了使流道对内部的塑料熔体起到绝热作用，其截面形状多采用圆形，并且设计得相当大。分流道直径常取 16~32mm，成型周期越长，直径越大。在模具设计上，一般要增设一块分流道板。在注射机开机之前，必须把分流道两侧的模板打开，以便取出分流道凝料并清理干净。为了减小分流道板对模具型腔部分的传热面积，在分流道板与定模型腔板接触处开设一些凹槽。

图 3-82a 所示为直浇口式绝热流道注射模，这种形式的绝热流道的缺点是：脱模后塑件上会带有一小段浇口凝料（似主流道的形状），必须用后加工的方法将它去除。图 3-82b 所示为点浇口式绝热流道注射模，其缺点是：在浇口处很容易冻结，仅适用于成型周期短的塑件。

为了克服浇口熔体容易凝固的缺点，可在浇口处设置加热体。如图 3-83 所示为带加热探针的绝热流道注射模，也称半绝热流道注射模。加热探针使浇口部分塑料始终保持熔融状态，而分流道仍处于绝热状态。模具中，加热探针的尖端伸到浇口中心时不能与浇口壁部接触，否则尖端温度将迅速降低而失去加热作用。模具流道部分温度应高于型腔部分温度。

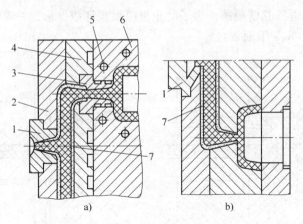

图 3 - 82　多型腔绝热流道注射模

1—浇口套　2—定模座板　3—二级浇口套　4—分流道板
5—冷却水孔　6—定模型腔板　7—固化绝热层

三、加热流道注射模

加热流道注射模是指在流道内或流道的附近设置加热器,利用加热的方法使注射机喷嘴到浇口之间的浇注系统内的塑料保持熔融状态,以保证注射成型的正常进行。加热流道注射模不像绝热流道那样在使用前或使用后必须清除分流道中的凝料,开机前只需把浇注系统加热到规定的温度,分流道中的凝料就会熔融,注射工作就可开始。

加热流道注射模的形式很多,一般可分为单型腔加热流道注射模和多型腔加热流道注射模。

1. 单型腔加热流道注射模

延伸式喷嘴注射模是一种最简单的单型腔加热流道注射模,它是将普通注射机喷嘴加长后与模具上浇口部位直接接触的一种喷嘴,喷嘴自身装有加热器,型腔采用点浇口进料。为了避免喷嘴的热量过多地向低温的型

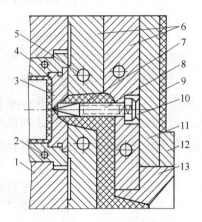

图 3 - 83　半绝热流道注射模

1—定模板　2—冷却水孔　3—浇口衬套
4—凹模镶块　5—温控孔　6—流道板
7—加热探针体　8—加热器　9—绝热层
10—碟形弹簧　11—定模座板
12—定位圈　13—主流道衬套

腔模板传递,使温度难以控制,必须采取有效的绝热措施,常用的有塑料层绝热和空气绝热两种方法。

图 3 - 84a 所示为塑料层绝热的延伸式喷嘴,喷嘴的球面与模具留有不大的间隙,在第一次注射时,该间隙就被塑料所充满而起绝热作用。间隙最薄处在浇口附近,厚度约 0.5mm;浇口以外的绝热间隙以不超过 1.5mm 为宜,浇口的直径一般为 0.75 ~ 1.2mm。这种喷嘴与井式喷嘴注射模相比,浇口不易堵塞,应用范围较广。由于绝热间隙存料,故不宜用于热稳定性差、容易分解的塑料。

图 3 - 84b 所示为空气绝热的延伸式喷嘴,喷嘴与模具、浇口套与型腔模板之间,除了必要的定位和接触之外,都留出厚约 1mm 的间隙,此间隙被空气充满,起绝热作用。由于

与喷嘴接触的浇口附近型腔壁很薄，为了防止被喷嘴顶坏或变形，在喷嘴与浇口套之间应设置环形支承面（图3-84b中面A）。

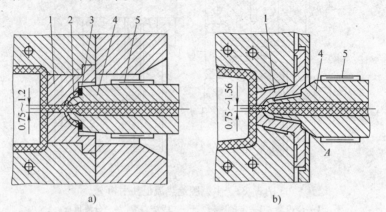

图3-84　延伸式喷嘴注射模

1—浇口套　2—塑料绝热层　3—聚四氟乙烯垫片　4—延伸式喷嘴　5—加热圈

2. 多型腔加热流道注射模

根据对分流道加热方法的不同，多型腔加热流道可分为外加热式和内加热式。

（1）外加热式加热流道　外加热式多型腔加热流道注射模的主要特点是在模具内设有一块用加热器加热的热流道板，直径为5~15mm的主流道与分流道均设计在热流道板内。流道板上钻孔，孔内插入管式加热器，或在板的外围设电热圈，对流道进行加热，使流道内的塑料始终保持熔融状态，同时，流道板利用绝热材料（石棉、水泥板等）或利用空气间隙与模具的其余部分隔热。

外加热式多型腔加热流道注射模可分为主流道型和点浇口型两种，比较常用的是点浇口型。为了防止注射成型中浇口冷凝，必须对浇口部分进行绝热。图3-85a所示为喷嘴前端用塑料作为绝热的点浇口加热流道，喷嘴采用铍青铜制作；图3-85b所示为主流道型浇口加热流道，浇口部分（喷嘴）设有外加热器，主流道型浇口在塑件上会有一段残料，脱模后需要将它去除。

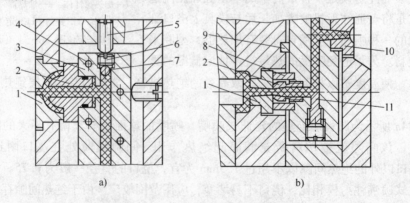

图3-85　外加热式热流道注射模

1—二级浇口套　2—二级喷嘴　3—热流道板　4—加热器　5—限位螺钉
6—螺塞　7—密封钢球　8—滑动压环　9—垫块　10—浇口套　11—堵头

（2）内加热式加热流道　内加热式多型腔加热流道注射模的特点是：在喷嘴与整个流道中都设有内加热器。与外加热器相比，由于加热器安装在流道的中央部位，流道中的塑料熔体可以阻止加热器直接向分流道板或模板散热，因此其热量损失小。其缺点是：塑料易产生局部过热现象。图 3 - 86 所示为喷嘴内部安装棒状加热器的设计，加热器延伸到浇口中心易冻结处，这样即使注射成型周期较长，仍能达到稳定的连续操作。

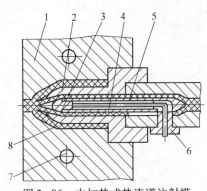

图 3 - 86　内加热式热流道注射模

1—定模板　2—喷嘴　3—锥形头
4—鱼雷体　5—加热器　6—电源引线接头
7—冷却水道　8—绝热层

【任务实施】

1. 型腔布置

图 3 - 79 所示罩盖塑件的外轮廓尺寸为 44mm × 21. 2mm × 33. 3mm，质量为 0. 26kg，属于小型件，采用一模两腔。为了便于设计侧向分型与抽芯机构，把塑件上具有方形孔的部分设计在注射机前后方向上。罩盖的型腔布置如图 3 - 87 所示。

2. 浇注系统设计

由于罩盖是透明外壳件，大批量生产，表面质量要求高，又采用价格较贵的聚碳酸酯（PC）材料，为了提高生产效率和材料利用率，决定采用热流道点浇口浇注系统。

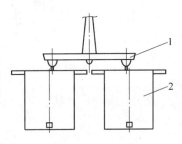

图 3 - 87　型腔布置

1—浇注系统　2—罩盖

为防止点浇口处熔体的凝固，在浇口处设置了针阀式加热器，在注射成型的开模取件过程中，针阀伸入点浇口处，以保证浇口部分塑料始终保持熔融状态。加热针阀实物如图 3 - 88a 所示，图 3 - 88b 所示为安装针阀的流道板。热流道针阀的结构如图 3 - 89 所示。

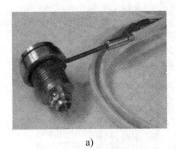　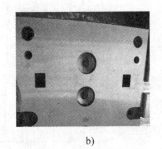

a)　　　　　　　　　　　　　b)

图 3 - 88　针阀式加热器

3. 侧抽芯机构设计

对罩盖塑件结构进行分析，其侧壁上有两个尺寸大小为 3mm × 2. 4mm 的方形孔与开模方向垂直，需采用侧向分型与抽芯机构，才能实现成型。为了简化模具结构，方形孔采用弹簧侧向抽芯机构，如图 3 - 90 中件 35、36、37 所示。

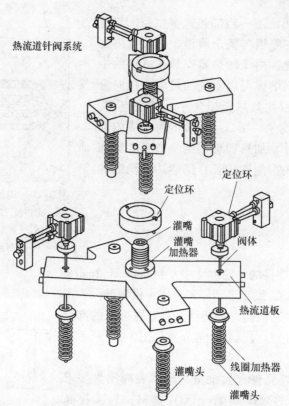

热流道针阀系统

定位环

定位环

灌嘴

灌嘴
加热器

阀体

热流道板

灌嘴头

线圈加热器

灌嘴头

图 3-89　热流道针阀的结构

A—A

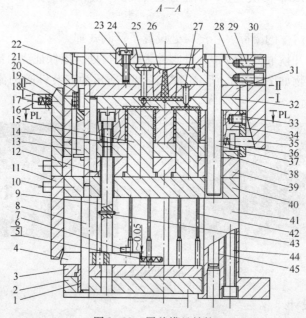

图 3-90　罩盖模具结构

1—导套　2—推板　3—顶杆固定板　4—滑块　5、17、21、36—弹簧　6—销钉　7—导销　8、12、37—导柱
9—连接推杆　10、14、24、29、33、44—螺钉　11—楔形杆　13—定距拉杆　15—型芯　16—簧座　18—销
19—销座　20—锁紧块　22—限位螺钉　23—定位圈　25—拉料杆　26—主流道衬套　27—加热针阀　28—定模座板
30—楔紧块　31—加热流道板（脱浇板）　32—定模板　34—型腔板　35—侧型芯　38—推件板
39—型芯固定板　40—支承板　41—支架　42—顶杆　43—限位销　45—销钉

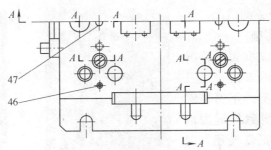

图 3 - 90　罩盖模具结构（续）

46—销钉　47—复位杆

开模时，动定模首先在Ⅰ—Ⅰ处分型，楔紧块 30 与侧型芯 35 分开，在弹簧 36 的作用下，侧型芯 35 被抽出，实现侧向分型与抽芯。合模时，合模力通过楔紧块 30 作用于侧型芯 35，使侧型芯 35 向左运动回到成型位置。

4. 推出机构设计

考虑罩盖是壳体件，包紧型芯和粘附型腔的力都较大，且在型芯四周的包紧力更大，所以采用顶杆和推件板联合推出的二级推出机构，成功地解决了顶出时罩盖底部的顶白现象和两侧凸耳的变形翘曲现象。

为了使推件板 38 和型腔板 34 在一级推出后停止运动，使顶杆 42 实现二级推出动作而推出制品，模具结构中设计了楔形杆 11 和滑块 4。在楔形杆 11 的作用下，滑块 4 向右（内）运动，以便使连接推杆 9 进入滑块 4 的孔中，结果使一级推出动作（推件板 38）停止运动。

教学组织实施建议：

1）如图 3 - 91 所示寻找一些双色、多色或者大型塑件，采用对比法以激发学生的求异性思维。

覆盖PVC皮的外表面

塑料内表面

图 3 - 91　注射成型新工艺塑件

2）根据学生完成任务的情况，还可以选择下面的任务并实施。

按键常采用先注射成型无字符的按键母体，再通过印刷的方法将字符印刷上去。这种方法成型的字符按键在使用过程中易磨损，导致按键表面的安符模糊不清，影响正常使用。双色按键如图 3 - 92 所示，内、外两层分别采用黑白两种颜色，塑料注射成型尺寸精度和外观质量高，字符在使用过程中不会因磨损而掉色，使用寿命长。

a) b)

图 3 - 92　双色按键塑件

a）正面　b）反面

任务要求如下：分析双色按键的成型过程及双色模具结构。要求学生自己制订计划并实施任务，教师通过总结并评价达到教学目的。

【完成学习工作页】（见表 3 - 15）

表 3 - 15　塑料模具设计与制作完成学习工作页（项目 3 任务 4）

项目名称		其他塑料模具的设计	填表人			
			负责人			
任务单号		Sj – 009	校企合作企业			
任务名称		无流道凝料注射模具结构分析	校内导师		校外导师	
任务资讯	产品类型	工业品	客户资料		零件图（1）张	
	任务要求	1. 浇注系统的结构形式：绝热流道（　　），加热流道（　　），冷流道（　　） 2. 产品主要缺陷：表面流痕（　　），顶白（　　），缺料（　　），翘曲变形（　　），飞边（　　） 3. 无流道注射成型工艺参数：温度（　　），压力（　　），时间（　　） 4. 模具推出机构形式：简单推出（　　），双推出（　　），二级推出（　　） 5. 模具推出零件：推杆（　　），推块（　　），推件板（　　），推管（　　） 6. 模具侧抽芯机构形式：斜导柱（　　），弹簧（　　），弯销（　　），其他（　　） 7. 任务下达时间：_____；要求完成时间：_____				
任务计划	识读任务					
	必备知识					
	模具设计					
	塑料准备					
	设备准备					
	工具准备					
	劳动保护准备					
	制订工艺参数					

（续）

决策情况				
任务实施				
检查评估				
任务总结				
任务单会签	项目组同学	校内导师	校外导师	教研室主任

【知识拓展】

一、双色注射成型

1. 双色注射成型原理

双色注射成型的设备有两种形式。一种是两个注射系统（料筒、螺杆）和两副相同模具共用一个合模系统，如图3-93所示。模具固定在一个回转板6上，当其中一个注射系统4向模内注入一定量的A种塑料（未充满）后，回转板迅速转动180°，将该模具送到另外一个注射系统2的工作位置上，这个系统马上向模内注入B种塑料，直到充满型腔为止，然后塑料经过保压冷却、定型后脱模。这种注射成型方法可以生产分色明显的混合塑件。

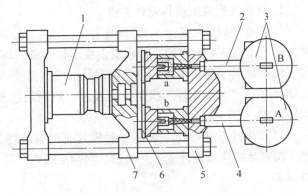

图3-93　双色注射成型示意图（一）
1—合模液压缸　2—注射系统B　3—料斗　4—注射系统A
5—定模固定板　6—模具回转板　7—动模固定板

其工作过程如下：

（1）合模　物料1经注射系统A注射到a模型腔内成型单色制品，开模后，单色制品留于a动模；注射机通过回转轴将模具动模回转板逆时针旋转180°至b动模，实现a、b模动模交换位置。

（2）再合模　注射系统B将物料2注射到b模型腔内成型双色制品；与此同时，注射系统A也将物料1注射入a模型腔内成型单色半成品。

（3）开模　b模推出机构顶出双色制品，动模回转板顺时针旋转180°，a、b模动模再次交换位置；再合模，进入下一个注射成型周期。

另一种形式是两个注射系统共用一个喷嘴，如图3-94a所示。喷嘴通路中装有启闭阀2，当其中一个注射系统通过喷嘴1注入一定量的塑料熔体后，与该注射系统相连通的启闭阀关闭，与另一个注射系统相连的启闭阀打开，该注射系统中的另一种颜色的塑料熔体通过同一个喷嘴注入同一副模具型腔中直至充满，冷却定型后就可得双色混合的塑件。实际上，注射工艺制订好后，调整启闭阀开合及换向的时间，就可生产出各种混合花纹的塑件。不用上述装置而用 3 - 94b 所示的花纹成型喷嘴也是可行的，此时旋转喷嘴的通路，即可得到不同颜色和花纹的塑件。

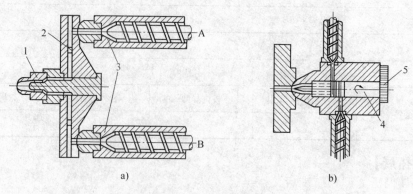

图 3 - 94　双色注射成型示意图（二）
1—喷嘴　2—启闭器　3—加热料筒　4—回转轴　5—齿轮

2. 双色注射成型模具设计要点

（1）型腔设计　双色注射模具有 a、b 两工位的模具结构，两工位型芯相同，型腔不同。两工位型芯和型腔的冷却水道设置尽量充分、均衡、一致。

（2）回转装置　由于双色塑料制品的成型需要两次注射成型，所以在每个成型周期中，a、b 两工位必须能实现一次位置交换。一般利用注射机的开模动作通过回转板来实现模具回转 180°。

（3）浇注系统设计　双色注射模具有两套浇注系统。第 1 次注射浇注系统的要求是：把一次制品的浇口设计成下一次被二次制品覆盖；第 2 次注射的浇注系统可采用任何一种浇口形式。

（4）推出机构设计　双色注射的第 1 次注射成型得到的是单色半成品，此时制品退离型腔后不需顶出，所以推出机构结构相同，而动作要求不同。

二、气体辅助注射成型

气体辅助注射成型是一种新的注射成型工艺，这种成型工艺可以看成是注射成型与中空成型的某种复合，是利用惰性气体——氮气，通过辅助的供气装置将其注入模腔内塑料熔体特定的区域，以形成整个或局部空心塑件的成型技术。

1. 气体辅助注射成型原理

气体辅助注射成型的原理如图 3 - 95 所示。成型时，首先向型腔内注入经准确计量的熔体；然后经特殊的喷嘴把气体（一般为氮气）注入熔体心部，熔体流动前缘在高压气体驱动下继续向前流动至充满型腔；充模结束后，熔体内气体的压力保持不变或者有所升高进行保压补缩，冷却后排除塑件内的气体，便可脱模。

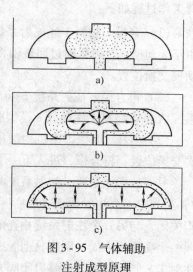

图 3 - 95　气体辅助
注射成型原理

在气体辅助注射成型中，熔体的精确定量十分重要。若注入熔体过多，则会造成壁厚不均匀；反之，若注入熔体过少，气体会冲破熔体，使成型无法进行。

2. 气体辅助注射成型工艺

如图3-96所示，气体辅助注射成型工艺过程是在传统注射成型过程中加入气体注射，可将其分为如下四个阶段：

（1）熔体注射 将聚合物熔体定量地注入型腔，该过程与普通注射成型相同，但是气体辅助注射为"欠压注射"，即注入熔体只充满型腔量的60%～70%，如图3-96a所示。

（2）气体注射 把高压高纯氮气注入熔体心部，熔体流动前缘在高压气体驱动下继续向前流动，直至充满整个型腔，如图3-96b所示。

（3）气体保压 型腔充满后，在保持气体压力的情况下使塑件冷却；在冷却过程中，气体由内向外施压，以弥补冷却收缩，保证塑件外表面紧贴模壁，如图3-96c所示。

（4）塑件脱模 保压结束后，使气体泄压，并回收使用。最后打开模腔，取出塑件，如图3-96d所示。

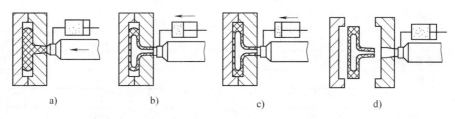

图3-96 气体辅助注射成型工艺过程

a）熔体注射 b）气体注射 c）气体保压 d）塑件脱模

除特别柔软的塑料外，几乎所有的热塑性塑料（如PS、ABS、PE、PP、PVC、PC、POM、PEEK、PES、PA、PPS等）和部分热固性塑料（如PF等）均可采用气体辅助注射成型。

3. 气体辅助注射成型的特点

（1）气体辅助注射成型的优点

1）能够成型壁厚不均匀的塑件及复杂的三维中空塑件。

2）气体从浇口至流动末端形成连续的气流通道，无压力损失，能够实现低压注射成型，由此能获得低残余应力的塑件，塑件翘曲变形小，尺寸稳定。

3）由于气流的辅助充模作用，提高了塑件的成型性能，因此采用气体辅助注射有助于成型薄壁塑件，减轻了塑件的重量。同时，塑件壁厚减小，成型时冷却时间减少，成型周期缩短，可提高生产效率。

4）由于注射成型压力较低，可在锁模力较小的注射机上成型尺寸较大的塑件。

（2）气体辅助注射成型的缺点

1）需要增设供气装置和充气喷嘴，提高了设备的成本。

2）采用气体辅助注射成型技术时，对注射机的精度和控制系统有一定的要求。

3）在塑件注入气体与未注入气体的表面会产生不同的光泽。

【小贴士】

☞ 针阀式热流道系统一般多采用外购。

☞ 点浇口应用技巧：为了提高塑件表面质量，防止点浇口痕迹影响塑件外观和装配，并减少后续打磨工序，在点浇口位置处特别设计了直径为 $\phi 3mm$、深度为 $0.3mm$ 的沉孔。

☞ 顶出机构的设计是该模具的一个关键。

若采用顶杆单一推出，则在生产中罩盖的底部常常出现顶白现象，而且在两侧凸耳部分常常出现翘曲变形，使得两侧凸耳与底部平面不平整，造成罩盖无法使用而报废。

【教学评价】（见表3-16和表3-17）

表3-16　学生自评表（项目3任务4）

项目名称	其他塑料模具的设计		
任务名称	无流道凝料注射模具结构分析		
姓名		班级	
组别		学号	
评价项目		分值	得分
注射成型工艺参数确定		10	
模具浇注系统设计		10	
模具推出机构设计		10	
模具侧抽芯机构设计		10	
模具安装与调试		10	
注射机操作规范		10	
产品质量检查评定		10	
工作实效及文明操作		10	
工作表现		10	
创新思维		10	
总计		100	
个人的工作时间：		提前完成	
		准时完成	
		超时完成	
个人认为完成的最好的方面			
个人认为完成的最不满意的方面			
值得改进的方面			
自我评价：		非常满意	
		满意	
		不太满意	
		不满意	
记录			

表 3 - 17 小组成员互评表（项目 3 任务 4）

项目名称		其他塑料模具的设计					
任务名称		无流道凝料注射模具结构分析					
班级				组别			
评价项目	分值	小组成员					
		组长	组员 1	组员 2	组员 3	组员 4	组员 5
分析问题的能力	10						
解决问题的能力	20						
负责任的程度	10						
读图、绘图能力	10						
文字叙述及表达	5						
沟通能力	10						
团队合作精神	10						
工作表现	10						
工作实效	10						
创新思维	5						
总计	100						
小组成员		组长	组员 1	组员 2	组员 3	组员 4	组员 5
签名							
记录							

本项目通过对框架、罩盖、塑料管、中空杯、透明罩子和双色按键等几个载体具体任务的实施，使学生对压缩模、压注模、挤出模、中空吹塑模具、无流道凝料模具和双色注射模具的结构进行设计或分析，掌握相关的知识和技能。

通过对该项目的实施，学生、小组成员之间应进行相互交流和评价，同时老师也要对该项目做出总体评价。小组之间互评表和教师评价表分别见表 3 - 18 和表 3 - 19。

表 3 - 18　小组成员互评表（项目 3）

项目名称	其他塑料模具的设计						
任务名称							
姓名		班级					
组别		学号					

评价项目		分值	得分					
			第1组	第2组	第3组	第4组	第5组	第6组
专题书面报告书	内容丰富、充实	30						
	适当的例子作说明	20						
	适当的图片和数据作说明	20						
	版面设计美观，结构清晰	20						
	有创意设计体现	10						
总计		100						

评价项目		分值	得分					
			第1组	第2组	第3组	第4组	第5组	第6组
口头报告	内容丰富、充实	20						
	有条理，安排有序	20						
	发音清晰，语言流畅	20						
	有合作性，分工恰当	20						
	工作成效明显	20						
总计		100						

哪一组的表现最棒	
对_____组的感想及建议	
对_____组员的感想及建议	
记录：	

注：在"评价项目"中，可以根据实际情况灵活采用"专题书面报告书"或"口头报告"中的一种。

表 3 - 19　**教师评价表**（项目 3）

项目名称		其他塑料模具的设计		
任务名称				
姓名		班级		
组别		学号		
	评价项目	分值	权重系数	得分
专业能力	合理选用塑料	10	0.3	
	塑件性能分析	10	0.3	
	塑料成型工艺分析	20	0.3	
	产品质量检查	10	0.3	
	排除制品缺陷的能力	10	0.3	
	确定问题解决步骤	10	0.3	
	操作技能	10	0.3	
	工具使用	10	0.3	
	安全操作和生产纪律	10	0.3	
方法能力	独立学习	20	0.3	
	获取新知识	20	0.3	
	查阅资料和获取信息	10	0.3	
	决策能力	20	0.3	
	制订计划、实施计划的能力	20	0.3	
	技术资料的整理	10	0.3	
社会能力	与人沟通和交流的能力	10	0.4	
	团队协作能力	10	0.4	
	计划组织能力	10	0.4	
	环境适应能力	10	0.4	
	工作责任心	10	0.4	
	社会责任心	10	0.4	
	集体意识	10	0.4	
	质量意识	10	0.4	
	环保意识	10	0.4	
	自我批评能力	10	0.4	
总计				
评价表会签	被评价学生	评价教师		教研室主任

【学后感言】

_____

_____

_____

【思考与练习】

1. 查阅资料，归纳总结热固性塑料注射、压缩和压注成型的特点、应用场合及模具结构。

2. 中空塑件可以采用中空吹塑成型和气体辅助注射成型，试分析二者的不同，归纳成型塑件的特点。

3. 查阅资料，总结聚四氟乙烯制品的成型方法及工艺过程。

4. 试分析塑料古玩工艺制品（见图 3 - 97）、塑料手套和乒乓球所采用的塑料类型，以及制品的成型工艺过程。

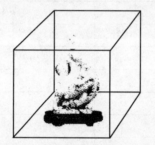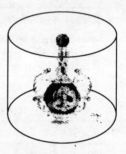

图 3 - 97　精美古玩制品

5. 比较压注模浇注系统与注射模浇注系统的异同点，如何设计压注模浇注系统？

6. 以木粉、片状石棉和玻璃纤维作为填料的酚醛塑料，试分析其采用的成型工艺方法的异同。

7. 简述泡沫塑料的优点、泡沫塑料制品的主要应用场合及其成型方法。

参 考 文 献

[1] 陆宁. 实用注塑模具设计 [M]. 北京：中国轻工业出版社, 1997.
[2] 黄虹. 塑料成型加工与模具 [M]. 北京：化学工业出版社, 2003.
[3] 翁其金. 塑料模塑成型技术 [M]. 北京：机械工业出版社, 2000.
[4] 劳动和社会保障部教材办公室. 塑料成型工艺与模具设计 [M]. 北京：中国劳动社会保障出版社, 2005.
[5] 申长雨, 陈静波, 刘春生, 等. 注塑成型制品的质量控制 [J]. 工程塑料应用, 1999 (8)：27.
[6] 郭新玲. 透明罩盖注塑模具设计 [J]. 模具技术, 2010 (2).
[7] 沈洪雷, 徐玮. 双色注射成型技术及模具设计 [J]. 电加工与模具, 2008 (4).
[8] 田宝善, 田雁晨, 刘永. 塑料注射模具设计技巧与实例 [M]. 北京：化学工业出版社, 2009.
[9] 刘彦国. 塑料成型工艺与模具设计 [M]. 北京：人民邮电出版社, 2009.
[10] 张维合. 注塑模具设计实用教程 [M]. 北京：化学工业出版社, 2007.
[11] 郭新玲. 塑料模具设计 [M]. 北京：清华大学出版社, 2006.
[12] 杨占尧, 白柳. 塑料模具典型结构设计实例 [M]. 北京：化学工业出版社, 2008.
[13] 洪慎章. 实用注塑模具结构图集 [M]. 北京：化学工业出版社, 2009.
[14] 冉新成. 塑料模具结构 [M]. 武汉：华中科技大学出版社, 2009.
[15] 伍先明, 王群. 塑料模具设计指导 [M]. 北京：国防工业出版社, 2006.
[16] 董祥忠. 现代塑料成型工程 [M]. 北京：国防工业出版社, 2009.
[17] 李学锋. 塑料模具设计与制造 [M]. 2版. 北京：机械工业出版社, 2010.